《模拟电子电路基础》
学习指导及习题解析

堵国樑　黄慧春　编著

东南大学出版社
SOUTHEAST UNIVERSITY PRESS
·南京·

内容提要

本书是与堵国樑教授等编著的《模拟电子电路基础》教材配套的学习指导用书,包括每章简要内容、重点要求、主要公式以及各章习题的分析计算过程。章节与配套教材对应,大部分习题有解题思路分析以及多种解题方法参考。

本书可作为高等学校电子科学与技术、电子信息工程、通信工程、电气及其自动化工程、测控工程及仪器、生物医学工程等相关专业本、专科生学习"模拟电子技术""电子电路基础"或"电子线路基础"等课程的教学参考书,也可以作为考研学生或电子技术爱好者的学习参考书。

图书在版编目(CIP)数据

《模拟电子电路基础》学习指导及习题解析 / 堵国樑,黄慧春编著. —南京:东南大学出版社,2023.3(2024.1 重印)
 ISBN 978-7-5766-0710-9

Ⅰ.①模… Ⅱ.①堵… ②黄… Ⅲ.①模拟电路—高等学校—教学参考资料 Ⅳ.①TN710

中国国家版本馆 CIP 数据核字(2023)第 044394 号

责任编辑:姜晓乐　责任校对:杨光　封面设计:王玥　责任印制:周荣虎

《模拟电子电路基础》学习指导及习题解析

编　著:堵国樑　黄慧春
出版发行:东南大学出版社
社　　址:南京市四牌楼 2 号　邮编:210096
网　　址:http://www.seupress.com
经　　销:全国各地新华书店
印　　刷:常州市武进第三印刷有限公司
开　　本:787mm×1 092mm　1/16
印　　张:14.25
字　　数:356 千字
版　　次:2023 年 3 月第 1 版
印　　次:2024 年 1 月第 2 次印刷
书　　号:ISBN 978-7-5766-0710-9
定　　价:42.00 元

本社图书若有印装质量问题,请直接与营销部调换。电话(传真):025-83791830

前　言

本学习指导书是与堵国樑教授等编著的《模拟电子电路基础》教材配套的学习用书。

"模拟电子电路基础"是电气、电子信息类专业重要的学科基础课程之一，是后续相关课程如"通信电子线路""电子系统设计""模拟集成电路设计"等的学习基础。《模拟电子电路基础》教材是作者在多年教学改革的基础上撰写而成的，其基本原则是"以电路分析为主线，以设计应用为目的"。编写思路是以运算放大器为切入点，采用从宏观到微观，引导学生从对集成器件外特性的了解、应用，到对内电路研究学习的兴趣；以单元电路分析为基础，强调电子系统设计的思路；以工程理念应用为导向，侧重理论联系实际，将教材内容落实到具体的工程项目应用中。

为了使学习者能很好地学习"模拟电子电路基础"课程内容，编写了本学习指导及习题解析，章节安排与配套教材对应，包括每章内容和重点要求、主要公式以及习题的分析计算过程，针对大部分习题都有解题思路分析以及多种解题方法参考。建议学生在做完习题或者解题遇到困难时，再参考本书中的习题解析，收获会更大。

本学习指导及习题解析由堵国樑老师和黄慧春老师共同编写，多位任课教师和学生也对本书的编写提供了帮助，在此一并表示感谢。由于时间紧促，水平有限，错误和不妥之处在所难免，恳请读者提出宝贵意见，以便今后修改。

作者
2023 年 2 月

目 录

第 1 章　绪论 ······ 1

第 2 章　运算放大器及其线性应用 ······ 2

第 3 章　运算放大器的非线性应用 ······ 33

第 4 章　半导体器件概述 ······ 50

第 5 章　基本放大电路 ······ 68

第 6 章　负反馈放大电路 ······ 127

第 7 章　集成运算放大器 ······ 147

第 8 章　正弦波产生电路 ······ 176

第 9 章　功率电路 ······ 188

第 10 章　应用电路设计分析 ······ 211

第 11 章　门电路 ······ 212

附录　《模拟电子电路基础》勘误 ······ 220

第 1 章 绪 论

一、本章内容

本章主要介绍模拟信号和数字信号的区别,电子系统的构成,以及电子系统的分析方法和设计基本原则,并对一些电子电路中常用的 EDA 软件做了简单的介绍。

二、本章重点

1. 信号有模拟信号和数字信号之分,模拟信号是指随时间的变化,信号的幅值是连续变化的,而数字信号的幅值是离散的,或是有固定取值的。

2. 处理模拟信号的电子电路称其为模拟电路,而处理数字信号的电子电路称其为数字电路或逻辑电路。

3. 电子系统是指由多个单元电路或功能模块构成的能完成特定功能的电子装置。

4. 模拟电子电路主要包括信号放大、信号产生、信号转换、反馈、滤波、功率放大、直流稳压电源等单元电路。

5. 电子电路的分析一般是通过线性化、模型化和近似化的手段,抓住主要问题,忽略次要因数,电路分析是设计的基础,电路设计是最终的目标。

6. EDA 软件在电子电路的分析和设计中起到越来越重要的作用。

第 2 章 运算放大器及其线性应用

一、本章内容

本章介绍了放大的基本概念及其性能指标定义,分析了运算放大器的性能以及作为理想化器件的特点。重点讨论了运算放大器在线性状态下的各种应用,包括比例、加减、微分、积分等基本运算电路和有源滤波电路,最后举例介绍了运算放大器构成的实际应用电路。

二、本章重点

1. 放大是一种能量的转换,是利用具有控制特性的有源器件完成直流能转换成信号能的装置,运算放大器就是一种典型的控制器件。

2. 理想运算放大器在线性状态下工作时满足"虚短"和"虚断"的特性,利用该特性,可以分析由运算放大器构成的各种线性电路。

3. 理想运算放大器可以构成多种运算电路,包括比例运算、加法运算、减法运算、微分运算和积分运算等。

4. 滤波器是用来滤除不需要的信号,保留有用信号。有源滤波器可以充分利用有源器件的特性,构成性能更加优越的各种滤波电路,包括低通、高通、带通、带阻和全通。

三、本章公式

1. 基本定义

(1) 电压放大倍数:放大电路输出信号电压与输入信号电压的比值,其表达式为:

$$\dot{A}_u = \frac{\dot{U}_o}{\dot{U}_i} \quad 或 \quad \dot{A}_u = \frac{u_o}{u_i}$$

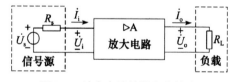

图 2.1 放大电路的输入和输出

其中,$\dot{U}_o$、$\dot{U}_i$ 分别为输出端和输入端正弦电压相量。

(2) 电流放大倍数:放大电路输出信号电流与输入信号电流的比值,其表达式为:

$$\dot{A}_i = \frac{\dot{I}_o}{\dot{I}_i} \quad 或 \quad \dot{A}_i = \frac{i_o}{i_i}$$

其中,$\dot{I}_o$、$\dot{I}_i$ 分别为输出端和输入端正弦电流相量。

(3) 功率放大倍数:放大电路输出信号功率与输入信号功率的比值,其表达式为:

$$A_P = \frac{P_o}{P_i}$$

其中，P_o、P_i 分别为输出功率和输入功率。

（4）互阻放大倍数：放大电路输出信号电压与输入信号电流的比值，其表达式为：

$$\dot{A}_R = \frac{\dot{U}_o}{\dot{I}_i} \quad \text{或} \quad \dot{A}_R = \frac{u_o}{i_i}$$

其中，$\dot{U}_o$ 为输出端正弦电压，$\dot{I}_i$ 为输入端正弦电流。互阻放大倍数具有电阻的量纲，单位为欧姆（Ω）。

（5）互导放大倍数：放大电路输出信号电流与输入信号电压的比值，其表达式为：

$$\dot{A}_G = \frac{\dot{I}_o}{\dot{U}_i} \quad \text{或} \quad A_G = \frac{i_o}{u_i}$$

其中，$\dot{I}_o$ 为输出端正弦电流，$\dot{U}_i$ 为输入端正弦电压。互导放大倍数具有电导的量纲，单位为西门子（S）。

（6）源电压放大倍数：放大电路输出信号电压和信号源电压的比值，其表达式为：

$$\dot{A}_{us} = \frac{\dot{U}_o}{\dot{U}_s} \quad \text{或} \quad \dot{A}_{us} = \frac{u_o}{u_s}$$

其中，$\dot{U}_o$ 为输出端正弦电压，$\dot{U}_s$ 为输入信号源电压。

（7）源电流放大倍数：放大电路输出信号电流和信号源电流的比值，其表达式为：

$$\dot{A}_{is} = \frac{\dot{I}_o}{\dot{I}_s} \quad \text{或} \quad \dot{A}_{is} = \frac{i_o}{i_s}$$

其中，$\dot{I}_o$ 为输出端正弦电流，$\dot{I}_s$ 为输入信号源电流。

（8）输入电阻：如图 2.2 所示，定义为放大电路的输入端电压与输入电流的比值，即：

$$R_i = \frac{\dot{U}_i}{\dot{I}_i} \quad \text{或} \quad R_i = \frac{u_i}{i_i}$$

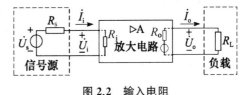

图 2.2 输入电阻

放大电路的输入电阻反映了放大电路从信号源吸取电流的大小。

（9）输出电阻：负载开路时，从输出端向放大电路看进去的交流等效阻抗。放大电路输出阻抗反映了一个放大电路的带负载能力，类似于一个信号源内阻。

（10）通频带：放大电路上限截止频率 f_H 与下限截止频率 f_L 之间的频率范围称为通频带，也叫放大器的带宽，用 f_{BW} 表示，即：

$$f_{BW} = f_H - f_L$$

（11）差模信号：两个输入信号之差，即：

$$u_{id} = u_{i1} - u_{i2}$$

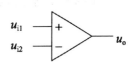

图 2.3 差模信号与共模信号

共模信号：两个输入信号的平均值，即：$u_{ic} = \frac{1}{2}(u_{i1} + u_{i2})$

（12）任意信号：$\begin{cases} u_{i1} = u_{ic} + \frac{1}{2}u_{id} \\ u_{i2} = u_{ic} - \frac{1}{2}u_{id} \end{cases}$

（13）差模放大倍数：反映放大电路对差模信号的放大能力，定义为输出电压与输入差模信号之比，即：

$$\dot{A}_{ud} = \frac{\dot{U}_o}{\dot{U}_{id}} = \frac{u_o}{u_{id}}$$

（14）共模放大倍数：反映放大电路对共模信号的放大能力，定义为输出信号与共模输入信号之比，即：

$$\dot{A}_{uc} = \frac{\dot{U}_o}{\dot{U}_{ic}} = \frac{u_o}{u_{ic}}$$

（15）共模抑制比：综合评价放大电路对差模信号的放大能力及对共模信号的抑制能力，定义为差模电压放大倍数与共模电压放大倍数之比，即：

$$K_{CMR} = \frac{A_{ud}}{A_{uc}}$$

（16）理想运算放大器满足虚短和虚断，如图 2.4 所示，即：

虚短：$u_+ = u_-$

虚断：$i_+ = i_- = 0$

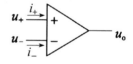

图 2.4　理想运放

2. 运算放大器的基本应用

（1）反相比例运算电路，如图 2.5 所示：

$$u_o = -\frac{R_F}{R_1}u_i$$

其中：R_1 为反相输入端电阻，R_F 为输出到反相输入端的反馈电阻。

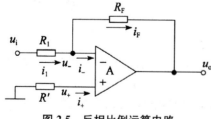

图 2.5　反相比例运算电路

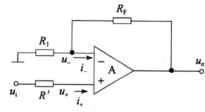

图 2.6　同相比例运算电路

（2）同相比例运算电路，如图 2.6 所示

$$u_o = \left(1 + \frac{R_F}{R_1}\right)u_i$$

其中：R_1 为反相输入端到地的电阻，R_F 为输出到反相输入端的反馈电阻。

(3) 反相加法运算电路,如图2.7所示:

$$u_o = -\left(\frac{R_F}{R_1}u_1 + \frac{R_F}{R_2}u_2 + \frac{R_F}{R_3}u_3\right)$$

其中:R_1、R_2、R_3分别为与输入信号u_1、u_2、u_3对应的反相输入端电阻,R_F为输出到反相输入端的反馈电阻。

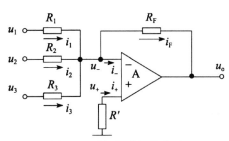

图2.7 反相加法运算电路

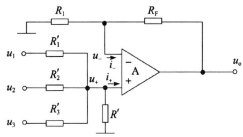

图2.8 同相加法运算电路

(4) 同相加法运算电路,如图2.8所示:

$$u_o = \left(1 + \frac{R_F}{R_1}\right)\left(\frac{R_p}{R_1'}u_1 + \frac{R_p}{R_2'}u_2 + \frac{R_p}{R_3'}u_3\right)$$
$$R_p = R_1' \mathbin{/\mkern-6mu/} R_2' \mathbin{/\mkern-6mu/} R_3' \mathbin{/\mkern-6mu/} R'$$

其中:R_1'、R_2'、R_3'分别为与输入信号u_1、u_2、u_3对应的同相输入端电阻,R'为同相输入端到地的电阻,R_1为反相输入端到地的电阻,R_F为输出到反相输入端的反馈电阻。

(5) 微分运算电路,如图2.9所示:

$$u_o = -RC\frac{du_i}{dt}$$

其中:C为反相输入端电容,R为输出到反相输入端的反馈电阻。

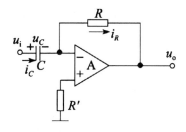

图2.9 微分运算电路

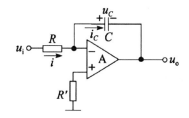

图2.10 积分运算电路

(6) 积分运算电路,如图2.10所示

$$u_o = -\frac{1}{RC}\int u_i dt$$

其中:R为反相输入端电阻,C为输出到反相输入端的反馈电容。

(7) 一阶低通滤波器,如图 2.11 所示

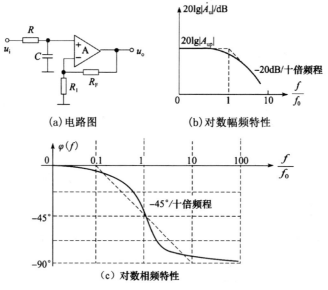

(a) 电路图　　(b) 对数幅频特性

(c) 对数相频特性

图 2.11　一阶有源低通滤波器

传递函数为:$\dot{A}_u = \dfrac{\dot{U}_o}{\dot{U}_i} = \dfrac{\dot{A}_{up}}{1 + j\dfrac{f}{f_0}}$

也可以写成幅频特性与相频特性表达式为:

$$\begin{cases} A_u(f) = \left| \dfrac{\dot{U}_o}{\dot{U}_i} \right| = \dfrac{A_{up}}{\sqrt{1 + \left(\dfrac{f}{f_0}\right)^2}} \\ \varphi(f) = -\arctan\left(\dfrac{f_0}{f}\right) \end{cases}$$

用波特图表示为:当 $f > f_0$ 后,增益以 $-20\,\text{dB}/$十倍频程 改变,相位角以 $-45°/$十倍频程 变化。

(8) 一阶高通滤波器,如图 2.12 所示:

传递函数为:$\dot{A}_u = \dfrac{\dot{U}_o}{\dot{U}_i} = \dfrac{\dot{A}_{up}}{1 + j\dfrac{f_L}{f}}$

也可以写成幅频特性与相频特性表达式为:

$$\begin{cases} A_u(f) = \left| \dfrac{\dot{U}_o}{\dot{U}_i} \right| = \dfrac{A_{up}}{\sqrt{1 + \left(\dfrac{f_L}{f}\right)^2}} \\ \varphi(f) = \arctan\left(\dfrac{f_L}{f}\right) \end{cases}$$

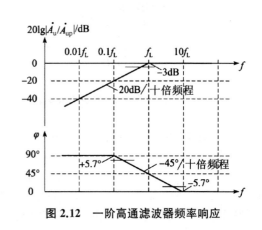

图 2.12　一阶高通滤波器频率响应

用波特图表示为：当 $f < f_L$ 后，增益以 20 dB/十倍频程 改变，相位角以 $-45°$/十倍频程变化。

（9）二阶有源低通滤波器，如图 2.13 所示：

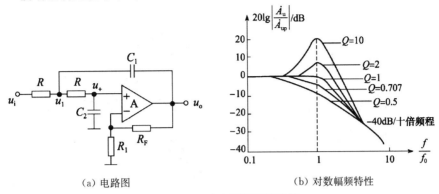

(a) 电路图　　(b) 对数幅频特性

图 2.13　二阶有源低通滤波器

$$\dot{A}_u = \frac{\dot{U}_o}{\dot{U}_i} = \frac{\dot{A}_{up}}{1-\left(\dfrac{f}{f_0}\right)^2 + j\dfrac{1}{Q}\dfrac{f}{f_0}}$$

$$f_0 = \frac{1}{2\pi RC}, \quad Q = \frac{1}{3-A_{up}}$$

其中：$\dot{A}_{up}$、f_0 和 Q 分别为二阶压控有源低通滤波器的通带电压放大倍数、特征频率和等效品质因数。

（10）二阶有源高通滤波器，如图 2.14 所示：

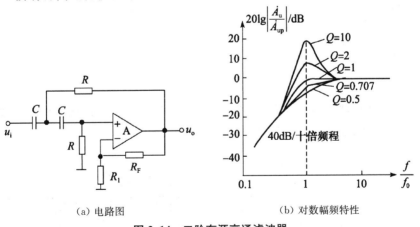

(a) 电路图　　(b) 对数幅频特性

图 2.14　二阶有源高通滤波器

$$\dot{A}_u = \frac{\dot{U}_o}{\dot{U}_i} = \frac{\left(j\dfrac{f}{f_0}\right)^2}{1-\left(\dfrac{f}{f_0}\right)^2 - j\dfrac{1}{Q}\dfrac{f}{f_0}} \dot{A}_{up}$$

$$f_0 = \frac{1}{2\pi RC}, \quad Q = \frac{1}{3-A_{up}}$$

其中：$\dot{A}_{up}$、f_0 和 Q 分别为二阶压控有源高通滤波器的通带电压放大倍数、特征频率和等效品质因数。

（11）有源带通滤波器，如图 2.15 所示：

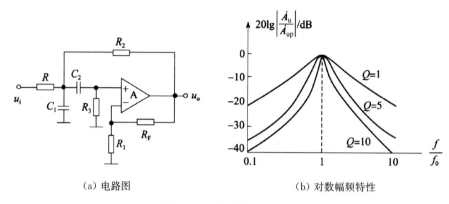

(a) 电路图　　　　　　(b) 对数幅频特性

图 2.15　有源带通滤波器

$$\dot{A}_u = \frac{\dot{A}_{uf}}{3-\dot{A}_{uf}} \cdot \frac{1}{1+j\dfrac{1}{3-\dot{A}_{uf}}\left(\dfrac{f}{f_0}-\dfrac{f_0}{f}\right)} = \frac{\dot{A}_{up}}{1+jQ\left(\dfrac{f}{f_0}-\dfrac{f_0}{f}\right)}$$

$$f_0 = \frac{1}{2\pi RC},$$

$$Q = \frac{1}{3-A_{uf}}$$

$$\dot{A}_{up} = \frac{\dot{A}_{uf}}{3-\dot{A}_{uf}} = Q\dot{A}_{uf}$$

其中：f_0 为带通滤波器的中心频率，Q 为等效品质因数，$\dot{A}_{up}$ 为通带电压放大倍数。

（12）有源带阻滤波器，如图 2.16 所示：

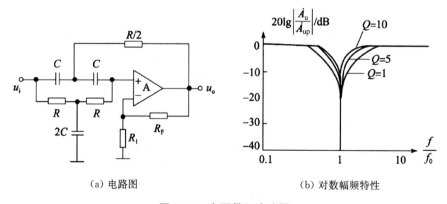

(a) 电路图　　　　　　(b) 对数幅频特性

图 2.16　有源带阻滤波器

$$\dot{A}_u = \frac{\dot{A}_{up}}{1+j\dfrac{1}{Q}\dfrac{ff_0}{f_0^2-f^2}}$$

$$f_0 = \frac{1}{2\pi RC},$$

$$Q = \frac{1}{2(2-A_{up})}$$

其中：f_0 为带阻滤波器的中心频率，Q 为等效品质因数，$\dot{A}_{up}$ 为通带电压放大倍数。

(13) 全通滤波器，如图 2.17 所示：

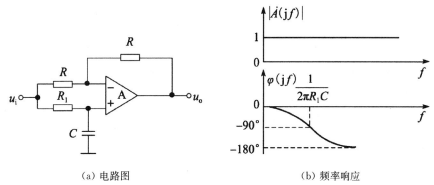

(a) 电路图　　　　　　　　(b) 频率响应

图 2.17　全通滤波器

$$\dot{A}(jf) = \frac{u_o}{u_i} = \frac{1-j2\pi fR_1C}{1+j2\pi fR_1C}$$

可以分别写出其幅频特性和相频特性的表达式为：

$$\begin{cases} |\dot{A}(jf)| = \left|\dfrac{1-j2\pi fR_1C}{1+j2\pi fR_1C}\right| = 1 \\ \varphi(jf) = -2\arctan(2\pi fR_1C) \end{cases}$$

四、习题解析

题 2.1　在如题 2.1 图所示的同相比例运算电路中，已知 $R_1 = R_2 = 2\text{ k}\Omega$，$R_3 = 18\text{ k}\Omega$，$R_F = 10\text{ k}\Omega$，$u_i = 1\text{ V}$。求 u_o 的值。

分析：本题为同相比例运算电路，和典型的同相比例放大器的区别就在输入端不是直接接信号，而是通过电阻 R_2 和 R_3 分压，所以只要把输入信号 u_i 通过分压后得到运放同相端电压，本题的电路就和典型同相比例放大电路一样了。

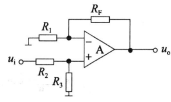

题 2.1 图

解法 1：

$$\because u_+ = \frac{R_3}{R_2+R_3}u_i = \frac{18}{2+18} \times 1 = 0.9\text{(V)}$$

$$\therefore u_o = \left(1 + \frac{R_F}{R_1}\right) u_+ = \left(1 + \frac{10}{2}\right) \times 0.9 = 5.4 \text{(V)}$$

解法 2：

$$\because i_- = i_+ = 0$$

$$\therefore u_- = \frac{R_1}{R_1 + R_F} u_o \quad u_+ = \frac{R_3}{R_2 + R_3} u_i$$

又 $\because u_- = u_+$

$$\therefore \frac{R_1}{R_1 + R_F} u_o = \frac{R_3}{R_2 + R_3} u_i$$

$$\therefore u_o = \frac{R_1 + R_F}{R_1} \times \frac{R_3}{R_2 + R_3} u_i = \frac{2+10}{2} \times \frac{18}{2+18} \times 1 \text{ V} = 5.4 \text{ V}$$

题 2.2 电路如题 2.2 图所示，试求输出电压 u_o 和输入电压 u_{i1}、u_{i2} 的关系式。

分析： 本题在运放的同相和反相端都有输入信号，运放的输出应该和 $+u_{i2}$ 和 $-u_{i1}$ 成比例关系。可以先确定 u_+ 电压，利用虚短，在 u_- 端列电流方程就可以确定 u_o 和 u_{i1}、u_{i2} 的关系式。也可以利用叠加原理分析。

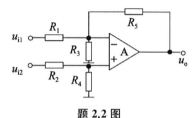

题 2.2 图

解法 1：

$$u_+ = \frac{R_4}{R_2 + R_4} u_{i2}$$

$$u_- = u_+$$

$$\frac{u_{i1} - u_-}{R_1} = \frac{u_-}{R_3} + \frac{u_- - u_o}{R_5}$$

整理可得：

$$u_o = R_5 \left[\left(\frac{1}{R_1} + \frac{1}{R_3} + \frac{1}{R_5}\right) u_- - \frac{1}{R_1} u_{i1} \right] = \left(\frac{R_5}{R_1} + \frac{R_5}{R_3} + 1\right) \times \frac{R_4}{R_2 + R_4} u_{i2} - \frac{R_5}{R_1} u_{i1}$$

解法 2： 利用叠加原理：

u_{i1} 作用时，u_{i2} 接地 $\quad u_{o1} = -\frac{R_5}{R_1} u_{i1}$

u_{i2} 作用时，u_{i1} 接地 $\quad u_{o2} = \frac{R_4}{R_2 + R_4}\left(1 + \frac{R_5}{R_1 /\!/ R_3}\right) = \frac{R_4}{R_2 + R_4}\left(1 + \frac{R_5}{R_1} + \frac{R_5}{R_3}\right)$

$\therefore u_o = u_{o1} + u_{o2}$ 结果一致。

题 2.3 电路如题 2.3 图所示。试求输出电压 u_o 与输入电压 u_{i1} 和 u_{i2} 的运算关系。

分析： 由虚断概念可知，电阻 R_1 和 R_2 中的电流相等，R_3 和 R_4 中的电流相等，但 R_2 和 R_3 中的电流不一定相等，这点尤其要注意。本题可以有两种解题方法，一是直接利用运放的特性分析，二是可以利用叠加原理，分别分析两个信号单独作用对输出的贡献，然后相加。

解法 1： 运放 A_2 是一个典型的同相比例运算电路，其输出 u_{o2} 为：

$$u_{o2} = \left(1 + \frac{R_3}{R_4}\right) u_{i2}$$

对运放 A_1，有：

$$\frac{u_o - u_-}{R_1} = \frac{u_- - u_{o2}}{R_2}$$

$$u_- = u_{i1}$$

$$u_o = R_1\left[\left(\frac{1}{R_1} + \frac{1}{R_2}\right)u_- - \frac{1}{R_2}u_{o2}\right]$$

$$= \left(1 + \frac{R_1}{R_2}\right) \times u_{i1} - \frac{R_1}{R_2} \times \left(1 + \frac{R_3}{R_4}\right)u_{i2}$$

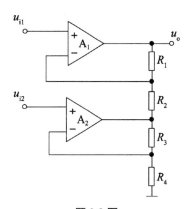

题 2.3 图

解法 2： 设 u_{i1} 单独作用时对应的输出为 u_o'，u_{i2} 单独作用时对应的输出为 u_o''。

当 u_{i1} 单独作用时，令 $u_{i2}=0$，则：

$\because u_{i2}=0$

$\therefore u_{o2}=0$

$$u_o' = \left(1 + \frac{R_1}{R_2}\right) \times u_{i1}$$

当 u_{i2} 单独作用时，令 $u_{i1}=0$，A_1 成为一个反相比例运算电路，则：

$$u_o'' = -\frac{R_1}{R_2}u_{o2} = -\frac{R_1}{R_2} \times \left(1 + \frac{R_3}{R_4}\right)u_{i2}$$

利用叠加原理：

$$u_o = u_o' + u_o'' = \left(1 + \frac{R_1}{R_2}\right) \times u_{i1} - \frac{R_1}{R_2} \times \left(1 + \frac{R_3}{R_4}\right)u_{i2}$$

题 2.4 在如题 2.4 图所示的放大电路中，已知 $R_1=R_2=R_5=R_7=R_8=10\text{ k}\Omega$，$R_6=R_9=R_{10}=20\text{ k}\Omega$：

1) 列出 u_o 和 u_{o1}、u_{o2} 的表达式；

2) 设 $u_{i1}=0.3\text{ V}$，$u_{i2}=0.1\text{ V}$，则求输出电压 u_o 的值。

分析： 本题中，运放 A_1 构成反相比例运用电路，A_2 构成同相比例运用。而 A_3 则构成了一个减法电路，由于可将运放当作理想器件，又在线性场合下使用，所以可使用"虚短"及"虚断"的两个基本概念来对电路进行分析。

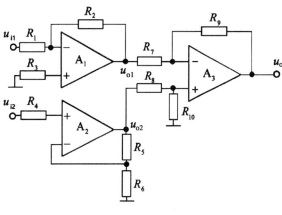

题 2.4 图

解： 1) A_1 是一个反相比例放大电路

$$u_{o1} = -\frac{R_2}{R_1}u_{i1} = -\frac{10}{10} \times u_{i1} = -u_{i1}$$

A_2 是一个相同比例放大电路

$$u_{o2} = \left(1 + \frac{R_5}{R_6}\right) u_{i2} = \left(1 + \frac{10}{20}\right) \times u_{i2} = \frac{3}{2} u_{i2}$$

A_3 是一个减法放大电路

$$u_{3+} = \frac{R_{10}}{R_8 + R_{10}} u_{o2} = \frac{20}{10+20} \times u_{o2} = \frac{2}{3} u_{o2} = u_{i2}$$

$$u_{3-} = u_{3+} = u_{i2}$$

$$\frac{u_{o1} - u_{3-}}{R_7} = \frac{u_{3-} - u_o}{R_9}$$

$$\therefore u_o = u_{3-} - \frac{R_9}{R_7}(u_{o1} - u_{3-}) = u_{i2} - \frac{20}{10}(-u_{i1} - u_{i2}) = 2u_{i1} + 3u_{i2}$$

2) 当 $u_{i1} = 0.3 \text{ V}$, $u_{i2} = 0.1 \text{ V}$ 时

$$u_o = 2u_{i1} + 3u_{i2} = 2 \times 0.3 + 3 \times 0.1 = 0.9(\text{V})$$

题 2.5 理想运放电路如题 2.5 图所示,设电位器动臂到地的电阻为 KR_W, $0 \leqslant K \leqslant 1$。试求该电路电压增益的调节范围。

分析：本题可以看作是有 2 个信号输入,u_i 加在反相端,u_i 通过 R_W 分压后加在同相端。可以直接用运放特性分析,也可以用叠加原理分析。

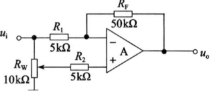

题 2.5 图

解：$\because i_- = i_+ = 0$

$$\therefore \frac{u_i - u_-}{R_1} = \frac{u_- - u_o}{R_F}$$

因为电位器动臂到地的电阻为 KR_W,所以：

$$u_+ = \frac{KR_W}{R_W} u_i = K u_i$$

又 $\because u_- = u_+$

$$\therefore \frac{u_i - K u_i}{R_1} = \frac{K u_i - u_o}{R_F}$$

$$\therefore u_o = \left[K - \frac{R_F}{R_1}(1-K)\right] u_i$$

当 $0 \leqslant K \leqslant 1$ 时,u_o 的输出范围是 $-10u_i \leqslant u_o \leqslant u_i$。

题 2.6 电路如题 2.6 图所示,试求输出电压 u_o 与输入电压 u_{i1}、u_{i2} 的关系式。

分析：运放 A_1 和 A_2 都构成同相运用方式,利用运放"虚短"和"虚断"特性,在 A_1 和 A_2 的反相端列出电流方程,就可以求出输出电压 u_o 与输入电压 u_{i1}、u_{i2} 的关系式。

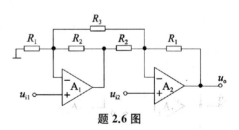

题 2.6 图

解：设运放 A_1 的输出端电压为 u_{o1},则：

$$\begin{cases} \dfrac{u_{i1}}{R_1} + \dfrac{u_{i1}-u_{i2}}{R_3} + \dfrac{u_{i1}-u_{o1}}{R_2} = 0 \\ \dfrac{u_{i2}-u_{i1}}{R_3} + \dfrac{u_{i2}-u_{o1}}{R_2} + \dfrac{u_{i2}-u_o}{R_1} = 0 \end{cases}$$

可得:

$$u_{o1} = R_2 \left(\dfrac{u_{i1}}{R_1} + \dfrac{u_{i1}}{R_3} - \dfrac{u_{i2}}{R_3} \right) + u_{i1}$$

$$u_o = u_{i2} R_1 \left(\dfrac{1}{R_3} + \dfrac{1}{R_2} + \dfrac{1}{R_1} \right) - \dfrac{R_1 u_{i1}}{R_3} - \dfrac{R_1 u_{o1}}{R_2}$$

代入 u_{o1},得:

$$u_o = u_{i2}\left(1 + \dfrac{R_1}{R_2} + \dfrac{2R_1}{R_3}\right) - u_{i1}\left(1 + \dfrac{2R_1}{R_3} + \dfrac{R_1}{R_2}\right)$$

$$= \left(1 + \dfrac{2R_1}{R_3} + \dfrac{R_1}{R_2}\right)(u_{i2} - u_{i1})$$

题 2.7 电路如题 2.7 图所示。试证明电阻 R_L 中流过的电流 I_L 与电阻 R_L 的大小无关。

分析:本题为电压—电流转换电路,利用运放"虚短"和"虚断"特性,使电阻 R_L 中的电流恒定,即 I_L 的大小和 R_L 本身无关,实现恒流输出。

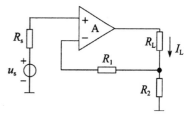

题 2.7 图

证明:

由"虚短"特性可得: $u_- = u_+$

由"虚断"特性可得: $i_+ = i_- = 0$,所以 $u_+ = u_s$

电阻 R_1 中没有电流,所以 R_L 中的电流和电阻 R_2 电流相等,

即: $I_L = I_{R2} = \dfrac{u_-}{R_2} = \dfrac{u_s}{R_2}$

所以电阻 R_L 中流过的电流 I_L 与电阻 R_L 的大小无关。
证毕。

题 2.8 电路如题 2.8 图所示,试求出输出电压 u_o 的值。

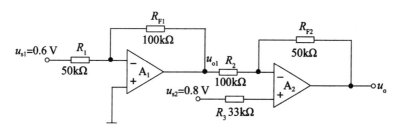

题 2.8 图

分析： 本题中，运放 A_1 构成了反相比例运算电路，运放 A_2 构成了减法器。由于运放可当作理想器件，且工作在线性区，可用"虚短"和"虚断"的基本概念来分析电路。

解： 对于 A_1，有：

$$u_{o1} = -\frac{R_{F1}}{R_1} u_{s1} = -\frac{100}{50} \times 0.6 = -1.2(V)$$

对于 A_2，因为：$\dfrac{u_{o1} - u_{2-}}{R_2} = \dfrac{u_{2-} - u_o}{R_{F2}}$

而 $\quad u_{2-} = u_{2+} = u_{s2}$

∴ $\quad \dfrac{u_{o1} - u_{s2}}{R_2} = \dfrac{u_{s2} - u_o}{R_{F2}}$

$$u_o = u_{s2} - \frac{R_{F2}}{R_2}(u_{o1} - u_{s2}) = 0.8 - \frac{50}{100}(-1.2 - 0.8) = 1.8(V)$$

题 2.9 电路如题 2.9 图所示，设运放 A 为理想器件，试写出输出 u_o 与 u_i 及 m 的关系式。

分析： 由题 2.9 解图可知，由于 A 为理想运放，具有"虚断"特性，即运放反相端不取电流。中间虚线框部分可以看作广义结点，由电流连续特性可知 $i = 0$，电阻 R_1 和电阻 R_2 的电流相等，可以利用电压关系列出输出电压 u_o 和输入电压 u_i 的关系式。注意输入电压 u_i 与运放之间没有共地。

解： 因为运放为理想器件，所以有 $u_- = u_+ = 0$

设 u_1、u_2、u_3 如题 2.9 解图所示。

则 $u_- = -u_1 + u_2 + u_3 = 0$

其中

$$\begin{cases} u_1 = \dfrac{(1+m)R}{R + (1+m)R} u_i = \dfrac{1+m}{2+m} u_i \\ u_2 = \dfrac{R}{R+R} u_i = \dfrac{1}{2} u_i \\ u_3 = \dfrac{R_1}{R_1 + R_2} u_o \end{cases}$$

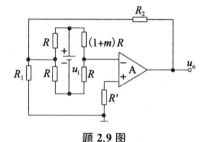

题 2.9 图

题 2.9 解图

代入上式得

$$-\frac{1+m}{2+m} u_i + \frac{1}{2} u_i = -\frac{R_1}{R_1 + R_2} u_o$$

即
$$u_o = \left(1 + \frac{R_2}{R_1}\right)\left(\frac{m}{4+2m}\right)u_i$$

题 2.10 加减运算电路如题 2.10 图所示,求输出电压 u_o 的表达式。

分析：本题中运放 A 构成了减法电路,而 u_{s1} 与 u_{s2},u_{s3} 与 u_{s4} 之间各自构成相加关系,由于运放可作为理想器件,且工作在线性区,可用"虚短"和"虚断"的基本概念来分析电路。此电路的同相和反相端分别有两个输入信号,因此可用叠加原理来分析。对于输出 u_o 的表达式应该为 $u_o = (K_3 u_{s3} + K_4 u_{s4}) - (K_1 u_{s1} + K_2 u_{s2})$。

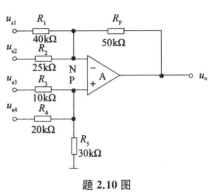

题 2.10 图

解法 1：利用叠加原理分析

u_{s1} 单独作用：u_{s2}、u_{s3}、u_{s4} 接地,此时输出为 u_{o1}

∵ $u_{s3} = u_{s4} = 0$

∴ $u_- = u_+ = 0$ 虚地,电路为一反相比例运算电路

∴ $u_{o1} = -\frac{R_F}{R_1} u_{s1} = -\frac{50}{40} u_{s1} = -\frac{5}{4} u_{s1}$

u_{s2} 单独作用：u_{s1}、u_{s3}、u_{s4} 接地,此时输出为 u_{o2}

同理分析：

$$u_{o2} = -\frac{R_F}{R_2} u_{s2} = -\frac{50}{25} u_{s2} = -2 u_{s2}$$

u_{s3} 单独作用：u_{s1}、u_{s2}、u_{s4} 接地,此时输出为 u_{o3}

此时电路成为一个同相比例运算电路

$$u_+ = u_{s3} \frac{R_4 \parallel R_5}{R_4 \parallel R_5 + R_3}$$

∵ $\frac{u_-}{R_1 \parallel R_2} = \frac{u_{o3} - u_-}{R_F}$

∵ $u_- = u_+$

$$u_{o3} = \left(1 + \frac{R_F}{R_1 \parallel R_2}\right) u_+ = \left(1 + \frac{R_F}{R_1 \parallel R_2}\right) \frac{R_4 \parallel R_5}{R_4 \parallel R_5 + R_3} u_{s3}$$

$$= \left(1 + \frac{50}{40 \parallel 25}\right) \frac{20 \parallel 30}{20 \parallel 30 + 10} u_{s3} = \frac{17}{4} \times \frac{6}{11} u_{s3} = \frac{51}{22} u_{s3}$$

u_{s4} 单独作用：u_{s1}、u_{s2}、u_{s3} 接地,此时输出为 u_{o4}

同理分析：

$$u_{o4} = \left(1 + \frac{R_F}{R_1 /\!/ R_2}\right) \frac{R_3 /\!/ R_5}{R_3 /\!/ R_5 + R_4} u_{s4} = \left(1 + \frac{50}{40 /\!/ 25}\right) \frac{10 /\!/ 30}{10 /\!/ 30 + 20} u_{s4}$$

$$= \frac{17}{4} \times \frac{3}{11} u_{s4} = \frac{51}{44} u_{s4}$$

综合：

$$u_o = u_{o1} + u_{o2} + u_{o3} + u_{o4} = -\frac{5}{2} u_{s1} - 2 u_{s2} + \frac{51}{22} u_{s3} + \frac{51}{44} u_{s4}$$

或

$$u_o = \left(\frac{51}{22} u_{s3} + \frac{51}{44} u_{s4}\right) - \left(\frac{5}{2} u_{s1} + 2 u_{s2}\right)$$

解法 2：利用"虚断"和"虚短"概念，可以列出方程：

$$\begin{cases} \dfrac{u_{s1} - u_-}{R_1} + \dfrac{u_{s2} - u_-}{R_2} = \dfrac{u_- - u_o}{R_F} \\ \dfrac{u_{s3} - u_+}{R_3} + \dfrac{u_{s4} - u_+}{R_4} = \dfrac{u_+}{R_5} \\ u_+ = u_- \end{cases}$$

解方程可以得到 u_o 与 u_{s1}、u_{s2}、u_{s3}、u_{s4} 之间的关系表达式。

题 2.11 电路如题 2.11 图(a)所示，设输入信号 u_{i1} 为 1 kHz、幅度为 1 V 的正弦波，u_{i2} 为 1 kHz、幅度为 1 V 的方波，如题 2.11 图(b)所示。试求输出电压和输入电压的关系式并画出输出电压的波形。

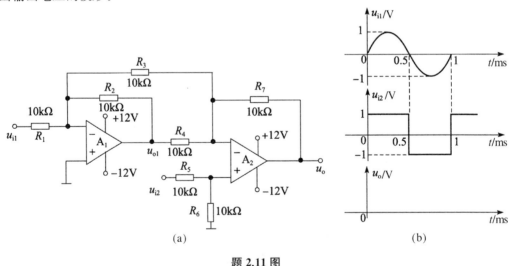

题 2.11 图

分析：本题为由 A_1 和 A_2 构成的运算电路，u_{i1} 由 A_1 的反相输入再经过 A_2 的反相端输入，输出 u_o 和 u_{i1} 同相，而 u_{i2} 是由 A_2 的同相端输入，由这个结构可知，输出电压 u_o 与两个输入之间的关系应该满足：$u_o = K_1 u_{i1} + K_2 u_{i2}$。可以利用"虚短"和"虚断"的概念，在 2 个运放的反相端列电流方程，求出 u_o 和 u_{i1}、u_{i2} 的关系式。也可以利用叠加原理进行分析。

解：由"虚短"和"虚断"特性可以列出如下方程：

$$\begin{cases} \dfrac{u_{1-}-u_{i1}}{R_1}+\dfrac{u_{1-}-u_{o1}}{R_2}+\dfrac{u_{1-}-u_{2-}}{R_3}=0 \\ \dfrac{u_{2-}-u_{1-}}{R_3}+\dfrac{u_{2-}-u_{o1}}{R_4}+\dfrac{u_{2-}-u_o}{R_7}=0 \\ u_{1-}=u_{1+}=0 \\ u_{2-}=u_{2+}=\dfrac{R_6}{R_5+R_6}u_{i2} \end{cases}$$

代入参数可得：

$$\begin{cases} \dfrac{0-u_{i1}}{10}+\dfrac{0-u_{o1}}{10}+\dfrac{0-\dfrac{u_{i2}}{2}}{10}=0 \\ \dfrac{\dfrac{u_{i2}}{2}-0}{10}+\dfrac{\dfrac{u_{i2}}{2}-u_{o1}}{10}+\dfrac{\dfrac{u_{i2}}{2}-u_o}{10}=0 \end{cases}$$

$$\begin{cases} u_{i1}+u_{o1}+\dfrac{u_{i2}}{2}=0 \\ \dfrac{u_{i2}}{2}+\dfrac{u_{i2}}{2}-u_{o1}+\dfrac{u_{i2}}{2}-u_o=0 \end{cases}$$

$$\begin{cases} u_{o1}=-u_{i1}-\dfrac{u_{i2}}{2} \\ u_o=\dfrac{3u_{i2}}{2}-u_{o1} \end{cases}$$

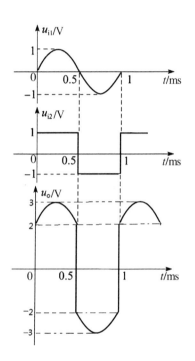

题 2.11 解图

所以：

$$u_o=u_{i1}+2u_{i2}$$

根据输入信号波形，可以得到输出波形如题 2.11 解图所示。

题 2.12 为了用低值电阻实现高电压增益的比例运算，常用一个 T 形网络代替反相比例运算电路中的 R_F，如题 2.12 图所示，试证明：

$$\dfrac{u_o}{u_s}=-\dfrac{R_2+R_3+\dfrac{R_2R_3}{R_4}}{R_1}$$

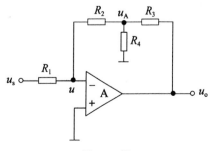

题 2.12 图

分析：此题的分析仍然采用"虚断"和"虚短"概念，需要注意的是：虽然反相端"虚地"，使 R_2 与 R_4 两端电压相同，但两者并不是简单的并联，即电阻 R_1 中的电

流全部流过电阻 R_2 而不与电阻 R_4 进行分流。

证明： 设电阻 R_2、R_3、R_4 的连接处电位为 u_A，由 u_A 作为中间量来联系 u_s 与 u_o 之间的关系。

由"虚短"及"虚断"的概念得：$\dfrac{u_s - u}{R_1} = \dfrac{u - u_A}{R_2}$，$u = u_+ = 0$

所以，
$$u_A = -\frac{R_2}{R_1} u_s$$

又在 u_A 处列出电流方程为：

$$\frac{u - u_A}{R_2} = \frac{u_A}{R_4} + \frac{u_A - u_o}{R_3}$$

$$\frac{u_A}{R_2} + \frac{u_A}{R_4} + \frac{u_A}{R_3} = \frac{u_o}{R_3}$$

所以，
$$u_o = R_3 \left(\frac{1}{R_2} + \frac{1}{R_3} + \frac{1}{R_4} \right) u_A = -\frac{R_2}{R_1} \left(\frac{R_3}{R_2} + 1 + \frac{R_3}{R_4} \right) u_s$$

$$= -\frac{R_2 + R_3 + \dfrac{R_2 R_3}{R_4}}{R_1} u_s$$

证毕。

题 2.13 电路如题 2.13 图所示。试分别求出 u_{o1}、u_o 与 u_i 的关系式。

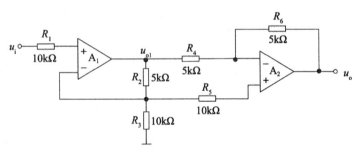

题 2.13 图

分析： 运放 A_1 为同相比例运算电路，运放 A_2 为减法电路，其反相端输入为 u_{o1}，同相端输入为 u_i。

解： 对于运放 A_1 有：

$$u_{o1} = \left(1 + \frac{R_2}{R_3} \right) u_i = \left(1 + \frac{5}{10} \right) u_i = 1.5 u_i$$

对于运放 A_2 有：

$$\begin{cases} \dfrac{u_{o1} - u_{2-}}{R_4} = \dfrac{u_{2-} - u_o}{R_6} \\ u_{2-} = u_{2+} = u_i \end{cases}$$

代入参数得：

$$\frac{1.5u_i - u_i}{5} = \frac{u_i - u_o}{5}$$

所以：
$$u_o = 0.5u_i$$

题 2.14 由两级权电阻网络和运放组成的 D/A 转换电路如题 2.14 图所示，S_i 为电子开关，当对应的 d_i 为高电平时，S_i 打向左侧接通 U_{ref}，反之，当 d_i 为低电平时，S_i 打向右侧接地。当 $r=8R$ 时，导出 u_o 的表达式。

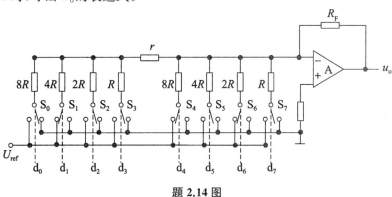

题 2.14 图

分析：电路为由两级权电阻网络构成的 D/A 转换电路，通过数字量 d 来控制对应的开关是否接通参考电源。d_4 到 d_7 对应的电路由于运放的"虚地"特性，容易分析出每一个开关对应的电流值。而 d_0 到 d_3 对应的电路由于电阻 r 连接在运放的反相端，所以不能像 d_4 到 d_7 那样直接计算出每条支路的电流，可以用等效电路来分析。

解：（1）分析 d_4 到 d_7 对应分析的电路

由于运放的"虚地"特征，对应每一条支路的电流为：

$$I_7 = \frac{U_{ref}}{R}d_7, \quad I_6 = \frac{U_{ref}}{2R}d_6, \quad I_5 = \frac{U_{ref}}{4R}d_5, \quad I_4 = \frac{U_{ref}}{8R}d_4$$

每条支路电流是按"权值"改变。

（2）分析 d_0 到 d_3 对应的电路

利用等效电路分析法，可以将电路等效为：

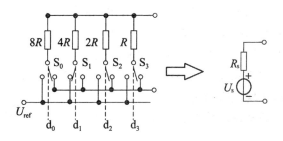

题 2.14 解图

设每一个开关处用一个电源 $U_{\text{ref}} \cdot d_i$ 代替,利用叠加原理,可得:

$$U_s = \left(\frac{8}{15}d_3 + \frac{4}{15}d_2 + \frac{2}{15}d_1 + \frac{1}{15}d_0\right)U_{\text{ref}}$$

利用等效电阻计算方法可得:

$$R_s = \frac{8}{15}R$$

则通过电阻 r 的电流为:

$$I_s = \frac{\left(\dfrac{8}{15}d_3 + \dfrac{4}{15}d_2 + \dfrac{2}{15}d_1 + \dfrac{1}{15}d_0\right)U_{\text{ref}}}{\dfrac{8}{15}R + r}$$

当 $r = 8R$ 时,

$$I_s = \frac{(8d_3 + 4d_2 + 2d_1 + d_0)U_{\text{ref}}}{128R} = \frac{U_{\text{ref}}}{16R}d_3 + \frac{U_{\text{ref}}}{32R}d_2 + \frac{U_{\text{ref}}}{64R}d_1 + \frac{U_{\text{ref}}}{128R}d_0$$

所以在电阻 R_F 中流过的电流合计为:

$$I = \frac{U_{\text{ref}}}{R}d_7 + \frac{U_{\text{ref}}}{2R}d_6 + \frac{U_{\text{ref}}}{4R}d_5 + \frac{U_{\text{ref}}}{8R}d_4 + \frac{U_{\text{ref}}}{16R}d_3 + \frac{U_{\text{ref}}}{32R}d_2 + \frac{U_{\text{ref}}}{64R}d_1 + \frac{U_{\text{ref}}}{128R}d_0$$

对应的输出电压值为:

$$u_o = -IR_F = -\frac{R_F}{R}U_{\text{ref}}\left(d_7 + \frac{1}{2}d_6 + \frac{1}{4}d_5 + \frac{1}{8}d_4 + \frac{1}{16}d_3 + \frac{1}{32}d_2 + \frac{1}{64}d_1 + \frac{1}{128}d_0\right)$$

实现了由数字量 d_i 控制输出电压 u_o,即完成了 D/A 转换。

题 2.15 利用运算放大器设计电路,使其输出电压与输入电压满足的关系式为:

$$u_o = -2u_{i1} + 5u_{i2}$$

要求设计出不少于两种电路结构,分析各自的特点,并用 EDA 仿真软件验证设计的正确性。电路中选用的电阻阻值不超过 200 kΩ。

分析:根据输入输出要满足的关系式可以看出,要求设计的电路满足减法运算。由运放的基本特性可知,分别在运放的同相端和反相端加上信号就可以实现减法运算(如题2.2),也可以用一个运放做反相器,把一个信号反相,然后和另一个信号相加,实现减法功能。

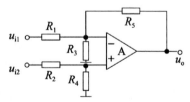

题 2.15 解图(同题 2.2 图)

解法 1:用一个运放实现运算功能,电路结构如题 2.15 解图所示:

由题 2.2 的分析可知,其输入和输出的关系为:

$$u_o = \left(\frac{R_5}{R_1} + \frac{R_5}{R_3} + 1\right) \times \frac{R_4}{R_2 + R_4} u_{i2} - \frac{R_5}{R_1} u_{i1}$$

令：$\begin{cases} \dfrac{R_5}{R_1} = 2 \\ \left(\dfrac{R_5}{R_1} + \dfrac{R_5}{R_3} + 1\right) \times \dfrac{R_4}{R_2 + R_4} = 5 \end{cases}$

如取 $R_5 = 10\ \text{k}\Omega$，$R_1 = 5\ \text{k}\Omega$，$R_3 = 2\ \text{k}\Omega$，$R_2 = 3\ \text{k}\Omega$，$R_4 = 5\ \text{k}\Omega$，
即可实现 $u_o = -2u_{i1} + 5u_{i2}$
也可将 R_4 开路，R_2 短路，取 $R_5 = 10\ \text{k}\Omega$，$R_1 = 5\ \text{k}\Omega$，$R_3 = 5\ \text{k}\Omega$，
同样可以实现 $u_o = -2u_{i1} + 5u_{i2}$

解法 2：先把 u_{i2} 反相，再和 u_{i1} 用反相加法，电路如题 2.15 解图所示：

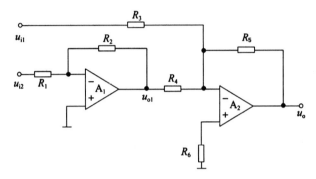

题 2.15 解图

可以分析其输出和输入的关系式为：
$$u_o = \left(-\frac{R_5}{R_4}\right) \times \left(-\frac{R_2}{R_1}\right) u_{i2} - \frac{R_5}{R_3} u_{i1}$$

令 $\begin{cases} \dfrac{R_5}{R_3} = 2 \\ \dfrac{R_5}{R_4} \times \dfrac{R_2}{R_1} = 5 \end{cases}$

如取 $R_5 = 10\ \text{k}\Omega$，$R_3 = 5\ \text{k}\Omega$，$R_1 = 10\ \text{k}\Omega$，$R_2 = 10\ \text{k}\Omega$，$R_4 = 2\ \text{k}\Omega$
即可实现 $u_o = -2u_{i1} + 5u_{i2}$
还有多种其他的实现方法。

题 2.16 电路如题 2.16 图所示。试分别求出输出电压 u_o 和输入电压 u_{i1}、u_{i2} 的关系式。

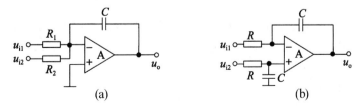

题 2.16 图

分析：由于电容两端的电压和流过电容的电流之间满足 $i_c = C\dfrac{\mathrm{d}u_c}{\mathrm{d}t}$ 的关系，可以利用运放"虚短"和"虚断"的概念，在运放反相端列出电流方程，就可以求出输出和输入的关系式。

解：(a) 图：反相输入，同相端接地，所以反相端为"虚地"，和典型的积分电路相比多了一个输入信号，两个输入信号之间应该有相加的性能。

在反相端可以列出：

$$\frac{u_{i1}-0}{R_1}+\frac{u_{i2}-0}{R_2}=-C\frac{\mathrm{d}u_o}{\mathrm{d}t}$$

所以：

$$u_o=-\frac{1}{C}\int\left(\frac{u_{i1}}{R_1}+\frac{u_{i2}}{R_2}\right)\mathrm{d}t$$

(b) 图：与典型的积分电路相比，同相端没有接地，而是有一个 RC 电路。

在反相端和同相端可以列出方程：

$$\begin{cases}\dfrac{u_{i1}-u_-}{R}=-C\dfrac{\mathrm{d}u_o}{\mathrm{d}t} & (1)\\[2mm]\dfrac{u_{i2}-u_+}{R}=C\dfrac{\mathrm{d}u_+}{\mathrm{d}t} & (2)\\[2mm]u_-=u_+ & (3)\end{cases}$$

由(2)式可得：

$$\frac{\mathrm{d}u_+}{\mathrm{d}t}+\frac{u_+}{RC}=\frac{u_{i2}}{RC}$$

为一阶线性微分方程，可得其解为：

$$u_+(t)=c\mathrm{e}^{-\frac{t}{RC}}+\mathrm{e}^{-\frac{t}{RC}}\int\frac{u_{i2}}{RC}\mathrm{e}^{\frac{t}{RC}}\mathrm{d}t$$

其中，k 是常数，由函数的初始条件决定。

因为 $u_-=u_+$，代入(1)式可以得到 u_o 和 u_{i1}、u_{i2} 的关系式：

$$u_o=-\frac{1}{RC}\int u_{i1}\mathrm{d}t-k\mathrm{e}^{-\frac{t}{RC}}+\frac{1}{RC}\int\left(\mathrm{e}^{-\frac{t}{RC}}\int\frac{u_{i2}}{RC}\mathrm{e}^{\frac{t}{RC}}\mathrm{d}t\right)\mathrm{d}t$$

题 2.17 如题 2.17 图所示为一波形转换电路，输入信号 u_i 为矩形波。设运算放大器为理想的，在 $t=0$ 时，电容器两端的初始电压为零。试进行下列计算，并画出 u_{o1} 和 u_o 的波形。

1) $t=0$ 时，$u_{o1}=?$，$u_o=?$
2) $t=10\text{ s}$ 时，$u_{o1}=?$，$u_o=?$
3) $t=20\text{ s}$ 时，$u_{o1}=?$，$u_o=?$

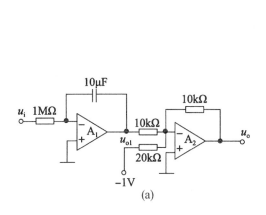
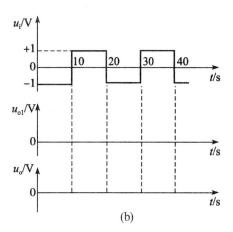

题 2.17 图

分析：此题 A_1 构成一个积分电路，A_2 构成一个加法电路，由于是线性运用，所以仍然可使用"虚短"与"虚断"的基本概念。

解：对于 A_1：$\dfrac{u_i}{1\times 10^6}=-10\times 10^{-6}\cdot\dfrac{\mathrm{d}u_{o1}}{\mathrm{d}t}$

$$u_{o1}=-\dfrac{1}{1\times 10^6\times 10\times 10^{-6}}\int u_i\mathrm{d}t=-0.1\int u_i\mathrm{d}t$$

对于 A_2：$\dfrac{u_{o1}}{10\times 10^3}+\dfrac{-1V}{20\times 10^3}=-\dfrac{u_o}{10\times 10^3}$

$u_o=-u_{o1}+0.5$

1) $t=0$ 时，$u_{C(0)}=0$，$u_{o1}=0$，$u_o=0.5$
2) $t=10$ s 时，

∵ t 在 $0\sim 10$ s 之间，$u_i=-1$ V 且 $u_{C(0)}=0$

∴ $u_{o1}(t)=-0.1\int_0^t(-1)\mathrm{d}t+u_{C(0)}=0.1t$

$u_o(t)=-u_{o1}+0.5=0.5-0.1t$

即在 $t=0\sim 10$ s 之间，u_{o1} 从 0 V 随时间线性上升，u_o 从 0.5 V 随时间线性下降。

当 $t=10$ s 时，$u_{o1(10)}=1$ V $u_{o(10)}=-0.5$ V

3) $t=20$ s 时，

∵ 在 $t=10\sim 20$ s 之间，$u_i=1$ V

∴ $u_{o1}=-0.1\int_{10}^t 1\cdot\mathrm{d}t+u_{o1(10)}=-0.1(t-10)+1=-0.1t+2$

$$u_o=-u_{o1}+0.5=-1.5+0.1t$$

即在 $t=10\sim 20$ s，u_{o1} 随时间线性下降，u_o 随时间线性上升

当 $t=20$ s 时，$u_{o1(20)}=0$ $u_{o(20)}=0.5$ V

波形图如题 2.17 解图所示：

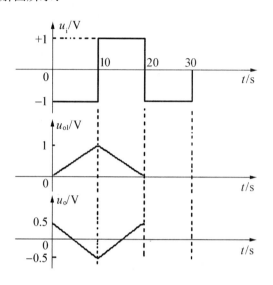

题 2.17 解图

题 2.18 在如题 2.18 图所示电路中，设运放均为理想器件：
1) A_1、A_2、A_3、A_4 各组成何种基本运放电路？
2) 分别列出 u_{o1}、u_{o2}、u_{o3}、u_{o4} 与输入电压 u_{i1}、u_{i2}、u_{i3} 之间的关系式。

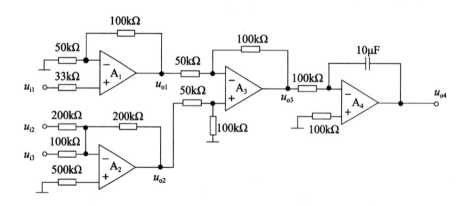

题 2.18 图

解： 1) 本题中，A_1 组成同相比例电路，A_2 组成反相加法电路，A_3 组成差分减法电路，A_4 组成积分电路。

2) 利用运放工作在线性区满足"虚短"和"虚断"，从而进行电路分析。

A_1 组成同相比例电路，可写出 u_{o1} 与 u_{i1} 的关系：

$$u_{o1} = \left(1 + \frac{100}{50}\right) u_{i1} = 3u_{i1}$$

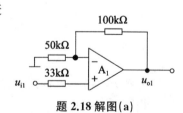

题 2.18 解图(a)

A_2 组成反相加法电路,可写出 u_{o2} 与 u_{i2}、u_{i3} 的关系:

$$u_{o2} = -\left(\frac{200}{200}u_{i2} + \frac{200}{100}u_{i3}\right) = -u_{i2} - 2u_{i3}$$

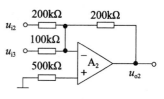

题 2.18 解图(b)

A_3 组成差动减法电路,

$$u_{o3} = -\frac{100}{50}u_{o1} + \left(1 + \frac{100}{50}\right) \times \frac{100}{50+100} \times u_{o2}$$
$$= -2u_{o1} + 2u_{o2}$$

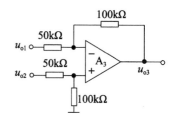

题 2.18 解图(c)

将上述求出的 u_{o1} 和 u_{o2} 代入,得:

$$u_{o3} = 2(-u_{i2} - 2u_{i3}) - 2 \times 3u_{i1} = -6u_{i1} - 2u_{i2} - 4u_{i3}$$

A_4 是积分电路,

$$u_{o4} = -\frac{1}{100 \times 10^3 \times 10 \times 10^{-6}} \int u_{o3} \, dt$$
$$= -\int (-6u_{i1} - 2u_{i2} - 4u_{i3}) \, dt$$
$$= 6\int u_{i1} \, dt + 2\int u_{i2} \, dt + 4\int u_{i3} \, dt$$

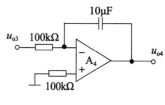

题 2.18 解图(d)

题 2.19 试用集成运算放大器实现下列运算关系,要求各画出两种以上的电路图,分析各自的特点,并利用仿真软件验证设计的正确性。

元件的取值范围为: $1 \text{ k}\Omega \leqslant R \leqslant 1 \text{ M}\Omega$ $0.1 \text{ μF} \leqslant C \leqslant 10 \text{ μF}$

1) $u_o = 3u_{i1} + 4u_{i2} - 5\int u_{i3} \, dt$

2) $u_o(t) = \frac{101}{100}u_i(t) + 100\int u_i(t) \, dt + \frac{1}{10\,000} \frac{du_i(t)}{dt}$

分析:本题为运放应用电路设计,可以利用比例、加法、减法、微分、积分等基本的运放运算电路,通过合理连接实现相应的运算功能。可以实现的电路方式比较多,每种电路结构都有其特点,在不同的应用场合可以选用不同的电路形式。

解: 1) $u_o = 3u_{i1} + 4u_{i2} - 5\int u_{i3} \, dt$

先用一个反相加法电路完成 $-(3u_{i1} + 4u_{i2})$ 功能,然后用一个积分电路,完成积分的同时也完成反相,最后用一个减法电路就可以实现上述功能,电路如图 2.19 解图(a)所示。

电路所用运放少,但电路参数调试麻烦,相互影响比较大。

也可以先用一个反相加法电路完成 $-(3u_{i1} + 4u_{i2})$ 功能,再用一个反向器完成 $3u_i + 4u_{i2}$。用一个基本积分电路实现积分功能同时也完成反相,再用一个可反相加法把前面的输出信号相加就可以实现运算功能,电路如题 2.19 解图(b)所示。虽然多用了一个运放,但电路功能清楚,信号间相互影响较小,调试比较方便。

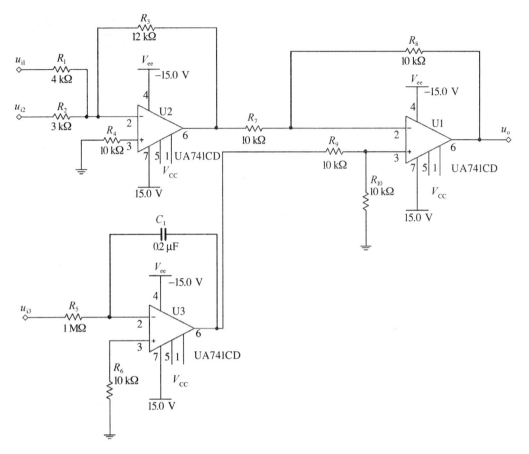

题 2.19 解图(a)

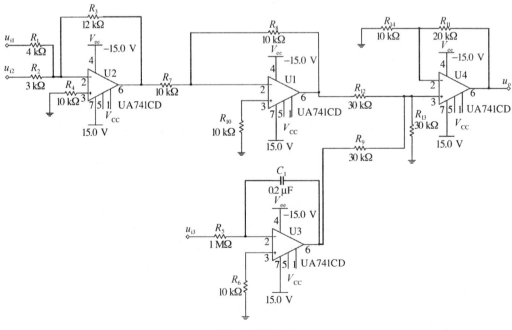

题 2.19 解图(b)

2) $u_o(t) = \dfrac{101}{100}u_i(t) + 100\int u_i(t)\mathrm{d}t + \dfrac{1}{10\,000}\dfrac{\mathrm{d}u_i(t)}{\mathrm{d}t}$

可以利用基本的比例、微分、积分运算电路,再级联一个反相加法运算电路实现上述功能,电路如题 2.19 解图(c)所示。

电路结构清楚,各项功能相互之间影响较小,调试方便。

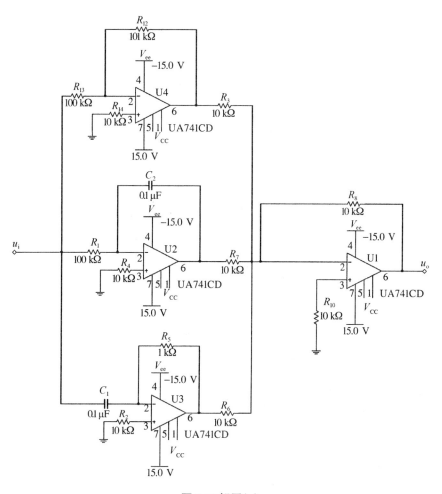

题 2.19 解图(c)

题 2.20 试写出如题 2.20 图所示各电路的传递函数,并说明各是什么类型的滤波器。

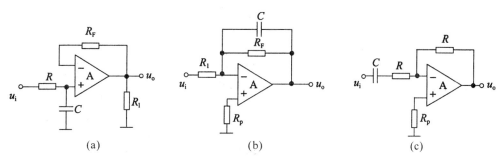

题 2.20 图

解：图(a)，运放 A 构成电压跟随的形式。

$$U_o(s) = U_-(s) = U_+(s) = \frac{1/sC}{R + 1/sC} U_i(s)$$

$$A(s) = U_o(s)/U_i(s) = \frac{1}{1 + sRC}$$

$$A(s) = \frac{\omega_0}{s + \omega_0}, \quad \omega_0 = \frac{1}{RC}$$

该电路为有源一阶低通滤波器，通带增益为 1，截止角频率为 ω_0。

图(b)，利用理想运放的线性特征，"虚断"，"虚短"

$$\frac{U_i(s)}{R_1} = -\frac{U_o(s)}{R_F \, // \, \frac{1}{sC}}$$

$$A(s) = \frac{U_o(s)}{U_i(s)} = -\frac{R_F \, // \, \frac{1}{sC}}{R_1} = -\frac{R_F \frac{1}{sC} \Big/ \left(R_F + \frac{1}{sC}\right)}{R_1}$$

其中，$A_o = -\frac{R_F}{R_1}$，$A(s) = -\frac{R_F}{R_1} \frac{1}{1 + sR_F C} = \frac{A_o}{1 + sR_F C}$

化简 $A(s) = A_o \frac{\omega_0}{s + \omega_0}, \quad \omega_0 = \frac{1}{R_F C}$

该电路为有源一阶低通滤波电路，通带增益为 A_o，截止角频率为 ω_0。

图(c)，利用理想运放在线性区间的特征

$$\frac{U_i(s)}{R + 1/sC} = -\frac{U_o(s)}{R}$$

$$A(s) = \frac{U_o(s)}{U_i(s)} = -\frac{R}{R + 1/sC} = -\frac{sRC}{1 + sRC} = -\frac{s}{s + \omega_0}$$

该电路为一阶高通有源滤波器，通带增益为 1，截止角频率 $\omega_0 = \frac{1}{RC}$。

题 2.21 试写出如题 2.21 图所示各电路的传递函数，并说明各是什么类型的滤波器。

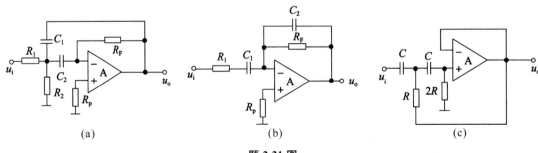

题 2.21 图

解： 图(a)，设 R_1、R_2、C_1、C_2 的相连点电位为 u_1

$$\frac{U_i(s)-U_1(s)}{R_1}=\frac{U_1(s)}{R_2}+\frac{U_1(s)-U_o(s)}{1/sC_1}+\frac{U_1(s)}{1/sC_2} \tag{1}$$

$$\frac{U_1(s)}{1/sC_2}=-\frac{U_o(s)}{R_F} \tag{2}$$

$$U_1(s)=-\frac{U_o(s)}{R_F sC_2} \tag{3}$$

将(3)式代入(1)式得：

$$\frac{U_i(s)}{R_1}+\frac{U_o(s)}{SR_1R_FC_2}=-\frac{U_o(s)}{SR_2R_FC_2}-\frac{sC_1U_o(s)}{SR_FC_2}-\frac{sC_1U_o(s)}{1}-\frac{sC_2U_o(s)}{SR_FC_2}$$

$$\left(\frac{1}{SR_1R_FC_2}+\frac{1}{SR_2R_FC_2}+\frac{C_1}{R_FC_2}+sC_1+\frac{1}{R_F}\right)U_o(s)=-\frac{U_i(s)}{R_1}$$

因此

$$A(s)=\frac{U_o(s)}{U_i(s)}=-\frac{1}{\dfrac{1}{sR_FC_2}+\dfrac{R_1}{sR_2R_FC_2}+\dfrac{R_1C_1}{R_FC_2}+sR_1C_1+\dfrac{R_1}{R_F}}$$

$$=-\frac{sR_2R_FC_2}{R_2+R_1+sR_1R_2C_1+s^2R_1R_2R_FC_1C_2+sR_1R_2C_2}$$

$$=-\frac{s/R_1C_1}{s^2+\left(\dfrac{1}{R_FC_2}+\dfrac{1}{R_FC_1}\right)s+\left(\dfrac{1}{R_1R_FC_1C_2}+\dfrac{1}{R_2R_FC_1C_2}\right)}$$

设 $\omega_1=1/R_1C_1$，$\omega_2=1/R_2C_2$

$$A(s)=-\frac{\omega_1 s}{s^2+\dfrac{1}{R_F}(R_2\omega_2+R_1\omega_1)s+\left(\dfrac{R_2}{R_F}\omega_1\omega_2+\dfrac{R_1}{R_F}\omega_1\omega_2\right)}$$

将 $s=j\omega$ 代入，得：

$$\dot{A}=-\frac{1}{\left(\dfrac{R_1}{R_F}+\dfrac{R_2}{R_F}\dfrac{\omega_2}{\omega_1}\right)+j\left(\dfrac{\omega}{\omega_1}-\dfrac{R_1+R_2}{R_F}\cdot\dfrac{\omega_2}{\omega}\right)}$$

显然，$\omega\to 0$ 和 $\omega\to\infty$ 时，$|\dot{A}|\to 0$，所以，图(a)为带通滤波器。
图(b)，由运放特性可得：

$$\frac{U_i(s)}{R_1+\dfrac{1}{sC_1}}=-\frac{U_o(s)}{R_F/\!/\dfrac{1}{sC_2}}$$

$$A(s)=\frac{U_o(s)}{U_i(s)}=-\frac{R_F/\!/\dfrac{1}{sC_2}}{R_1+\dfrac{1}{sC_1}}=-\frac{\dfrac{R_F}{1+sR_FC_2}}{\dfrac{1+sR_1C_1}{sC_1}}$$

$$=-\frac{sC_1R_F}{s^2(R_1C_1R_FC_2)+s(R_1C_1+R_FC_2)+1}$$

设 $\omega_1=\dfrac{1}{R_1C_1}$，$\omega_2=\dfrac{1}{R_FC_2}$，$A_o=-R_F/R_1$

$$A(s)=\frac{sA_o\dfrac{1}{\omega_1}}{1+\left(\dfrac{1}{\omega_1}+\dfrac{1}{\omega_2}\right)s+s^2\dfrac{1}{\omega_1}\dfrac{1}{\omega_2}}=\frac{A_o\omega_2 s}{s^2+(\omega_1+\omega_2)s+\omega_1\omega_2}$$

将 $s=j\omega$ 代入上式,得：

$$\dot{A}=\frac{A_o\omega_2 j\omega}{(j\omega)^2+(\omega_1+\omega_2)j\omega+\omega_1\omega_2}=\frac{A_o}{\dfrac{\omega_1+\omega_2}{\omega_2}+j\left(\dfrac{\omega}{\omega_2}-\dfrac{\omega_1}{\omega}\right)}$$

显然，$\omega\to 0$ 和 $\omega\to\infty$ 时，$|\dot{A}|\to 0$，所以图(b)是带通滤波器

图(c)，设 R 和两个电容 c 的相连点是 u_1，则由电路结构以及运放特性可知

$$\begin{cases}\dfrac{U_i(s)-U_1(s)}{1/sC}=\dfrac{U_1(s)-U_o(s)}{R}+\dfrac{U_1(s)-U_o(s)}{1/sC}\\ \dfrac{U_1(s)-U_+(s)}{1/sC}=\dfrac{U_+(s)}{2R}\\ U_+(s)=U_o(s)\end{cases}$$

由上面三式联立,得：

$$A(s)=\frac{U_o(s)}{U_i(s)}=\frac{sC}{sC+\dfrac{1}{R}+\dfrac{1}{2R^2sC}}=\frac{s^2}{s^2+\dfrac{1}{RC}s+\dfrac{1}{2R^2C^2}}$$

设 $\omega_0=1/RC$，$s=j\omega$，则

$$\dot{A}=\frac{(j\omega)^2}{(j\omega)^2+\omega_0(j\omega)+\omega_0^2/2}=\frac{1}{1-j\dfrac{\omega_0}{\omega}-\dfrac{1}{2}\left(\dfrac{\omega_0}{\omega}\right)^2}$$

所以图(c)为二阶高通有源滤波器。

题 2.22 在题 2.22 图所示的二阶低通有源滤波电路中,设 $R=R_1=R_F=10\text{ k}\Omega$,电容 $C=0.1\text{ μF}$。1)估算通带截止频率和通带电压放大倍数;2)画出滤波电路的对数幅频特性;3)如果将 R_F 增大到 100 kΩ,是否可改善滤波特性?

分析:电路有两个一阶的 RC 低通滤波电路级联,如果忽略两级之间的相互影响,可以看成是单级特性的组合。

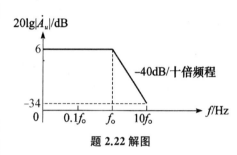

题 2.22 图

解:1)因为单级的 RC 低通电路参数一致,可以近似认为两级级联后的截止频率和单级截止频率一样,即:

$$f_0 = \frac{1}{2\pi RC} = \frac{1}{2\pi \times 10 \times 10^3 \times 0.1 \times 10^{-6}} = 159\text{ Hz}$$

运放构成了同相比例运算电路,所以通带内增益由 R_1 和 R_F 确定,即:

$$A_0 = 1 + \frac{R_F}{R_1} = 1 + \frac{10}{10} = 2$$

2)对数幅频特性如题 2.22 解图所示,由于是二阶低通滤波电路,所以其衰减速度为 -40 dB/十倍频程。

题 2.22 解图

3)如果将 R_F 增大到 100 kΩ,不会改善电路的滤波特性,只影响了电路的通带内增益,即带内增益由原来的 2 倍增大到 11 倍。

题 2.23 电路如题 2.23 图所示,试导出电路增益和相移的表达式,并画出相应的特性曲线。

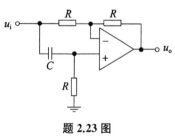

题 2.23 图

解:
$$\begin{cases} \dfrac{u_i - u_-}{R} = \dfrac{u_- - u_o}{R} \\ u_- = u_+ = \dfrac{R}{R + \dfrac{1}{j\omega C}} u_i \end{cases}$$

$$\Rightarrow \dot{A}_u = \frac{u_o}{u_i} = -\frac{1 - j\omega RC}{1 + j\omega RC}$$

$$\dot{A}_u(f) = -\frac{1 - j2\pi fRC}{1 + j2\pi fRC}$$

$$\begin{cases} |\dot{A}_u(f)| = 1 \\ \varphi(f) = 2\tan^{-1}(2\pi fRC) \end{cases}$$

当 f 由 $0 \to \infty$ 时,相角从 π 变到 0。

由于该网络的传递函数模值为 1，通过改变 RC 值就可以调整输出信号对于输入信号的相位超前量，所以是一个超前移相全通滤波器，其传输特性如题 2.23 解图所示。

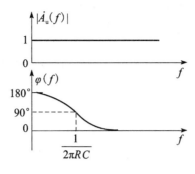

题 2.23 解图

题 2.24 试设计一个电路能够从方波中分离出 1 次和 3 次谐波，再将这两个谐波合成与原始方波信号尽量接近的信号输出，设方波信号的频率为 1 kHz，幅度为 5 V。

设计思路：总体设计电路应包含波形产生、分解与合成三大部分，如题 2.24 解图所示。其中，方波振荡电路可以利用运放构成矩形波产生电路，输出满足设计要求的方波信号，分频与滤波器电路利用滤波电路特性将方波信号分解为 1、3 次等谐波，然后再经过移相器和比例加法器就可以合成为和原信号相近的波形。由傅里叶级数展开原理可知，通过滤波电路产生的谐波分量越多，合成后的信号和原始方波信号也越接近。

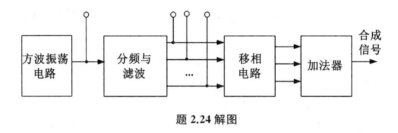

题 2.24 解图

具体设计电路略。

第 3 章 运算放大器的非线性应用

一、本章内容

运算放大器的非线性应用是指运放在开环或加上正反馈后电路的工作状态,在非线性应用方式下,运放的输入端没有"虚短"的特性,其输入输出信号不再满足线性关系。本章主要介绍运算放大器的非线性应用,包括电压比较、电平鉴别、波形变换、波形产生等,也介绍了常用的 555 集成定时器的功能和各种应用,最后举例介绍了利用运放的非线性和 555 集成定时器构成的实际应用电路。

二、本章重点

1. 运算放大器的非线性应用是指运放处于开环工作或加上正反馈后的工作方式,运放的输入输出不再满足线性关系,输出电压达到运放输出的最大值和最小值。

2. 运放在非线性应用时不再满足"虚短"特性,但同相端和反向端相等是很重要的转折点,是导致输出发生跳变的判决条件。

3. 施密特比较器和一般比较器的最大区别是存在"回差",其原因是将比较器的输出电压引回到输入端一起参与比较。

4. 利用运算放大器的特性和电容的充放电过程,可以构成各种非正弦波产生电路,包括方波、矩形波、三角波、锯齿波等。

5. 555 是一种应用非常广泛的集成定时器,可以用它构成比较器、单稳态电路和非正弦波发生电路。

三、本章公式

1. 电压比较器

(1) 简单比较器,如图 3.1 所示:

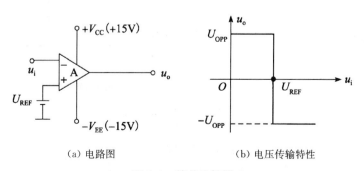

(a) 电路图　　　　(b) 电压传输特性

图 3.1　简单比较器

当 $u_i < U_{REF}$ 时,$u_o = +U_{OPP}$

当 $u_i > U_{REF}$ 时,$u_o = -U_{OPP}$

理论分析可以认为 $U_{OPP} = V_{CC}$,实际应用时 U_{OPP} 比 V_{CC} 小 1～2 V,具体要查阅器件数据手册。当 $U_{REF} = 0$ 时,也叫过零比较器。信号在比较器同相端输入的叫同相比较器,在比较器反相端输入的叫反相比较器。

(2) 窗口比较器,如图 3.2 所示:

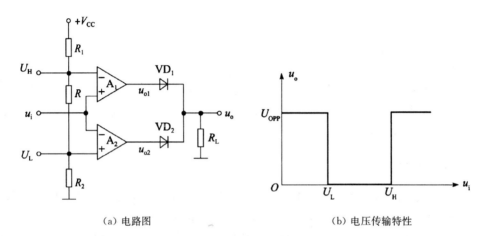

(a) 电路图　　　　　　　(b) 电压传输特性

图 3.2　窗口比较器

当 $u_i < U_L$ 时,$u_o = U_{OPP}$

当 $u_i > U_H$ 时,$u_o = U_{OPP}$

当 $U_L < u_i < U_H$ 时,$u_o = 0$

(3) 施密特比较器,如图 3.3 所示:

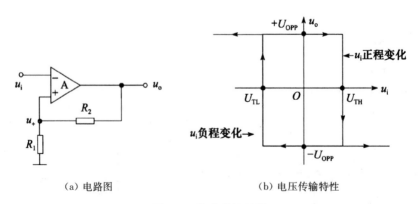

(a) 电路图　　　　　　　(b) 电压传输特性

图 3.3　施密特比较器

当 $u_i < U_{TL}$ 时,$u_o = +U_{OPP}$

当 $u_i > U_{TH}$ 时,$u_o = -U_{OPP}$

$$\begin{cases} U_{TH} = +U_{OPP} \dfrac{R_1}{R_1+R_2} \\ U_{TL} = -U_{OPP} \dfrac{R_1}{R_1+R_2} \end{cases}$$

$$\Delta U_T = U_{TH} - U_{TL} = \dfrac{2R_1}{R_1+R_2} U_{OPP}$$

其中：U_{TH}、U_{TL} 分别称为上、下门限电压（也称阈值电平），把 U_{TH} 和 U_{TL} 之差称为回差电压，简称回差 ΔU_T。

2. 波形产生电路

(1) 矩形波产生电路，如图 3.4 所示：

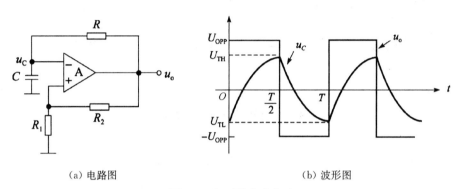

(a) 电路图　　　　　　　　　　　　(b) 波形图

图 3.4　矩形波产生电路

振荡频率为：

$$f = \dfrac{1}{T} = \dfrac{1}{2RC\ln\left(1+\dfrac{2R_1}{R_2}\right)}$$

(2) 三角波产生电路，如图 3.5 所示：

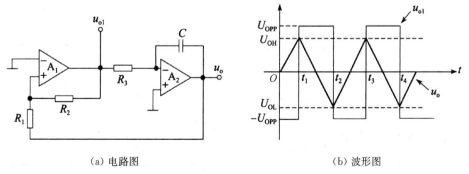

(a) 电路图　　　　　　　　　　　　(b) 波形图

图 3.5　三角波产生电路

三角波的频率为：

$$f = \dfrac{1}{T} = \dfrac{R_2}{4R_1R_3C}$$

3. 555 集成定时器

(1) 施密特比较器,如图 3.6 所示

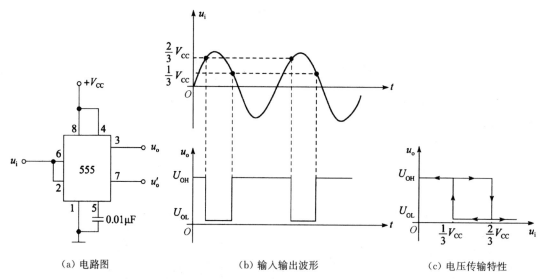

(a) 电路图   (b) 输入输出波形   (c) 电压传输特性

图 3.6 555 构成施密特比较器

当 $u_i < \dfrac{1}{3}V_{CC}$ 时,$u_o = U_{OH}$

当 $u_i > \dfrac{2}{3}V_{CC}$ 时,$u_o = U_{OL}$

回差:$\Delta U_T = \dfrac{1}{3}V_{CC}$

(2) 单稳态电路,如图 3.7 所示:

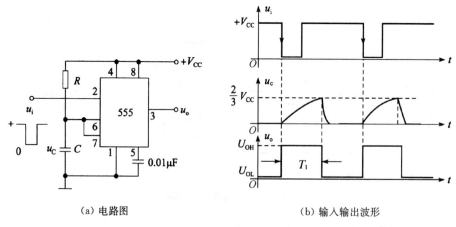

(a) 电路图   (b) 输入输出波形

图 3.7 555 构成单稳态电路

单稳态定时时间为:$T_1 = RC\ln 3 \approx 1.1RC$

（3）矩形波产生电路

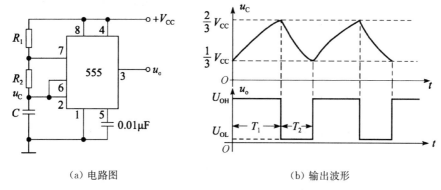

(a) 电路图 (b) 输出波形

图 3.8　555 构成矩形波产生电路

$T_1 = 0.7(R_1 + R_2)C$

$T_2 = 0.7R_2 C$

矩形波周期为：$T = T_1 + T_2 = 0.7(R_1 + 2R_2)C$

频率为：$f = \dfrac{1}{T} = \dfrac{1.43}{(R_1 + 2R_2)C}$

矩形波占空比为：$D = \dfrac{T_1}{T} = \dfrac{R_1 + R_2}{R_1 + 2R_2}$

四、习题解析

题 3.1　电路如题 3.1 图所示，设输入信号为 $u_i = 10\sin\omega t\,(\text{V})$，试画出各自的电压传输特性及输出波形。

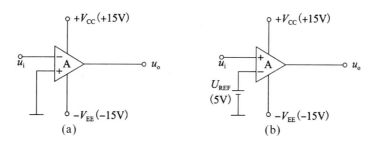

题 3.1 图

分析：本题为简单比较器电路，当同相端电位高于反相端时，比较器输出为高电平，而当同相端电位低于反相端时，输出为低电平，高低电平的数值由比较器所加电源电压确定。

解：题 3.1 图(a)为简单反相比较器电路，由于同相端接地，所以也叫过零比较器。当反相端电位大于零时，比较器输出为负电源电压($-V_{EE}$)，当反相端电位小于零时，比较器的输出为正电源电压($+V_{CC}$)，其电压传输特性如题 3.1 解图(a)所示。

题 3.1 图(b)为同相比较器,由于反相端所接电压为 U_{REF},所以同相端电位可以直接和 U_{REF} 值进行比较。当同相端电位大于 U_{REF} 时,比较器输出为正电源电压($+V_{CC}$),当同相端电位小于 U_{REF} 时,比较器的输出为负电源电压($-V_{EE}$),其电压传输特性如题 3.1 解图(b)所示。

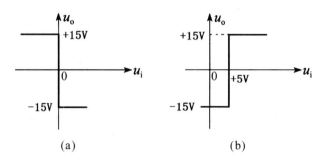

题 3.1 解图

题 3.2 电路如题 3.2 图所示,设输入信号为 $u_i=15\sin\omega t(\text{V})$,试画出各自的电压传输特性及输出波形。

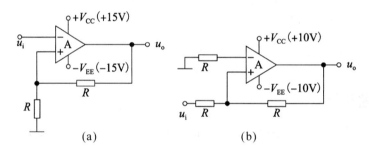

题 3.2 图

分析:本题由于在运放的输出端到同相输入端之间有反馈通路,所以构成的是具有回差的施密特比较器,即输出的翻转不但和输入信号有关,还和原来的输出值有关。

解:题 3.2 图(a)输入信号 u_i 加在反相端,同相端电位由输出端电位经过分压获得,当输出分别为 $+V_{CC}$ 和 $-V_{EE}$ 时,可以列出表达式为:

$$\begin{cases} U_{TH}=\dfrac{R}{R+R}V_{CC}=\dfrac{1}{2}\times 15=7.5(\text{V}) \\ U_{TL}=-\dfrac{R}{R+R}V_{EE}=-\dfrac{1}{2}\times 15=-7.5(\text{V}) \end{cases}$$

当 $u_i>U_{TH}$ 时,输出为 $-V_{EE}$;当 $u_i<U_{TL}$ 时,输出为 $+V_{CC}$,其电压传输特性如题 3.2 解图(a)所示,当输入为 $u_i=15\sin\omega t(\text{V})$ 时,其输出电压波形如题 3.2 解图(b)所示。

题 3.2 图(b):反相端接地,同相端电位由输入端和输出端共同作用,当同相端大于零时,比较器输出为 $+V_{CC}$;当同相端小于零时,比较器输出为 $-V_{EE}$。

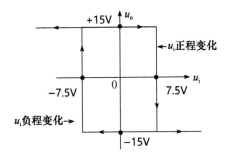

题 3.2 解图(a) 电压传输特性

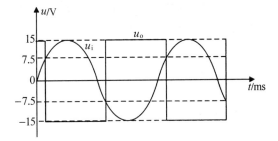

题 3.2 解图(b) 输出电压波形

令：$u_+ = \dfrac{R}{R+R}u_o + \dfrac{R}{R+R}u_i = 0$

则对应输出翻转的输入电压表达式为：

$$\begin{cases} \dfrac{R}{R+R}V_{CC} + \dfrac{R}{R+R}U_{TL} = 0 \\ -\dfrac{R}{R+R}V_{EE} + \dfrac{R}{R+R}U_{TH} = 0 \end{cases}$$

$$\begin{cases} U_{TL} = -V_{CC} \\ U_{TH} = V_{EE} \end{cases}$$

当 $u_i > U_{TH}$ 时，输出为 $+V_{CC}$；当 $u_i < U_{TL}$ 时，输出为 $-V_{EE}$，其电压传输特性如题 3.2 解图(c)所示；当输入为 $u_i = 15\sin\omega t$(V) 时，其输出电压波形如题 3.2 解图(d)所示。

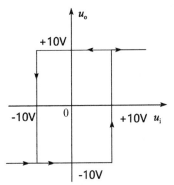

题 3.2 解图(c) 电压传输特性

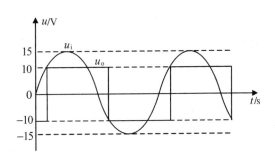

题 3.2 解图(d) 输出电压波形

题 3.3 电路如题 3.3 图所示，试推导出该电路的阈值电压和回差的表达式，画出其传输特性曲线。

分析：由于在运放的输出端到同相输入端之间有反馈通路，所以电路为具有回差的施密特比较器。因为反相端接地，所以只要将同相端电位和零比较，大于零则输出为 $+V_{CC}$，小于零则输出为 $-V_{EE}$。而同相端电压由输入信

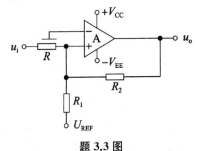

题 3.3 图

号、参考电压源和比较器输出电压共同作用,只要列出同相端电压表达式就可以求解。

解:由叠加原理可以得到:

$$u_+ = \frac{R_1 /\!/ R_2}{R + R_1 /\!/ R_2} u_i + \frac{R /\!/ R_2}{R_1 + R /\!/ R_2} U_{REF} + \frac{R /\!/ R_1}{R_2 + R /\!/ R_1} u_o$$

令:$u_+ = 0$,u_o 分别为 $+V_{CC}$ 和 $-V_{EE}$

可得:
$$\begin{cases} \frac{R_1 /\!/ R_2}{R + R_1 /\!/ R_2} U_{TH} + \frac{R /\!/ R_2}{R_1 + R /\!/ R_2} U_{REF} + \frac{R /\!/ R_1}{R_2 + R /\!/ R_1}(-V_{EE}) = 0 \\ \frac{R_1 /\!/ R_2}{R + R_1 /\!/ R_2} U_{TL} + \frac{R /\!/ R_2}{R_1 + R /\!/ R_2} U_{REF} + \frac{R /\!/ R_1}{R_2 + R /\!/ R_1}(+V_{CC}) = 0 \end{cases}$$

$$\begin{cases} U_{TH} = \frac{R + R_1 /\!/ R_2}{R_1 /\!/ R_2} \left[\frac{R /\!/ R_1}{R_2 + R /\!/ R_1} V_{EE} - \frac{R /\!/ R_2}{R_1 + R /\!/ R_2} U_{REF} \right] \\ U_{TL} = \frac{R + R_1 /\!/ R_2}{R_1 /\!/ R_2} \left[\frac{R /\!/ R_1}{R_2 + R /\!/ R_1}(-V_{CC}) - \frac{R /\!/ R_2}{R_1 + R /\!/ R_2} U_{REF} \right] \end{cases}$$

当 $u_i > U_{TH}$ 时,输出为 $+V_{CC}$,当 $u_i < U_{TL}$ 时,输出为 $-V_{EE}$,其电压传输特性如题 3.3 解图所示。

设 $V_{EE} = V_{CC}$,即所加电源为电压相等的正负电源,则:

$$\Delta U_T = U_{TH} - U_{TL} = 2 \times \frac{R + R_1 /\!/ R_2}{R_1 /\!/ R_2} \cdot \frac{R /\!/ R_1}{R_2 + R /\!/ R_1} V_{CC}$$

即施密特比较器的回差值只和电源电压有关,而和外加的参考电压无关。

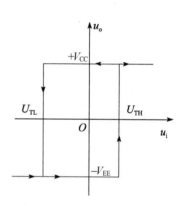

题 3.3 解图

题 3.4 试设计一个电阻阻值合格与否的判断电路,设被测电阻标称值为 $R = 1\text{ k}\Omega$,在 $\pm 10\%$ 范围内都满足要求。当阻值大于 10% 时红色发光二极管点亮,而当阻值小于 10% 时,绿色发光二极管点亮,符合要求时两个发光二极管都不亮。

分析:该判断电路可以用两个简单比较器来实现。电阻 $R = 1\text{ k}\Omega$,在 $\pm 10\%$ 范围内变化,利用分压原理可以把阻值的变化转换成电压的变化,该变化的电压就可以作为信号,和预设的参考电压进行比较,利用比较器输出的高低电压来驱动发光二极管,从而确定电阻的范围。

具体电路略。

题 3.5 设计一个电阻阻值合格与否的判断电路,要求用一个发光二极管的亮灭来表示被测电阻阻值是否在规定的范围内。设被测电阻标称值为 $R = 10\text{ k}\Omega$,在 $\pm 10\%$ 范围内都为合格。

分析:和题 3.4 类似,也是利用比较器来实现判断功能,区别在于本题要求只利用一个发光二极管的亮灭来表示被测电阻阻值是否在规定的范围内,可以利用电阻分压把电阻的变化转换成电压值,显然电压高于一个设定值或低于另一个设定值都表示电阻阻值不符合要求,只有在两个设定值之间的电压所对应的电阻才是符合要求的。按照这个分析,可以采用窗口比较器来实现这个要求。具体电路略。

题 3.6 电路如题 3.6 图(a)所示,当输入端加上如题 3.6 图(b)所示信号时,试画出 u_{o1} 和 u_o 的波形图,并标出各转折点电压值(设运放工作的电源电压为±5 V)。

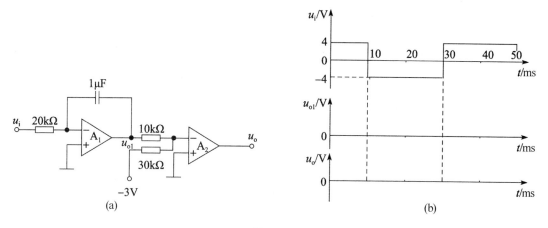

题 3.6 图

分析:A_1 构成一个积分电路,如果输入为矩形波,则其输出将变换为三角波;A_2 构成简单过零比较器,由 A_1 输出 u_{o1} 和外加电压 -3 V 共同作用在反相端,当反相端大于零时输出为低电平,当反相端小于零时输出为高电平,输出高低电平的值由运放工作电源电压确定。

解:A_1 为积分电路,所以有:

$$u_{o1} = -\frac{1}{RC}\int u_i \, dt = -\frac{1}{20\times 10^3 \times 1\times 10^{-6}}\int u_i \, dt = -50\int u_i \, dt$$

(1) 当 $0 \leqslant t < 10$ ms 时,$u_{o1(0)} = 0$:

$$u_{o1} = -50\int_0^{10} 4\, dt + u_{o1(0)} = -50\times 4\times (10-0)\times 10^{-3} = -2(\text{V})$$

(2) 当 $10 \leqslant t < 30$ ms,$u_{o1(10)} = -2$ V

$$u_{o1} = -50\int_{10}^{30}(-4)\, dt + u_{o1(10)} = -50\times(-4)\times(30-10)\times 10^{-3} + (-2)$$
$$= 2(\text{V})$$

(3) 当 $30 \leqslant t < 50$ ms,$u_{o1(30)} = 2$ V

$$u_{o1} = -50\int_{30}^{50} 4\, dt + u_{o1(30)} = -50\times 4\times(50-30)\times 10^{-3} + 2$$
$$= -2(\text{V})$$

对于 A_2:

令:$u_- = \dfrac{30}{10+30}u_{o1} + \dfrac{10}{10+30}(-3) = 0(\text{V})$

解得:$u_{o1} = 1$ V

所以当 $u_{o1}>1\text{ V}$，输出为 $u_o=-5\text{ V}$；而当 $u_{o1}<1\text{ V}$ 时，输出为 $u_o=+5\text{ V}$。u_{o1} 和 u_o 的波形图如题 3.6 解图所示。

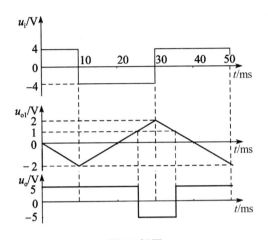

题 3.6 解图

题 3.7 电路如题 3.7 图所示。已知电阻 $R=10\text{ k}\Omega$，$R_1=12\text{ k}\Omega$，$R_2=15\text{ k}\Omega$，电位器 $R_P=100\text{ k}\Omega$，$C=0.01\ \mu\text{F}$（忽略二极管的导通电阻）。

1) 试画出当电位器的滑动端调在中间位置时，输出电压 u_o 和电容电压 u_C 的波形，并计算 u_o 的振荡频率 f。

2) 当电位器的滑动端分别调至最上端和最下端时，电容的充电时间 T_1、放电时间 T_2、输出波形的振荡频率 f 及占空比各为多少？

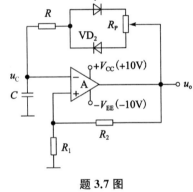

题 3.7 图

分析： 本题为一个矩形波产生电路，利用电容的充放电，使输出产生高低电平跳变的矩形波，由于二极管 VD_1 和 VD_2 具有单向导电性，会使电容的充放电回路时间常数不同，从而导致输出波形高低电平的时间不等。

当 $u_o=+V_{CC}$ 时，通过 R_P 下端、VD_2、R 给电容 C 充电，当 u_C 达到 U_+ 时，输出 u_o 翻转，从 $+V_{CC} \to -V_{CC}$；

当 $u_o=-V_{CC}$ 时，电容 C 通过 R、VD_1、R_P 上端放电，当 u_C 达到 U_- 时，输出 u_o 翻转，从 $-V_{CC} \to +V_{CC}$。

解： 1) 当滑动变阻器抽头位于中间位置时，此时充放电时间一致，如果忽略二极管导通电阻，利用一阶 RC 的充放电特性，可以得到：

$$u_C(t)=u_C(0_+)+[u_C(0_+)-u_C(\infty)]e^{-t/\tau},$$

$$\begin{cases} u_C(0_+)=U_-=-\dfrac{R_1}{R_1+R_2}V_{CC} \\ u_C(\infty)=V_{CC} \\ \tau=\left(R+\dfrac{1}{2}R_P\right)C \end{cases}$$

设电容的充电时间为 T_1,放电时间为 T_2,

$$T_1 = T_2 = \left(R + \frac{1}{2}R_P\right)C \times \ln\left(1 + 2\frac{R_1}{R_2}\right)$$

$$= \left(10 \times 10^3 + \frac{1}{2} \times 100 \times 10^3\right) \times 0.01 \times 10^{-6} \times \ln\left(1 + 2 \times \frac{12 \times 10^3}{15 \times 10^3}\right)$$

$$= 5.7 \times 10^{-4}(\text{s})$$

$$= 0.57(\text{ms})$$

$$T = T_1 + T_2 = 1.14(\text{ms})$$

$$f = \frac{1}{T} = 877(\text{Hz})$$

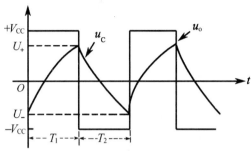

题 3.7 解图

输出为一个方波,波形如题 3.7 解图所示。

2) 同理分析,当 R_P 调到最上端时:

$$T_1 = (R + R_P)C \times \ln\left(1 + 2\frac{R_1}{R_2}\right) = 1.05(\text{ms})$$

$$T_2 = RC \times \ln\left(1 + 2\frac{R_1}{R_2}\right) = 0.09(\text{ms})$$

$$T = T_1 + T_2 = 1.14(\text{ms})$$

$$f = 877(\text{Hz}),$$

占空比 $= \dfrac{T_1}{T} = \dfrac{1.05}{1.14} = 92\%$

当 R_P 调到最下端时:

$$T_1 = RC \times \ln\left(1 + 2\frac{R_1}{R_2}\right) = 0.09(\text{ms})$$

$$T_2 = (R + R_P)C \times \ln\left(1 + 2\frac{R_1}{R_2}\right) = 1.05(\text{ms})$$

$$T = T_1 + T_2 = 1.14(\text{ms})$$

$$f = 877(\text{Hz})$$

占空比 $= \dfrac{T_1}{T} = \dfrac{0.09}{1.14} = 8\%$

题 3.8 方波-三角波发生电路如题 3.8 图所示,试画出 u_{o1}、u_o 点的波形,并求:

1) 电路的最高振荡频率;

2) 方波和三角波的峰峰值。

分析: A_1 构成的施密特比较器输出一个方波,A_2 构成的积分电路,把方波信号转换成三角波输出,同时也作为 A_1 比较器输入,使 A_1 产生翻转,完成方波——三角波输出。

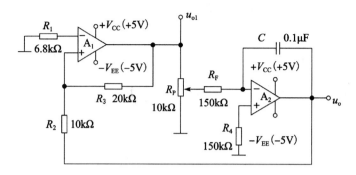

题 3.8 图

解： 1) 设运放 A_1 的输出电压为 $\pm U_{OPP} = \pm V_{CC}$，运放 A_2 的高电平输出为 U_{OH}，低电平输出为 U_{OL}，U_{OH} 和 U_{OL} 作为运放 A_1 的比较器输入信号，根据 $u_{1-} = u_{1+} = \dfrac{R_2}{R_2+R_3}u_{o1} + \dfrac{R_3}{R_2+R_3}u_o = 0$

可解得 $\begin{cases} U_{OH} = \dfrac{R_2}{R_3}V_{CC} \\ U_{OL} = -\dfrac{R_2}{R_3}V_{CC} \end{cases}$

由电路工作原理可以得到其工作波形如题 3.8 解图所示。

当 $u_{o1} = +V_{CC}$ 时，通过 R_P 上部和 R_F 给电容 C 充电，设 R_P 抽头处电压为 U_P，则对于 A_2 积分电路有：

$$u_o(t) = u_o(0_+) - \dfrac{1}{R_F C}\int_0^t U_P \mathrm{d}t$$

其中：$\begin{cases} u_o(0_+) = U_{OH} = \dfrac{R_2}{R_3}V_{CC} \\ u_o(T_1) = U_{OL} = -\dfrac{R_2}{R_3}V_{CC} \end{cases}$

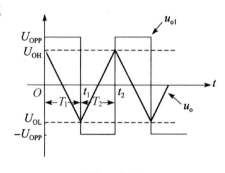

题 3.8 解图

所以 $U_{OL} = U_{OH} - \dfrac{1}{R_F C}U_P T_1$

所以 $T_1 = \dfrac{U_{OH} - U_{OL}}{U_P}R_F C$

当 $u_{o1} = -V_{CC}$ 时，电容 C 通过 R_P 上部和 R_F 放电，此时 R_P 抽头处电压为 $-U_P$，设放电时长为 T_2，同理分析可以得到：

$$T_2 = \dfrac{U_{OH} - U_{OL}}{U_P}R_F C$$

周期为：$T = T_1 + T_2 = 2T_1$

显然,当U_P为最大时,周期T最小,频率最高。

当$U_{Pmax}=V_{CC}$时

$$f_{max}=\frac{1}{T_{min}}=\frac{R_3}{4R_2R_FC}=\frac{20\times10^3}{4\times10\times10^3\times150\times10^3\times0.1\times10^{-6}}=33.3(\text{Hz})$$

2) 方波输出的高低电平近似为运放的电源电压值,所以

即:$\begin{cases}U_{O1H}=+V_{CC}\\U_{O1L}=-V_{CC}\end{cases}$

所以方波的峰峰值为:$U_{O1PP}=U_{O1H}-U_{O1L}=2V_{CC}=10(\text{V})$

三角波输出:$\begin{cases}U_{OH}=\dfrac{R_2}{R_3}V_{CC}=\dfrac{10}{20}\times5=2.5(\text{V})\\U_{OL}=-\dfrac{R_2}{R_3}V_{CC}=-\dfrac{10}{20}\times5=-2.5(\text{V})\end{cases}$

所以三角波的峰峰值为:$U_{OPP}=U_{OH}-U_{OL}=5(\text{V})$

题 3.9 如题 3.9 图所示为一个方波产生电路,如果要求输出的方波频率为 1 kHz,试确定电路中电阻电容的参数值。

解: 该电路为一个典型的方波产生电路,其输出信号的频率表达式为:

$$f=\frac{1}{T}=\frac{1}{2RC\ln\left(1+\dfrac{2R_1}{R_2}\right)}$$

令:$f=1$ kHz,则:

$$RC=\frac{1}{2\times10^3\ln\left(1+\dfrac{2R_1}{R_2}\right)}$$

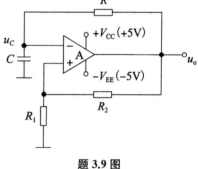

题 3.9 图

显然,能满足上述关系式的可选参数很多,但电阻、电容的数值都不能太大或太小,同时也要注意要选用标称值。

如可选:$R=10$ kΩ,$C=0.1$ μF,则

$$10\times10^3\times0.1\times10^{-6}=\frac{1}{2\times10^3\ln\left(1+\dfrac{2R_1}{R_2}\right)}$$

$$\ln\left(1+\frac{2R_1}{R_2}\right)=\frac{1}{2\times10^3\times10\times10^3\times0.1\times10^{-6}}=0.5$$

$$1+\frac{2R_1}{R_2}=1.65$$

$$R_1=0.325R_2$$

如取:$R_1=3.3$ kΩ,$R_2=10$ kΩ

把所取参数代入上述频率计算公式验证,得:

$$f = \frac{1}{T} = \frac{1}{2RC\ln\left(1+\dfrac{2R_1}{R_2}\right)}$$

$$= \frac{1}{2\times 10\times 10^3 \times 0.1\times 10^{-6}\ln\left(1+\dfrac{2\times 3.3\times 10^3}{10\times 10^3}\right)}$$

$$= \frac{1}{2\times 10^{-3}\times 0.51} \approx 1\times 10^3 (\text{Hz})$$

满足题目要求。

题 3.10 电路如题 3.10 图所示,如果 $V_{CC}=5\text{ V}$,5 脚所接的外加电压 $U_V=4\text{ V}$,输入信号为一个正弦波 $u_i=5\sin\omega t(\text{V})$,试画出该电路的传输特性曲线及输出波形,并标出各转折点电压值。

分析: 由 555 定时器电路结构如题 3.10 解图(a)可知,当工作电压为 5 V,第 5 脚不接外加电压时,输入的两个比较器的比较参考电压分别为 $U_{TH}=\dfrac{1}{3}V_{CC}$,$U_{TL}=\dfrac{2}{3}V_{CC}$,构成的施密特比较器的回差为 $\Delta U_T=\dfrac{1}{3}V_{CC}$。但当第 5 脚外加电压时,其比较器的参考电压就由外加的电压确定,分别为 $U_{TL}=\dfrac{1}{2}U_V$,$U_{TH}=U_V$,回差也变成 $\Delta U_T=\dfrac{1}{2}U_V$。

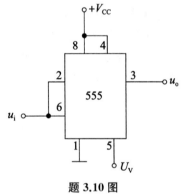

题 3.10 图

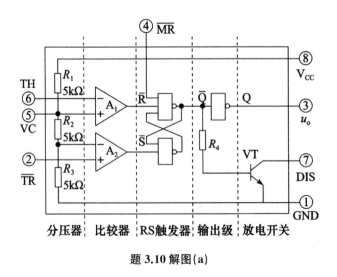

题 3.10 解图(a)

解: 如题 3.10 图所示电路为由 555 定时器构成的施密特比较器,和一般比较器的区别在于其第 5 脚外接了一个控制电压 $U_V=4\text{ V}$,根据 555 定时器特性可知,构成的施密特比较器的高低比较电压分别为 4 V 和 2 V,对应的波形图如题 3.10 解图(b)所示。

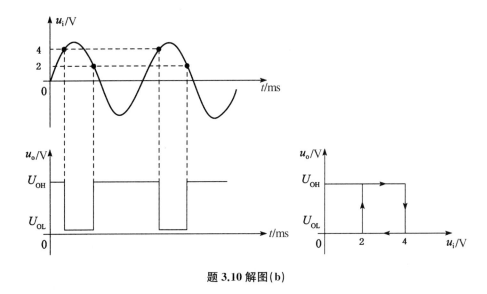

题 3.10 解图(b)

题 3.11 设计一个由 555 定时器构成的单稳态触发器,要求输出高电平持续的时间为 1 s,试画出电路图并确定参数。

解: 由 555 定时器构成的单稳态电路及对应的输入输出波形如题 3.11 解图所示。

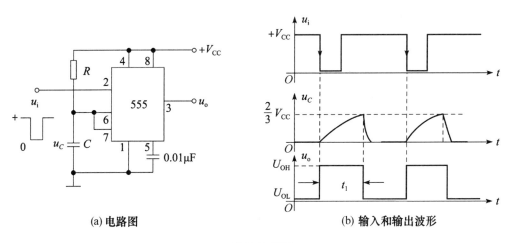

(a) 电路图　　　　　　　　(b) 输入和输出波形

题 3.11 解图

其中 T_1 为单稳态时间,也就是要求的高电平持续的时间。
参考教材公式(3.3.2):
令:$T_1 = 1.1RC = 1$ s

可得到 R、C 多种不同的取值组合,注意取值不宜过大或过小,同时也要注意选用标称值。一般是先选择电容的取值,然后再确定电阻,相对而言,电阻的可取范围比较宽,也可以利用可变电阻来调试。如可以取:$C = 10\ \mu\text{F}$,$R = 91\ \text{k}\Omega$。

题 3.12 如题 3.12 图所示为占空比可调的矩形波产生电路,设二极管正向导通电阻为零。试分析其输出波形占空比取决于哪些参数?若要求占空比为 50%,则这些参数应如何选择？写出输出波形的周期表达式。

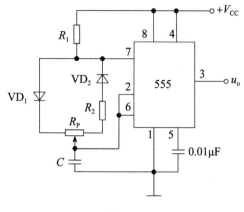

题 3.12 图

分析：该电路和典型的 555 定时器构成的矩形波产生电路相比，区别在于电容的充放电回路不同。由于二极管具有单向导电特性，当外加正向偏压时二极管导通，导通电阻为零，相当于短路；当外加反向偏压时二极管截止，相当于开路。所以电容 C 的充电回路由 R_1、VD_1、R_P 的左半部份和 C 构成，放电回路由 C、R_P 的右半部份、R_2、VD_2 和 555 定时器内部的放电三极管构成。

解：设电位器 R_P 的左半部份电阻值为 R，忽略二极管的导通电阻。
由教材公式(3.3.3)得到充电所对应的时间宽度为：

$$T_1 = 0.7(R_1 + R)C$$

这个也是输出高电平所对应的时间。
由教材公式(3.3.4)得到放电所对应的时间宽度为：

$$T_2 = 0.7[R_2 + (R_P - R)]C$$

周期为：

$$\begin{aligned} T &= T_1 + T_2 \\ &= 0.7(R_1 + R)C + 0.7[R_2 + (R_P - R)]C \\ &= 0.7(R_1 + R_2 + R_P)C \end{aligned}$$

输出波形的周期和电位器 R_P 调整的位置无关。
占空比为：

$$\frac{T_1}{T} = \frac{R_1 + R}{R_1 + R_2 + R_P} = 50\%$$

电位器 R_P 的调整可以改变输出波形的占空比。可调范围为：

$$\frac{R_1}{R_1 + R_2 + R_P} \text{ 到 } \frac{R_1 + R_P}{R_1 + R_2 + R_P}$$

如果要求占空比为 50%

可以令：$\dfrac{T_1}{T}=\dfrac{R_1+R}{R_1+R_2+R_P}=50\%$，此时 $T_1=T_2$。

即满足：$R_1+R=R_2+(R_P-R)$ 就可以输出占空比为 50% 的方波，也就是保证电容的充放电时间常数相等就可以得到输出占空比为 50% 的方波。

题 3.13 试用 555 定时器设计一个电路，要求当按动触发按钮后，喇叭以 1 kHz 的频率鸣叫 2 s，然后自动停止。画出电路图，说明工作原理，并确定各元件参数。

分析： 本设计要求可以分解为两部分：一是完成按钮按下后出现一种状态并能自动维持 2 s 后恢复到原始状态，这个可以用单稳态电路实现；另外一个是要产生 1 kHz 的矩形波，驱动蜂鸣器产生鸣叫，同时输出的矩形波信号要受单稳态的控制。可以利用单稳态的输出直接控制矩形波发生电路的复位脚（第 4 脚）。

具体设计电路略。

题 3.14 试用一片 555 芯片和四个运算放大器，设计一个可同时输出脉冲波、锯齿波、正弦波Ⅰ、正弦波Ⅱ的波形产生电路。四种波形的频率关系为 1∶1∶1∶3（3 次谐波）；脉冲波、锯齿波、正弦波Ⅰ的输出频率为 10 kHz，输出电压峰峰值为 1 V；正弦波Ⅱ的输出频率为 30 kHz，输出电压峰峰值为 9 V。画出电路图，确定元器件参数，并用软件仿真验证设计的正确性。

分析： 常规设计方式是：利用 555 定时器可以构成脉冲波输出，利用该脉冲波用运算放大器构成积分电路可以实现锯齿波输出，利用滤波特性，对 555 定时器产生的脉冲波进行滤波，提取出其中的基波为正弦波Ⅰ的输出，提取出的 3 次谐波作为正弦波Ⅱ的输出。

但通过滤波器后的输出幅值肯定变小了，要达到设计要求的输出幅度还需要进行必要的放大，而运算放大器只有四个，如果每个正弦波滤波需要用一个，放大需要用一个，就已经是 4 个了，所以锯齿波的产生就不能用运放。由 555 定时器产生矩形波的工作原理可知，电容上的充放电电压是按照指数规律在变化，当电压幅度比较低时可以近似看成是锯齿波输出，通过 555 定时器控制脚的电压也可以使锯齿波的幅值控制在 1 V 输出，这样就可以完成设计要求。

具体设计电路略。

第 4 章 半导体器件概述

一、本章内容

半导体器件是构成各种电子电路的基础。本章首先简要介绍半导体的基本知识,再讨论 PN 结的形成机理和特性,然后介绍半导体二极管、半导体三极管、场效应管的工作原理、特性曲线、主要参数及电路模型,并在此基础上,介绍了半导体器件的典型应用电路。

二、本章重点

1. 半导体中有电子和空穴两种载流子参与导电,空穴导电是半导体不同于金属导电的重要特点。纯净的半导体称为本征半导体,掺入施主杂质或受主杂质后就形成了 N 型半导体或 P 型半导体。

2. PN 结是 P 型半导体与 N 型半导体交界处形成的一个空间电荷区(耗尽区)。PN 结的主要特性为单向导电性,即当 PN 结外加正向偏压时,耗尽区变窄,可以流过电流;而外加反向偏压时,耗尽区变宽,几乎没有电流流过。

3. 半导体二极管就是利用一个 PN 结加上外壳,引出两个电极而制成的。利用 PN 结的单向导电性能,可在电路中起到整流、检波等作用;而利用 PN 结的其他性能可以制成其他特殊类型的二极管,如稳压管、变容管、光电管及发光管等。

4. 对二极管进行分析,主要采用模型分析法。针对工作信号的不同,分为直流模型和小信号模型。二极管的主要参数是正确选择、使用二极管和分析二极管电路的重要依据。

5. 半导体三极管是由两个 PN 结组成的三端有源器件,分为 NPN 和 PNP 两种类型。其中两个 PN 结分别称为发射结和集电结,引出的 3 个电极分别称为发射极、基极和集电极。

6. 半导体三极管是一种电流控制型器件,通过基极电流或发射极电流去控制集电极电流。利用这种电流控制作用可实现放大功能。实现放大功能的外部条件是:三极管的发射结正偏,集电结反偏。

7. 三极管的基本特性分为输入特性、输出特性及开关特性,三极管可以划分为 3 个工作区域:放大区、饱和区和截止区。

8. 三极管的主要参数及电路模型是正确选择、使用三极管和分析三极管电路的重要依据及手段。

9. 场效应管利用栅源电压的电场效应来控制漏极电流,是一种电压控制型器件。场效应管分为结型和绝缘栅型两大类,后者以 MOS 场效应管为主。场效应管有 N 沟道与 P 沟道之分,绝缘栅场效应管又有增强型与耗尽型两种类型,结型场效应管属于耗尽型。

10. 在功率半导体器件中有 LDMOS、VDMOS、IGBT 等器件类型,可以耐高压和大电流。宽禁带材料包括 SiC、GaN 等，基于其制备的半导体器件具有耐高压、高频率、低导通电阻等诸多优点。

三、本章公式

1. PN 结特性方程

$$i = I_S(e^{\frac{qu_D}{kT}} - 1) = I_S(e^{\frac{u_D}{U_T}} - 1)$$

其中：i 为 PN 结中流过的电流；u_D 为 PN 结两端外加的偏置电压；I_S 为反向饱和电流；$U_T = \dfrac{kT}{q}$ 为温度电压当量，k 为玻耳兹曼常数（$k = 1.38 \times 10^{-23}$ J/K，K 为开尔文，J 为焦耳），q 为电子电量，$q = 1.6 \times 10^{-19}$ C（库伦），T 为热力学温度。室温下（$T = 300$ K），$U_T \approx 26$ mV。

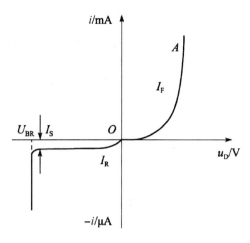

图 4.1 PN 结的理想伏安特性

2. 半导体二极管

（1）二极管正偏电压

$$\text{Si：} U_D = 0.6 \sim 0.8 \text{ V}$$
$$\text{Ge：} U_D = 0.2 \sim 0.3 \text{ V}$$

（2）二极管开启电压（阈值电压）

$$\text{Si：} U_{th} = 0.5 \text{ V}$$
$$\text{Ge：} U_{th} = 0.1 \text{ V}$$

（3）二极管反向饱和电流

$$\text{Si：} I_S < 0.1 \text{ } \mu A$$
$$\text{Ge：} I_S = 10 \sim 10^2 \text{ } \mu A$$

（4）二极管等效交流电阻

二极管在静态工作点 Q 附近的微变等效电阻为：

$$r_d = \frac{U_T}{I_D} = \frac{26(\text{mV})}{I_D} \text{（室温下）}$$

其中：r_d 为二极管的微变等效电阻，I_D 为二极管中流过的静态电流。

3. 半导体三极管

（1）电流分配关系

$$I_E = I_B + I_C$$
$$I_C = \beta I_B + I_{CEO}$$
$$I_{CEO} = (1 + \beta) I_{CBO}, \quad \beta = \frac{\alpha}{1 - \alpha}$$

（2）半导体三极管交流模型

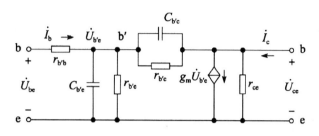

图 4.2 混合 π 型等效电路模型

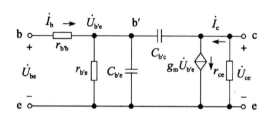

图 4.3 简化 π 型等效电路模型

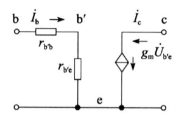

图 4.4 低频 π 型等效电路模型

$r_{b'b}$：基区体电阻，一般在 100~300 Ω 之间。

$r_{b'e}$：发射结电阻，$r_{b'e}=(1+\beta)r_{Je}=(1+\beta)\dfrac{26(\text{mV})}{I_E(\text{mA})}$

$r_{b'c}$：集电结电阻，一般在几百千欧到几十兆欧之间。

$C_{b'e}$：发射结电容，其值大致在几十皮法至几百皮法之间，手册上也常用 C_π 表示。

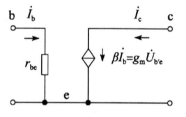

图 4.5 低频微变等效电路模型

$C_{b'c}$：集电结电容，其值较小，一般为几皮法到十几皮法，手册上也常用 C_μ 表示。

$g_m\dot{U}_{b'e}$：等效电流源，反映了三极管的放大作用，g_m 称为跨导或互导，定义为：

$$g_m = \dfrac{\Delta I_C}{\Delta U_{B'E}}\bigg|_{u_{CE}=\text{常数}} = \dfrac{i_c}{u_{b'e}}\bigg|_{u_{ce}=0}$$

g_m 表示 $u_{b'e}$ 对 i_c 的控制，也反映了三极管的放大能力，其数值一般为几十毫西门子(mS)

r_{ce}：极间电阻，受控电流源 $g_m u_{b'e}$ 的内阻，数值一般在几十千欧以上，在很多场合都可以将其忽略。

r_{be}：三极管共发射极的输入电阻

$$r_{be}=r_{b'b}+r_{b'e}=r_{bb'}+(1+\beta)\dfrac{26(\text{mV})}{I_{EQ}(\text{mA})}$$

4. 半导体场效应管
(1) 结型场效应管特性(N 沟道)

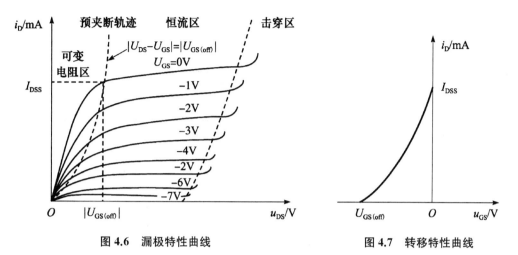

图 4.6 漏极特性曲线　　图 4.7 转移特性曲线

$$i_D = I_{DSS}\left(1 - \frac{u_{GS}}{U_{GS(off)}}\right)^2 \quad (U_{GS(off)} \leqslant U_{GS} \leqslant 0)$$

其中：I_{DSS} 表示 $u_{GS}=0$ 时的饱和漏极电流，$U_{GS(off)}$ 表示夹断电压。

(2) 增强型绝缘栅场效应管(N 沟道)

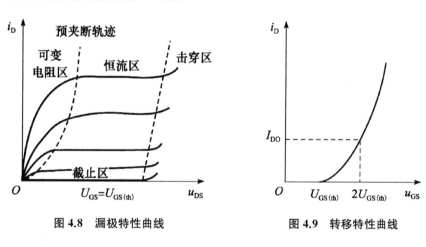

图 4.8 漏极特性曲线　　图 4.9 转移特性曲线

$$i_D = I_{DO}\left(\frac{u_{GS}}{U_{GS(th)}} - 1\right)^2 \quad (u_{GS} \geqslant U_{GS(th)})$$

其中：I_{DO} 定义为当 $u_{GS}=2U_{GS(th)}$ 时的漏极电流 i_D，$U_{GS(th)}$ 称为开启电压。

(3) 耗尽型绝缘栅场效应管(N 沟道)

$$i_D = I_{DSS}\left(1 - \frac{u_{GS}}{U_{GS(off)}}\right)^2$$

其中：I_{DSS} 表示 $u_{GS}=0$ 时的饱和漏极电流，$U_{GS(off)}$ 表示夹断电压。

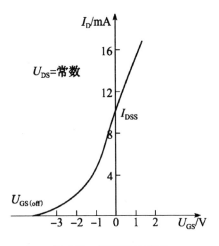

图 4.10 转移特性曲线

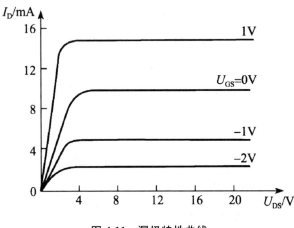

图 4.11 漏极特性曲线

（4）场效应管交流等效电路模型

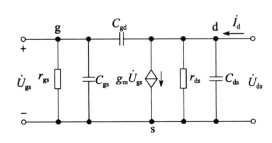

图 4.12 场效应管交流电路模型

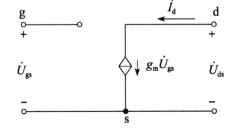

图 4.13 场效应管低频简化微变等效电路模型

极间电容：场效应管的 3 个电极之间存在极间电容，分别为栅源电容 C_{gs}、栅漏电容 C_{gd} 和漏源电容 C_{ds}，极间电容数值一般为皮法量级。

r_{ds}：场效应管的输出电阻，说明 u_{DS} 对 i_D 的影响，数值很大，一般在几十千欧到几百千欧之间。

r_{gs}：场效应管的输入电阻，数值很大，一般可以忽略不计。

g_m：低频跨导，用以表示栅源电压 u_{GS} 对漏极电流 i_D 的控制作用，单位为西门子(S)，有时也用毫西门子(mS)表示。g_m 一般在零点几到几毫西门子范围，特殊的可达几十毫西门子。在转移特性曲线上，g_m 就是曲线在工作点的切线斜率。g_m 与管子的静态工作点有关，I_D 越大，g_m 也越大。

耗尽型器件：$g_m = \dfrac{\partial i_D}{\partial u_{GS}} = -\dfrac{2}{U_{GS(OFF)}}\sqrt{I_{DQ}I_{DSS}}$ （N 型）

增强型器件：$g_m = \dfrac{\partial i_D}{\partial u_{GS}} = \dfrac{2}{U_{GS(th)}}\sqrt{I_{DQ}I_{DO}}$ （N 型）

四、习题解析

题 4.1 N 型半导体中的多子是带负电的自由电子载流子，P 型半导体中的多子是带正电的空穴载流子,因此说 N 型半导体带负电,P 型半导体带正电。上述说法对吗？为什么？

解：这种说法是错误的。因为,晶体在掺入杂质后,只是共价键上多出了电子或少了电子,从而获得了 N 型半导体或 P 型半导体,但整块晶体中既没有失电子也没有得电子,所以仍呈电中性。

题 4.2 半导体和金属导体的导电机理有什么不同？单极型和双极型晶体管的导电情况又有何不同？

解：金属导体中只有自由电子一种载流子参与导电,而半导体中则存在空穴载流子和自由电子两种载流子,它们同时参与导电,这就是金属导体和半导体导电机理上的本质不同点。

单极型晶体管内部只有多数载流子参与导电,因此和双极型晶体管中同时有两种载流子参与导电也是不同的。

题 4.3 温度对二极管的正向特性影响小,对其反向特性影响大,这是为什么？

解：正向偏置时,正向电流是多子扩散电流,温度对多子浓度几乎没有影响,因此温度对二极管的正向特性影响小。但是反向偏置时,反向电流是少子漂移电流,温度升高少数载流子数量将明显增加,反向电流随之增加,因此温度对二极管的反向特性影响大。

题 4.4 能否将 1.5 V 的干电池以正向接法接到二极管两端？为什么？

解：不能这样接。

根据二极管电流的方程式

$$i = I_S(e^{\frac{qu_D}{kT}} - 1) = I_S(e^{\frac{u_D}{U_T}} - 1)$$

其中：$U_T = \dfrac{kT}{q}$ 为温度电压当量,室温下 $T = 300$ K, $U_T \approx 26$ mV。

I_S 为反向饱和电流,硅管的 I_S 约为 0.1 μA 以下,锗管的 I_S 大约为几十微安。

如果设 $I_S = 2$ μA,将 $u_D = U = 1.5$ V 代入方程式可得：

$$I = I_S(e^{\frac{u_D}{U_T}} - 1) = 2 \times 10^{-6}(e^{\frac{1\,500}{26}} - 1) \approx 2 \times 10^{-6} \times e^{\frac{1\,500}{26}}$$

$$\lg I = \lg(2 \times 10^{-6}) + \frac{1\,500}{26}\lg e = 0.3 - 6 + 57.7 \times 0.43 = 19.11$$

由此可见,按照理论计算其正向电流将是一个非常大的数字,器件根本不可能流过该电流。虽然二极管的内部体电阻、引线电阻及电池内阻都能起限流作用,但过大的电流定会烧坏二极管或使电池发热失效,因此必须另外添加限流电阻。

题 4.5 电路如题 4.5 图所示,试判断图中二极管是导通还是截止,并求出 AO 两端的电压 U_{AO}。假设二极管是理想的。

分析：二极管在外加正偏电压时导通,外加反偏电压时截止。正偏时硅管的导通压降为 0.6～0.8 V,锗管的导通压降为 0.2～0.3 V。在理想情况下,正向导通压降为零,相当于短路；反偏时由于反向电流很小,理想情况下认为截止电阻无穷大,相当于开路。

分析二极管在电路中的工作状态的基本方法为"开路法",即：先假设二极管所在支路断开,然后计算二极管的 P 端(阳极)与 N 端(阴极)的电位差。若该电位差使二极管正偏且

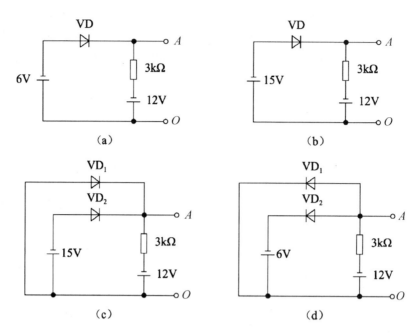

题 4.5 图

大于二极管的导通压降,该二极管导通,其两端电压为二极管的导通压降;如果该电位差使二极管反偏或虽正偏但小于导通压降,该二极管截止。如果电路中存在两个以上的二极管,由于每个二极管开路时的电位差不等,以正向电压较大者优先导通,其两端电压为二极管导通压降,然后再用上述"开路法"判断其余二极管的工作状态。一般情况下,对于电路中有多个二极管时,工作状态判断方法为:对于 N 端(阴极)连在一起的电路,只有 P 端(阳极)电位最高的处于导通状态;对于阳极(P 端)连在一起的二极管,只有 N 端(阴极)电位最低的可能导通。

解:题 4.5 图(a)中,当假设二极管的 VD 开路时,其 P 端(阳极)电位 U_P 为 -6 V,N 端(阴极)电位 U_N 为 -12 V。VD 处于正偏而导通,实际压降为二极管的导通压降。理想情况为零,相当于短路。则 $U_A = U_P = -6$ V,所以 $U_{AO} = -6$ V。

题 4.5 图(b)中,断开 VD 时,P 端电位 $U_P = -15$ V,N 端电位 $U_N = -12$ V,

∵ $U_P < U_N$

∴ VD 处于反偏而截止

∴ $U_{AO} = -12$ V。

图(c)中,断开 VD_1,VD_2 时

∵ $U_{P1} = 0$ V $U_{N1} = -12$ V $U_{P1} > U_{N1}$

$U_{P2} = -15$ V $U_{N2} = -12$ V $U_{P2} < U_{N2}$

∴ VD_1 处于正偏导通,VD_2 处于反偏而截止

$$U_{AO} = 0 \text{ V};$$

或,∵ VD_1,VD_2 的 N 端(阴极)连在一起

∴ 阳极电位高的 VD_1 就先导通,则 A 点的电位 $U_A = 0$ V,

而 $U_{P2}=-15\text{ V}<U_{N2}=U_A$

∴ VD_2 处于反偏而截止

题 4.5 图(d)中,断开 VD_1、VD_2,

∵ $U_{P1}=-12\text{ V}$　$U_{N1}=0\text{ V}$　$U_{P1}<U_{N1}$

$U_{P2}=-12\text{ V}$　$U_{N2}=-6\text{ V}$　$U_{P2}<U_{N2}$;

∴ VD_1、VD_2 均处于反偏而截止,

$$U_{AO}=-12\text{ V}$$

题 4.6　题 4.6 图所示电路中,已知 $E=5\text{ V}$,$u_i=10\sin\omega t\text{(V)}$,二极管为理想元件(即认为正向导通时电阻 $R=0$,反向阻断时电阻 $R=\infty$),试画出 u_o 的波形。并请用仿真软件进行验证,给出仿真波形。

解：当 $u_i>E$ 时,VD 导通 $u_o=u_i$;

当 $u_i<E$ 时,VD 截止 $u_o=E$

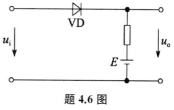

题 4.6 图

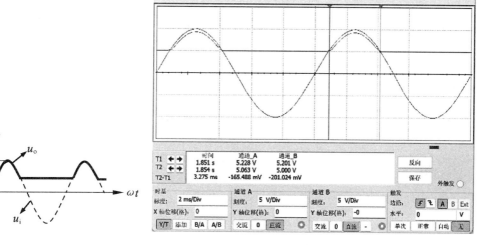

题 4.6 解图　　　　　题 4.6 软件仿真图

题 4.7　在用万用表的 $R\times10\text{ }\Omega$,$R\times100\text{ }\Omega$ 和 $R\times1\text{ k}\Omega$ 三个欧姆挡测量某二极管的正向电阻时,共测得三个数据:$4\text{ k}\Omega$、$85\text{ }\Omega$ 和 $680\text{ }\Omega$,试判断它们各是哪一挡测出的。万用表测量电阻时,对应的测量电路和伏安特性如题 4.7 图所示。

解：用指针式万用表测量电阻时,对应的测量电路示意图和伏安特性如题 4.7 图所示,实际上是将流过电表的电流换算为电阻值,用指针的偏转显示在表盘上。当流过的电流大时,指示的电阻小。测量时,流过电表的电流是由万用表的内阻和二极管的等效直流电阻值联合决定的。

由于二极管的非线性特性,其正向导通电阻阻值随着通过二极管的电流变化而变化。而指针式万用表的电阻挡在不同挡位的输出电流不一样,低阻挡电流大,测出的阻值小;高

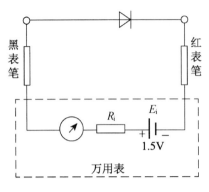
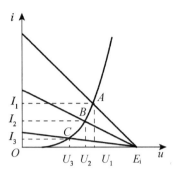

题 4.7 图

阻挡电流小,测出的阻值大,导致测量出的二极管的电阻不相同,如题 4.7 图可知,电流由大到小其工作点分别在 A、B、C 三点。

由此可知:$85\,\Omega$ 为万用表 $R\times 10\,\Omega$ 挡测出的;$680\,\Omega$ 为万用表 $R\times 100\,\Omega$ 挡测出的;$4\,\mathrm{k\Omega}$ 为万用表 $R\times 1\,\mathrm{k\Omega}$ 挡测出的。

题 4.8 电路如题 4.8 图所示,二极管导通电压 $U_\mathrm{D}=0.7\,\mathrm{V}$,常温下 $U_\mathrm{T}\approx 26\,\mathrm{mV}$,电容 C 对交流信号可视为短路;u_i 为正弦波,有效值为 $10\,\mathrm{mV}$。试问二极管中流过的交流电流的有效值为多少?

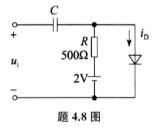

题 4.8 图

解:由于直流电源 E 给二极管提供了正向偏压,使二极管处于导通状态,其直流电流为:

$$I_\mathrm{D}=\frac{E-U_\mathrm{D}}{R}=\frac{2-0.7}{500}=0.002\,6(\mathrm{A})=2.6\,\mathrm{mA}$$

对交流而言,二极管的动态电阻(交流等效电阻)为:

$$r_\mathrm{d}=\frac{U_\mathrm{T}}{I_\mathrm{D}}=\frac{26}{2.6}=10\,\Omega$$

外加交流信号 u_i 时,由于电容 C 对交流短路,信号直接加到二极管两端,所以流过二极管的交流电流为:

$$I_\mathrm{rms}=\frac{U_\mathrm{rms}}{r_\mathrm{d}}=\frac{10}{10}=1\,\mathrm{mA}$$

题 4.9 电路如题 4.9 图所示,稳压管 $\mathrm{VD_Z}$ 的稳定电压 $U_\mathrm{Z}=8\,\mathrm{V}$,限流电阻 $R=3\,\mathrm{k\Omega}$,设 $u_\mathrm{i}=15\sin\omega t\,(\mathrm{V})$,试画出 u_o 的波形。

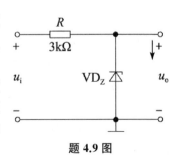

题 4.9 图

分析:稳压管的工作是利用二极管在反偏电压较高而使二极管击穿时,在一定的工作电流限制下,二极管两端的电压几乎不变。其电压值即为稳压管的稳定电压 U_Z。而稳压管如果外加正向偏压时,仍处于导通状态。

设稳压管具有理想特性,即反偏电压达到稳定电压时,稳压管击穿,正偏时导通压降为零。

解：$0 \leqslant u_i < 8$ V 时,稳压管处于反偏而截止,稳压管相当于开路,$u_o = u_i$；

$8 \leqslant u_i < 15$ V 时,稳压管击穿而处于稳压状态,$u_o = U_Z = 8$ V；

$u_i < 0$ V 时,稳压管处于正偏而导通,忽略正向压降时,$u_o = 0$ V。如果考虑稳压管正向压降,则在 $-U_D \leqslant u_i < 0$ V 时,$u_o = 0$ V；$u_i < -U_D$ 时,$u_o \approx -U_D = -0.7$ V。

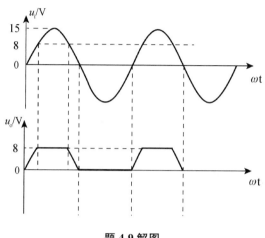

题 4.9 解图

题 4.10 半导体二极管由一个 PN 结构成,三极管则由两个 PN 结构成,那么,能否将两个二极管背靠背地连接在一起构成一个三极管？如不能,说说为什么。

解：将两个二极管背靠背地连接在一起是不能构成一个三极管的。因为,两个背靠背的二极管相接,其对应的"基区"太厚,不符合构成三极管基区很薄的内部条件,即使是发射区向基区发射电子,到基区后也都会被这样的"基区"中大量的少子复合掉,根本不可能有载流子继续向集电区扩散,所以这样的"三极管"是不会有电流放大作用的。

题 4.11 测得工作在放大电路中几个半导体三极管的三个电极电位 U_1、U_2、U_3 分别为下列各组数值,试判断它们是 NPN 型还是 PNP 型,是硅管还是锗管,并确定 e、b、c。

1) $U_1 = 3.5$ V, $U_2 = 2.8$ V, $U_3 = 12$ V；
2) $U_1 = 3$ V, $U_2 = 2.8$ V, $U_3 = 12$ V；
3) $U_1 = 6$ V, $U_2 = 11.3$ V, $U_3 = 12$ V；
4) $U_1 = 6$ V, $U_2 = 11.8$ V, $U_3 = 12$ V

分析：工作在放大电路中的三极管应满足发射结正偏,集电结反偏的条件。由 PN 结的正偏特性可知,正偏时 PN 结电压不会太大。一般而言,硅管的 $|U_{BE}| = 0.5 \sim 0.7$ V,锗管的 $|U_{BE}| = 0.1 \sim 0.3$ V。所以对这类题目的分析首先要找出电位差在 $0.1 \sim 0.3$ V 或 $0.5 \sim 0.7$ V 的两个电极,则其中必定一个为发射极,一个为基极,余下的一个电位相差较大的必定为集电极。由集电极的反偏特性可知,若集电极电位最高,则该管必定为 NPN 型三极管；若集电极电位最低,则该管必定为 PNP 型三极管。若为 NPN 型三极管,则发射极电位必定为最低电位；若为 PNP 型三极管,则发射极电位必定为最高电位,由此即可确定发射极。而电位值处于中间的一个电极必定为基极。

解: 1) ∵ $U_1 = 3.5$ V, $U_2 = 2.8$ V, $U_3 = 12$ V
$U_{12} = U_1 - U_2 = 3.5 - 2.8 = 0.7$(V)
∴ U_3 为集电极,且 U_3 电位最高
∴ 为 NPN 管
结论:硅 NPN 型三极管
$U_1 \to b, U_2 \to e, U_3 \to c$

2) ∵ $U_1 = 3$ V, $U_2 = 2.8$ V, $U_3 = 12$ V,
$U_{12} = U_1 - U_2 = 3 - 2.8 = 0.2$ V
∴ U_3 为集电极,且 U_3 电位最高
∴ 为 NPN 管
结论:锗 NPN 型三极管
$U_1 \to b, U_2 \to e, U_3 \to c$

3) ∵ $U_1 = 6$ V, $U_2 = 11.3$ V, $U_3 = 12$ V
$U_{23} = U_2 - U_3 = 11.3 - 12 = -0.7$ V
∴ U_1 为集电极,且 U_1 电位最低
∴ 为 PNP 管
结论:硅 PNP 型三极管
$U_1 \to c, U_2 \to b, U_3 \to e$

4) ∵ $U_1 = 6$ V, $U_2 = 11.8$ V, $U_3 = 12$ V
$U_{23} = U_2 - U_3 = 11.8 - 12 = -0.2$ V
∴ U_1 为集电极,且 U_1 电位最低
∴ 为 PNP 管
结论:锗 PNP 型三极管
$U_1 \to c, U_2 \to b, U_3 \to e$

题 4.11 解图(a)

题 4.11 解图(b)

题 4.11 解图(c)

题 4.11 解图(d)

题 4.12 现测得放大电路中两只管子的两个电极的电流如题 4.12 图所示。分别求另一电极的电流,标出其方向,并在圆圈中画出管子,且分别求出它们的电流放大系数 β。

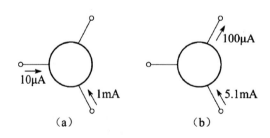

题 4.12 图

分析:(1) 对于 NPN 型三极管,电流方向为流出发射极,流入基极和集电极;对于 PNP 型三极管,电流方向为流入发射极,流出基极和集电极。

(2) 三极管正常工作时满足发射极电流等于基极电流与集电极电流之和,
即: $I_E = I_B + I_C$
且: $I_C = \beta I_B$

解：(a) 电流方向及电极如题 4.12 解图(a)所示。

$I_C = \beta I_B \Rightarrow \beta = \dfrac{1\text{ mA}}{10\ \mu\text{A}} = 100$

$I_E = 10\ \mu\text{A} + 1\text{ mA} = 1.01\text{ mA}$

(b) 电流方向及电极如题 4.12 解图(b)所示。

$I_C = 5.1\text{ mA} - 100\ \mu\text{A} = 5\text{ mA}$

$I_C = \beta I_B \Rightarrow \beta = \dfrac{5\text{ mA}}{100\ \mu\text{A}} = 50$

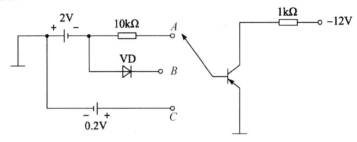

题 4.12 解图

题 4.13 电路如题 4.13 图所示，晶体管 $\beta = 50$，$I_{CBO} = 4\ \mu\text{A}$，导通时 $U_{BE} = -0.2\text{ V}$，问：当关分别接在 A、B、C 三处时，晶体管处于何种工作状态？集电极电流 I_C 为多少？设二极管 D 具有理想特性。

题 4.13 图

解： 当开关接在 A 处时，Je 正偏，Jc 反偏。

且：$-U_{BE} + (-2) + 10 \times 10^3 I_B = 0$

$I_B = \dfrac{2 - 0.2}{10} = 0.18\ (\text{mA})$

$I_C = \beta I_B + (1+\beta) I_{CBO} = 9.204\ (\text{mA})$

$I_{CS} = \dfrac{V_{CC} - U_{CES}}{R_C} \approx \dfrac{V_{CC}}{R_C} = \dfrac{12}{1} = 12\ (\text{mA})$

因为 $I_C < I_{CS}$

所以三极管工作在放大区。

当开关接在 B 处时，二极管反偏导致三极管工作在截止状态，$I_B = 0 \Rightarrow I_C = 0$

当开关工作在 C 处时，Je 反偏，Jc 反偏，三极管截止，$I_B = 0 \Rightarrow I_C = 0$

题 4.14 三极管电路如题 4.14 图所示，已知：$\beta = 50$，$U_{SC} = 12\text{ V}$，$R_B = 70\text{ k}\Omega$，$R_C = 6\text{ k}\Omega$，当 $U_{SB} = -2\text{ V}$，2 V，5 V 时，晶体管的静态工作点 Q 位于哪个区？

解：(1) $U_{SB} = -2\text{ V}$ 时，Je 反偏，Jc 反偏，工作点 Q 在截止区。

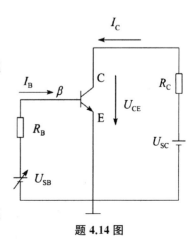

题 4.14 图

(2) $U_{SB} = 2$ V 时，Je 正偏，Jc 反偏

$$I_B = \frac{2-0.6}{70} = 0.02 \text{(mA)}$$

$$I_{BS} = \frac{I_{CS}}{\beta} \approx \frac{U_{SC}}{\beta R_C} = \frac{12}{50 \times 6} = 0.04 \text{(mA)}$$

$I_B < I_{BS}$，工作点 Q 在放大区。

(3) $U_{SB} = 5$ V 时，Je 正偏

$$I_B = \frac{5-0.6}{70} = 0.063 \text{(mA)} > I_{BS}$$

工作点 Q 在饱和区。

题 4.15 已知题 4.15 图(a)～(f)中各三极管的 β 均为 50，$U_{BE} = 0.7$ V，试分别估算各电路中三极管的 I_C 和 U_{CE}，判断它们各自工作在哪个区(放大区，截止区或饱和区)，并将各管子的工作点分别画在题 4.15 图(g)的输出特性曲线上。

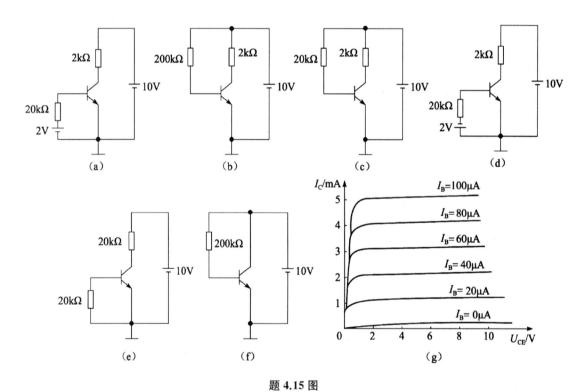

题 4.15 图

分析： 三极管在发射结正偏时，可能工作在放大区或者饱和区，取决于其基极电流是否超过基极临界饱和电流 I_{BS}，若 $I_B > I_{BS}$，则三极管工作在饱和区；若 $I_B < I_{BS}$，则三极管工作在放大区，且 $I_C = \beta I_B$。

若三极管发射结反偏或者零偏，则该三极管一定工作在截止区。

解： 对题 4.15 图(a)，发射结正偏，且

$$I_B = \frac{2-0.7}{20} = 0.065 \text{(mA)}$$
$$= 65(\mu A)$$
$$I_{BS} = \frac{10-U_{CES}}{\beta \times 2} \approx \frac{10}{50 \times 2}$$
$$= 0.1 \text{(mA)} = 100(\mu A)$$

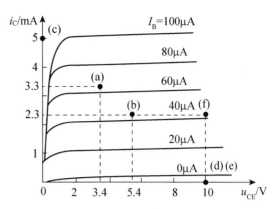

题 4.15 解图

∵ $I_B < I_{BS}$

∴ 三极管工作在放大区

且 $I_C = \beta I_B = 50 \times 0.065 = 3.3 \text{(mA)}$

$U_{CE} = 10 - I_C \times 2 = 10 - 3.3 \times 2 = 3.4 \text{(V)}$

工作点见题 4.15 解图中(a)点。

题 4.15 图(b)，发射结正偏

∵ $I_{BS} = \frac{10-U_{CES}}{\beta \times 2} \approx \frac{10}{50 \times 2} = 0.1 \text{(mA)} = 100(\mu A)$

$I_B = \frac{10-0.7}{200} = 0.0465 \text{(mA)} = 46.5(\mu A)$

∵ $I_B < I_{BS}$

∴ 三极管工作在放大区

且：$I_C = \beta I_B = 50 \times 0.0465 \approx 2.3 \text{(mA)}$ $U_{CE} = 10 - 2.3 \times 2 = 5.4 \text{(V)}$

工作点见题 4.15 解图中(b)点。

题 4.15 图(c)，发射结正偏

∵ $I_{BS} = \frac{10-U_{CES}}{\beta \times 2} \approx \frac{10}{50 \times 2} = 0.1 \text{(mA)} = 100(\mu A)$

$I_B = \frac{10-0.7}{20} = 0.465 \text{(mA)} = 465(\mu A)$

∵ $I_B > I_{BS}$

∴ 三极管工作在饱和区

$$I_C = I_{CS} = \beta I_{BS} = 5 \text{ mA} \qquad U_{CE} = U_{CES} \approx 0 \text{ V}$$

工作点见题 4.15 解图中(c)点。

题 4.15 图(d)，因为发射结反偏，所以三极管处于截止状态

$$I_C = 0 \qquad U_{CE} = V_{CC} = 10 \text{ V}$$

工作点见题 4.15 解图中(d)点。

题 4.15 图(e)

∵ 三极管发射结零偏，$I_B = 0$

∴ 三极管处于截止状态

$$I_C = 0 \qquad U_{CE} = V_{CC} = 10 \text{ V}$$

工作点见图中(e)点与(d)融合。

题 4.15 图(f),因为发射结正偏

$$I_{BS} \to \infty, \quad I_B = \frac{10-0.7}{200} = 0.046\ 5(\text{mA}) = 46.5(\mu\text{A})$$

所以三极管工作在放大区

且 $I_C = \beta I_B = 2.3\ \text{mA}$ $\qquad U_{CE} = V_{CC} = 10\ \text{V}$

工作点见题 4.15 解图中(f)点。

题 4.16 题 4.16 图所示三极管的输出特性曲线,试指出 A、B、C 各区域名称并根据所给出的参数进行分析计算。

1) $U_{CE} = 3\ \text{V}$, $I_B = 60\ \mu\text{A}$, $I_C = ?$
2) $I_C = 4\ \text{mA}$, $U_{CE} = 4\ \text{V}$, $I_B = ?$
3) $U_{CE} = 3\ \text{V}$, I_B 等于 $40 \sim 60\ \mu\text{A}$ 时, $\beta = ?$

解:A 区为饱和区,B 区为放大区,C 区为截止区

1) 当 $U_{CE} = 3\ \text{V}$, $I_B = 60\ \mu\text{A}$ 时,在特性曲线上可以得到其工作点在 a 处,如解图所示,工作在放大区,且

$$I_C \approx 3.2\ \text{mA}$$

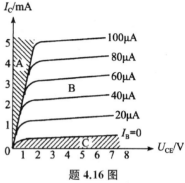

题 4.16 图

2) 当 $I_C = 4\ \text{mA}$, $U_{CE} = 4\ \text{V}$ 时,在特性曲线上可以得到其工作点在 b 处,工作在放大区,如解图所示,且

$$I_B \approx 75\ \mu\text{A}$$

3) 当 $U_{CE} = 3\ \text{V}$, I_B 等于 $40 \sim 60\ \mu\text{A}$ 时,在特性曲线上可以得到对应的集电极电流分别约为 2.2 mA 和 3.2 mA,如题 4.16 解图所示,即:

$I_{B1} = 40\ \mu\text{A}$, $I_{C1} = 2.2\ \text{mA}$
$I_{B2} = 60\ \mu\text{A}$, $I_{C2} = 3.2\ \text{mA}$

所以:$\beta = \dfrac{I_{C2} - I_{C1}}{I_{B2} - I_{B1}} = \dfrac{(3.2-2.2)\ \text{mA}}{(60-40)\ \mu\text{A}} = 50$

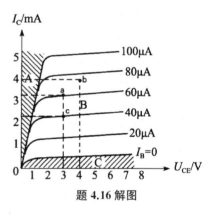

题 4.16 解图

题 4.17 电路如题 4.17 图所示,晶体管的 $\beta = 50$, $|U_{BE}| = 0.2\ \text{V}$, 饱和管压降 $|U_{CES}| = 0.1\ \text{V}$; 稳压管的稳定电压 $U_Z = 5\ \text{V}$, 正向导通电压 $U_D = 0.5\ \text{V}$。试问:当 $u_i = 0\ \text{V}$ 时 $u_o = ?$ 当 $u_i = -5\ \text{V}$ 时 $u_o = ?$

解:(1) 当 $u_i = 0\ \text{V}$ 时,晶体管截止,稳压管击穿,

$$u_o = -U_Z = -5\ \text{V}。$$

(2) 当 $u_i = -5\ \text{V}$ 时,因为:

$$|I_B| = \frac{u_i - U_{BE}}{R_b} = \frac{5-0.2}{10} = 0.48(\text{mA}) = 480(\mu\text{A})$$

$$|I_C| = \beta|I_B| = 24\ \text{mA}$$

$$|I_{CS}| = \frac{V_{CC} - |U_{CES}|}{R_C} = \frac{12-0.1}{1} = 11.9(\text{mA})$$

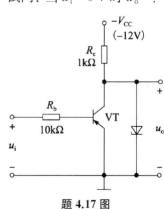

题 4.17 图

由于：$|I_C|>|I_{CS}|$

所以晶体管工作在饱和区，其输出电压为：

$$u_o=-|U_{CES}|=-0.1\text{ V}$$

题 4.18 已知某结型场效应管的 $I_{DSS}=2\text{ mA}$，$U_p=-4\text{ V}$，试画出它的转移特性曲线和输出特性曲线，并近似画出预夹断轨迹。

解：根据结型场效应管的特性方程：$i_D=I_{DSS}\left(1-\dfrac{U_{GS}}{U_p}\right)^2$，可以逐点求出 u_{GS} 所对应的 i_D，画出转移特性曲线和输出特性曲线；在输出特性中，将各条曲线上 $u_{GD}=U_p$ 的点连接起来，便为预夹断线，如题 4.18 解图(a)(b)所示。

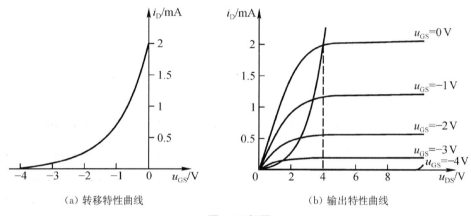

(a) 转移特性曲线　　　　(b) 输出特性曲线

题 4.18 解图

题 4.19 测得某放大电路中三个 MOS 管的三个电极的电位如题 4.19 表所示，它们的开启电压也在表中。试分析各管的工作状态（截止区、恒流区、可变电阻区），并填入表内。

题 4.19 表

管号	$U_{GS(th)}/V$	U_S/V	U_G/V	U_D/V	工作状态
VT_1	4	-5	1	3	
VT_2	-4	3	3	10	
VT_3	-4	6	0	5	

解：因为三只管子均有开启电压，所以它们均为增强型 MOS 管。

参照增强型 MOS 管的输出特性曲线如题 4.19 解图所示，根据表中所示各电极电位可判断出它们各自的工作状态为：

VT_1：因为：$U_{GS(th)}=4\text{ V}>0$，所以 VT_1 为 NMOS 管

$$u_{GS}=U_G-U_S=1+5=6\text{(V)}$$
$$u_{DS}=U_D-U_S=3+5=8\text{(V)}$$
$$u_{GS}>U_{GS(th)}=4\text{(V)}$$
$$u_{DS}>U_{GS}-U_{GS(th)}=6-4=2\text{(V)}$$

所以该 NMOS 管工作在恒流区；

VT$_2$：因为：$U_{GS(th)} = -4$ V < 0，所以 VT$_2$ 为 PMOS 管

$$u_{GS} = U_G - U_S = 3 - 3 = 0(V)$$
$$u_{DS} = U_D - U_S = 10 - 3 = 7(V)$$
$$u_{GS} > U_{GS(th)} = -4(V)$$

所以该 PMOS 管工作在截止区；

VT$_3$：因为：$U_{GS(th)} = -4$ V < 0，所以 VT$_3$ 为 PMOS 管

$$u_{GS} = U_G - U_S = 0 - 6 = -6(V)$$
$$u_{DS} = U_D - U_S = 5 - 6 = -1(V)$$
$$u_{GS} < U_{GS(th)} = -4(V)$$
$$|u_{DS}| < |U_{GS} - U_{GS(th)}| = |-6 + 4| = 2(V)$$

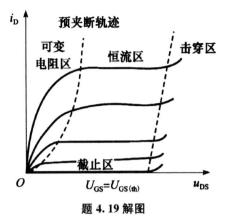

题 4.19 解图

所以该 PMOS 管工作在可变电阻区。

题 4.20 已知场效应管的输出特性曲线如题 4.20 图所示，画出它在恒流区的转移特性曲线。

解：在场效应管的恒流区适当的 u_{DS} 值（如 $U_{DS} = 15$ V），作横坐标的垂线（如题 4.20 解图（a）所示），读出其与各条输出曲线交点的纵坐标值及 u_{GS} 值，建立 $i_D = f(u_{GS})$ 坐标系，描点、连线，即可得到转移特性曲线，如题 4.20 解图（b）所示。

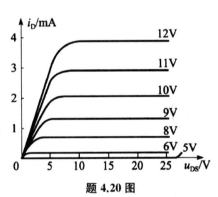

题 4.20 图

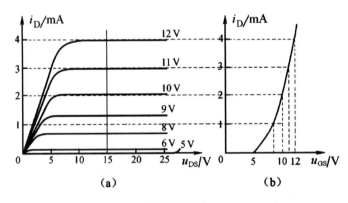

题 4.20 解图

题 4.21 电路如题 4.21 图（a）所示，场效应管的输出特性如题 4.21 图（b）所示，分析当 $u_i = 4$ V、8 V、12 V 三种情况下场效应管分别工作在什么区域。

解：根据题 4.21 图（b）所示场效应管的输出特性曲线可知，其开启电压为 $U_{GS(th)} = 5$ V，根据题 4.21 图（a）所示电路可知 $u_{GS} = u_i$，且可以画出其负载线，如题 4.21 解图所示。

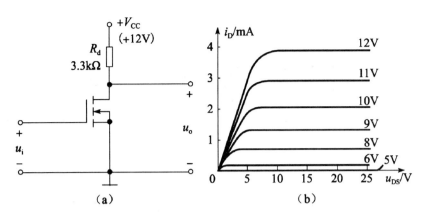

题 4.21 图

当 $u_i=4$ V 时，u_{GS} 小于开启电压，故场效应管工作在截止区，如题 4.21 解图中 A 点。

当 $u_i=8$ V 时，由题 4.21 解图中得知场效应管工作在 B 点，所以场效应管工作在恒流区，根据输出特性可知 $i_D \approx 0.6$ mA，管压降 $u_{DS} \approx V_{DD} - i_D R_d \approx 10$ V，

因此，$u_{GD}=u_{GS}-u_{DS} \approx -2$ V，小于开启电压，说明假设成立，即场效应管工作在恒流区。

当 $u_i=12$ V 时，由于 $V_{DD}=12$ V，由题 4.21 解图中得知场效应管工作在 C 点，即场效应管工作在可变电阻区。

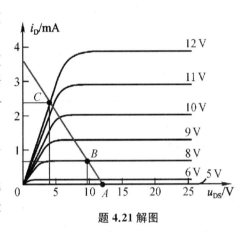

题 4.21 解图

题 4.22 分别判断如题 4.22 图所示各电路中的场效应管是否有可能工作在放大区。

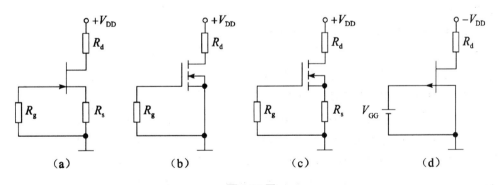

题 4.22 图

解：(a) $U_{GS}<0$，VT 为 N 沟道结型场效应管，可能工作在放大区；
(b) $U_{GS}=0$，VT 为 N 沟道增强型 MOS 管，不可能工作在放大区；
(c) $U_{GS}=0$，VT 为 N 沟道增强型 MOS 管，不可能工作在放大区；
(d) $U_{GS}>0$，VT 为 P 沟道结型场效应管，有可能工作在放大区。

第 5 章 基本放大电路

一、本章内容

基本放大电路主要包括单级放大电路与组合放大电路两大部分,是最基本的电子电路,其主要功能是将微弱的模拟电信号(电压、电流)线性(不失真)放大到所需的数值。由于常用的晶体管为双极型晶体管与场效应管,因此本章主要介绍双极型晶体管的三种组态基本放大电路:共射极电路、共基极电路和共集电极电路,以及场效应管的三种组态基本放大电路:共源极电路、共栅极电路以及共漏极电路。讨论每种基本组态放大电路的组成及工作原理、放大电路的偏置、放大电路的分析方法、各种组态放大电路的基本性能指标以及放大电路的频率特性等;而组合放大电路则介绍几种典型结构,介绍组合放大电路的组成形式、分析方法及基本指标等。

二、本章重点

1. 单级放大电路主要由偏置电路、放大管、输入耦合电路与输出耦合电路等构成,其中有源器件是一种换能器件,将直流能量转换为交流能量输出,偏置电路则是保证放大电路正常工作的条件:必须保证放大管工作于放大区,否则放大电路将失去放大能力。放大电路的偏置主要分为固定偏置与分压式偏置两大类,其中分压式偏置具有稳定放大电路的直流工作点的作用。

2. 放大电路的分析方法主要包括图解法和微变等效电路分析法,图解法对于分析放大电路的直流工作状态非常直观,并且可以分析放大电路的失真;微变等效电路法是将非线性特性局部线性化,主要用于计算放大电路的电压增益、输入电阻和输出电阻。

3. 放大管主要为 BJT 与 FET,因此构成了六种组态的基本放大电路,即放大管为 BJT 的共射、共基、共集三种组态,以及放大管为 FET 的共源、共栅、共漏三种组态。

4. 频率响应与带宽是放大电路的重要指标之一,可以通过求解放大电路的传递函数或采用时间常数分析法分析放大电路的频率响应,其基础是 RC 低通电路和 RC 高通电路。

5. 组合放大电路是实现放大倍数提高与性能改善的有效方法,其耦合方式分为直接耦合、阻容耦合以及变压器耦合等,在分析组合放大电路时,常将后一级的输入阻抗作为前一级的负载考虑,在此条件下求解出各级电压放大倍数,总的放大倍数即为各级放大倍数之积,同时组合放大电路的输入阻抗为第一级放大电路的输入阻抗,组合放大电路的输出阻抗为最后一级放大电路的输出阻抗。

6. 可以根据实际需求来设计组合放大电路,但要注意,对于相同类型的放大电路构成组合放大电路时,其频带会变窄,并且组合放大电路的级数越多,其频带就越窄。

三、本章公式

1. 固定式偏置共发射极放大电路(如图 5.1)

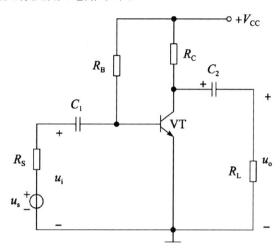

图 5.1 固定式偏置共发射极放大电路

(1) 直流通路、交流通路(如图 5.2,图 5.3)

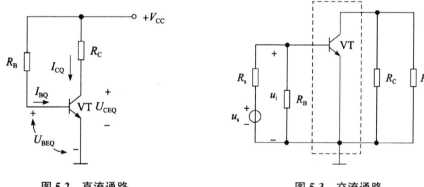

图 5.2 直流通路　　　　　　**图 5.3 交流通路**

(2) 静态工作点计算(如图 5.2 直流通路)

$$\begin{cases} I_{BQ} = \dfrac{V_{CC} - U_{BEQ}}{R_B} \\ I_{CQ} = \beta I_{BQ} \\ U_{CEQ} = V_{CC} - I_{CQ} R_C \end{cases}$$

(3) 动态性能计算(如图 5.4 微变等效电路)

电压放大倍数:$\dot{A}_u = \dfrac{u_o}{u_i} \approx -\dfrac{\beta R'_L}{r_{be}}$,　$R'_L = R_C \mathbin{/\mkern-5mu/} R_L$(忽略 r_{ce} 的影响)

输入电阻:$R_i = \dfrac{u_i}{i_i} = R_B \mathbin{/\mkern-5mu/} r_{be} \approx r_{be}$

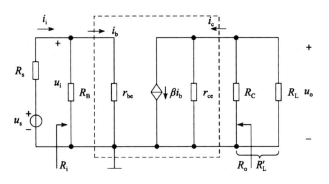

图 5.4 微变等效电路

输出电阻：$R_o = R_C \mathbin{/\mkern-6mu/} r_{ce} \approx R_C$

源电压放大倍数：$\dot{A}_{us} = \dfrac{u_o}{u_s} = \dfrac{R_i}{R_s + R_i} \dot{A}_u$

2. 分压式偏置共发射极放大电路（如图 5.5）

(1) 直流通路及静态工作点计算（如图 5.6）

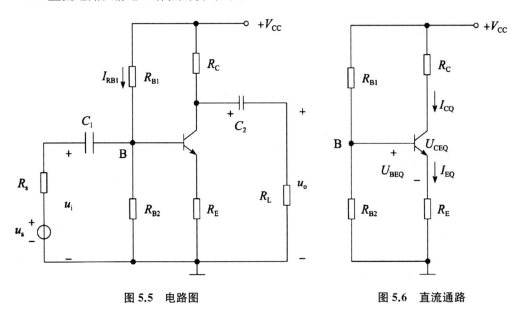

图 5.5 电路图　　　　　图 5.6 直流通路

$$\begin{cases} U_{BQ} = \dfrac{R_{B2}}{R_{B1} + R_{B2}} V_{CC} \\ I_{CQ} \approx I_{EQ} = \dfrac{U_{BQ} - U_{BEQ}}{R_E} \\ I_{BQ} = \dfrac{I_{CQ}}{\beta} \\ U_{CEQ} = V_{CC} - I_{CQ}(R_C + R_E) \end{cases}$$

（2）微变等效电路及动态性能计算

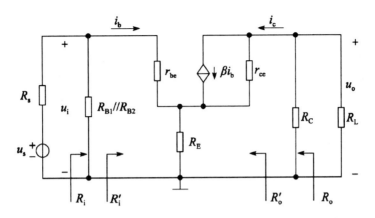

图 5.7 微变等效电路

电压放大倍数：$\dot{A}_u = \dfrac{u_o}{u_i} = -\dfrac{\beta R'_L}{r_{be}+(1+\beta)R_E}$，$R'_L = R_C \mathbin{/\mkern-5mu/} R_L$ （忽略 r_{ce} 的影响）

输入电阻：$R'_i = r_{be} + (1+\beta)R_E$

$R_i = R_B \mathbin{/\mkern-5mu/} R'_i = R_{B1} \mathbin{/\mkern-5mu/} R_{B2} \mathbin{/\mkern-5mu/} [r_{be}+(1+\beta)R_E]$

输出电阻：$R'_o = \dfrac{u_t}{i_c} = r_{ce}\left(\dfrac{\beta R_E}{r_{be}+R'_s+R_E}\right)$，$R'_s = R_s \mathbin{/\mkern-5mu/} R_{B1} \mathbin{/\mkern-5mu/} R_{B2}$

$R_o = R'_o \mathbin{/\mkern-5mu/} R_C \approx R_C$

源电压放大倍数：$\dot{A}_{us} = \dfrac{u_o}{u_s} = \dfrac{R_i}{R_s+R_i}\dot{A}_u$

3. 共基极放大电路（如图 5.8）

（1）直流通路及静态工作点计算（如图 5.9）

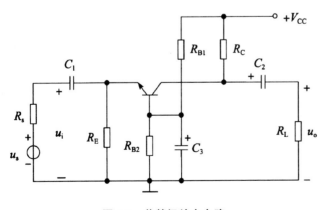

图 5.8 共基极放大电路

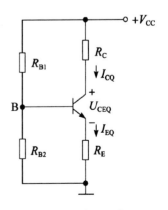

图 5.9 直流通路

静态工作点与分压式偏置共发射极一样。

(2) 微变等效电路及动态性能计算(如图 5.10,图 5.11)

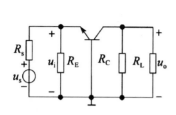
图 5.10 交流通路

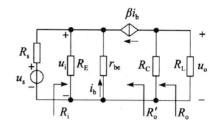
图 5.11 微变等效电路

电压放大倍数：$\dot{A}_u = \dfrac{u_o}{u_i} = \dfrac{\beta R'_L}{r_{be}}$, $R'_L = R_C /\!/ R_L$

输入电阻：$R_i = \dfrac{u_i}{i_i} = R_E /\!/ R'_i = R_E /\!/ \dfrac{r_{be}}{1+\beta} \approx \dfrac{r_{be}}{1+\beta}$

输出电阻：$R_o = R'_o /\!/ R_C = \left[r_{ce} + \dfrac{R'_s}{r_{be}+R'_s}(\beta r_{ce}+r_{be}) \right] /\!/ R_C \approx R_C$, $R'_s = R_s /\!/ R_E$

源电压放大倍数：$\dot{A}_{us} = \dfrac{u_o}{u_s} = \dfrac{R_i}{R_s+R_i}\dot{A}_u$

4. 共集电极放大电路(如图 5.12)

(1) 直流通路及静态工作点计算(如图 5.13)

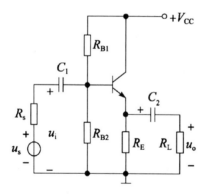
图 5.12 共集电极放大电路

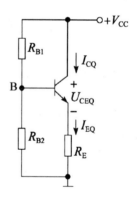
图 5.13 直流通路

静态工作点与共发射极基本相同。

$$\begin{cases} U_{BQ} = \dfrac{R_{B2}}{R_{B1}+R_{B2}}V_{CC} \\ I_{CQ} \approx I_{EQ} = \dfrac{U_{BQ}-U_{BEQ}}{R_E} \\ I_{BQ} = \dfrac{I_{CQ}}{\beta} \\ U_{CEQ} = V_{CC} - I_{EQ}R_E \end{cases}$$

(2) 微变等效电路及动态性能计算(如图 5.14,图 5.15)

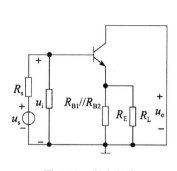

图 5.14 交流通路

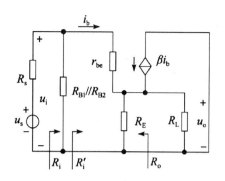

图 5.15 微变等效电路

电压放大倍数:$\dot{A}_u = \dfrac{u_o}{u_i} = \dfrac{(1+\beta)R'_L}{r_{be}+(1+\beta)R'_L}$, $R'_L = R_E // R_L$

输入电阻:$R_i = \dfrac{u_i}{i_i} = R_B // R'_i = R_{B1} // R_{B2} // [r_{be}+(1+\beta)R'_L]$

输出电阻:$R_o = R'_o // R_E = \dfrac{r_{be}+R'_s}{1+\beta} // R_E$, $R'_s = R_s // R_{B1} // R_{B2}$

源电压放大倍数:$\dot{A}_{us} = \dfrac{u_o}{u_s} = \dfrac{R_i}{R_s+R_i}\dot{A}_u$

5. 自给式偏置共源极放大电路(如图 5.16)

(1) 直流通路及静态工作点计算(如图 5.17)

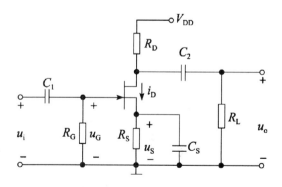

图 5.16 自给式偏置共源极放大电路

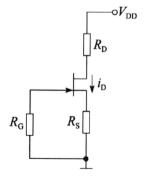

图 5.17 直流通路

$$\begin{cases} I_{DQ} = I_{DSS}\left(1-\dfrac{U_{GSQ}}{U_{GS(off)}}\right)^2 \\ U_{GSQ} = -I_{DQ}R_S \\ U_{DSQ} = V_{DD} - I_{DQ}(R_S+R_D) \end{cases}$$

(2) 微变等效电路及动态性能计算（如图 5.18）

电压放大倍数：$\dot A_u = \dfrac{u_o}{u_i} = -g_m R'_L$

$$R'_L = R_D \,/\!/\, R_L$$

输入电阻：$R_i = \dfrac{u_i}{i_i} = R_G$

输出电阻：$R_o = R_D \,/\!/\, r_{DS} \approx R_D$

源电压放大倍数：$\dot A_{us} = \dfrac{u_o}{u_s} = \dfrac{R_i}{R_s + R_i}\dot A_u$

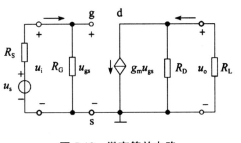

图 5.18 微变等效电路

6. 分压式偏置共源极放大电路（如图 5.19）

(1) 直流通路及静态工作点计算（如图 5.20）

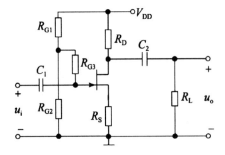

图 5.19 分压式偏置共源极放大电路

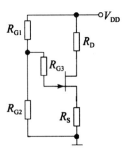

图 5.20 直流通路

$$\begin{cases} I_{DQ} = I_{DSS}\left(1 - \dfrac{U_{GSQ}}{U_{GS(off)}}\right)^2 \\ U_{GSQ} = \dfrac{R_{G2}}{R_{G1}+R_{G2}}V_{DD} - I_D R_S \\ U_{DSQ} = V_{DD} - I_{DQ}(R_S + R_D) \end{cases}$$

(2) 微变等效电路及动态性能计算（如图 5.21）

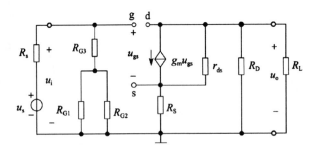

图 5.21 微变等效电路

电压放大倍数：$\dot A_u = \dfrac{u_o}{u_i} = -\dfrac{g_m R'_L}{1 + g_m R_S}$，$R'_L = R_D \,/\!/\, R_L$

输入电阻：$R_i = \dfrac{u_i}{i_i} = R_{G3} + R_{G1} \mathbin{/\mkern-6mu/} R_{G2}$

输出电阻：$R_o \approx R_D$

源电压放大倍数：$\dot{A}_{us} = \dfrac{u_o}{u_s} = \dfrac{R_i}{R_s + R_i} \dot{A}_u$

7. 共栅极放大电路（如图 5.22）

(1) 直流通路及静态工作点计算（如图 5.23）

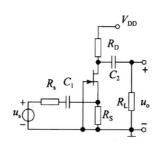
图 5.22　共栅极放大电路

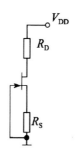
图 5.23　直流通路

直流通路与自给式偏压共源极一样。

$$\begin{cases} I_{DQ} = I_{DSS}\left(1 - \dfrac{U_{GSQ}}{U_{GS(off)}}\right)^2 \\ U_{GSQ} = -I_{DQ}R_S \\ U_{DSQ} = V_{DD} - I_{DQ}(R_S + R_D) \end{cases}$$

(2) 微变等效电路及动态性能计算（如图 5.24）

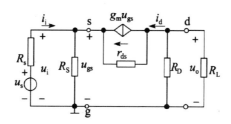
图 5.24　微变等效电路

电压放大倍数：$\dot{A}_u = \dfrac{u_o}{u_i} = g_m R'_L \quad R'_L = R_D \mathbin{/\mkern-6mu/} R_L$

输入电阻：$R_i = \dfrac{R_S}{1 + g_m R_S} = R_S \mathbin{/\mkern-6mu/} \dfrac{1}{g_m}$

输出电阻：$R_o = R_D \mathbin{/\mkern-6mu/} R'_o = R_D \mathbin{/\mkern-6mu/} (1 + g_m R_S) r_{ds} \approx R_D$

源电压放大倍数：$\dot{A}_{us} = \dfrac{u_o}{u_s} = \dfrac{R_i}{R_s + R_i} \dot{A}_u$

8. 共漏极放大电路(如图 5.25)

(1) 直流通路及静态工作点计算(如图 5.26)

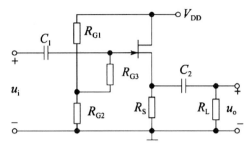
图 5.25 共漏极放大电路

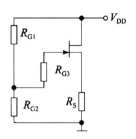
图 5.26 直流通路

直流通路与分压式偏置共源极放大电路类似。

$$\begin{cases} I_{DQ} = I_{DSS}\left(1 - \dfrac{U_{GSQ}}{U_{GS(off)}}\right)^2 \\ U_{GSQ} = \dfrac{R_{G2}}{R_{G1}+R_{G2}}V_{DD} - I_{DQ}R_S \\ U_{DSQ} = V_{DD} - I_{DQ}R_S \end{cases}$$

(2) 微变等效电路及动态性能计算(如图 5.27,图 5.28)

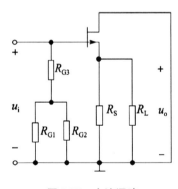
图 5.27 交流通路

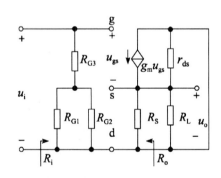
图 5.28 微变等效电路

电压放大倍数:$\dot{A}_u = \dfrac{u_o}{u_i} = \dfrac{g_m R'_L}{1+g_m R'_L}$,$R'_L = R_S \mathbin{/\mkern-4mu/} R_L$

输入电阻:$R_i = R_{G3} + R_{G1} \mathbin{/\mkern-4mu/} R_{G2}$

输出电阻:$R_o = R_S \mathbin{/\mkern-4mu/} r_{ds} \mathbin{/\mkern-4mu/} \dfrac{1}{g_m} \approx R_S \mathbin{/\mkern-4mu/} \dfrac{1}{g_m}$

源电压放大倍数:$\dot{A}_{us} = \dfrac{u_o}{u_s} = \dfrac{R_i}{R_s + R_i}\dot{A}_u$

9. 三极管频率特性

(1) 三极管受控特性与静态工作点的关系

$$g_m = \frac{\beta_0}{r_{b'e}} = \frac{I_{EQ}}{U_T} = 38.5 I_{EQ} \quad (室温下)$$

(2) β、α 的频率特性

$$\dot{\beta} = \frac{\beta_0}{1+j\omega(C_{b'e}+C_{b'c})r_{b'e}} = \frac{\beta_0}{1+j\dfrac{f}{f_\beta}}$$

共发射极截止频率：$f_\beta = \dfrac{1}{2\pi(C_{b'e}+C_{b'c})r_{b'e}}$

共基极截止频率：$f_\alpha = (1+\beta_0)f_\beta$

特征频率：

$$f_T \approx \beta_0 f_\beta$$

$$f_T = \frac{g_m}{2\pi(C_{b'e}+C_{b'c})} \approx \frac{g_m}{2\pi C_{b'e}}, \quad C_{b'e} \gg C_{b'c}$$

10. 分压式偏置共发射极放大电路频率特性（如图 5.29）

(1) 低频特性（如图 5.30）

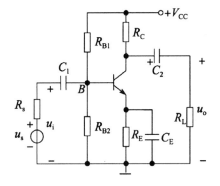

图 5.29 放大电路

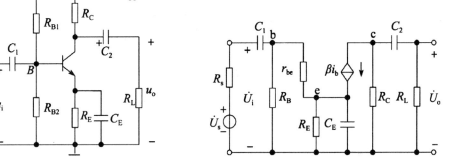

图 5.30 低频微变等效电路

由 C_1 和 C_E 确定的下限截止频率为：

$$f_{L1} = \frac{1}{2\pi C_1'(R_s + r_{be})}, \quad C_1' = \frac{C_1 C_E}{(1+\beta)C_1 + C_E}$$

由 C_2 确定的下限截止频率为：

$$f_{L2} = \frac{1}{2\pi C_2(R_C + R_L)}$$

(2) 高频特性(如图 5.31,图 5.32)

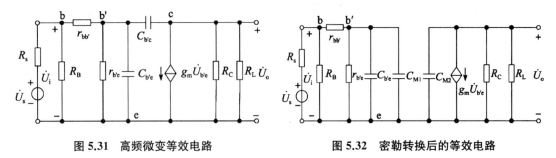

图 5.31　高频微变等效电路　　　　图 5.32　密勒转换后的等效电路

由输入端电容确定的上限截止频率为：

$$f_{H1} = \frac{1}{2\pi[(r_{bb'} + R_s /\!/ R_B) /\!/ r_{b'e}] \cdot C_M}$$

其中，$C_M = C_{b'e} + C_{M1} = C_{b'e} + g_m R'_L C_{b'c}$

由输出端电容确定的上限截止频率为：

$$f_{H2} = \frac{1}{2\pi C_{M2}(R_C /\!/ R_L)}, \quad C_{M2} \approx C_{b'c}$$

11. 共基极放大电路频率特性(如图 5.33)

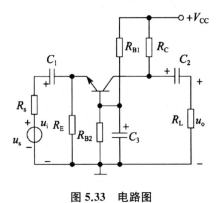

图 5.33　电路图

低频特性与共发射极类似。

高频特性(如图 5.34,图 5.35)

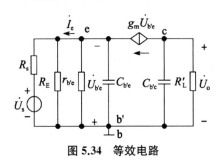

图 5.34　等效电路

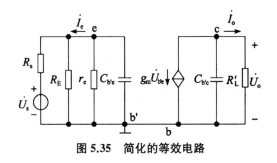

图 5.35　简化的等效电路

$$f_{\text{H1}} = \frac{1}{2\pi(R_s \mathbin{/\mkern-5mu/} R_E \mathbin{/\mkern-5mu/} r_e)C_{\text{b'e}}}, \quad r_e = \frac{r_{\text{be}}}{1+\beta}$$

$$f_{\text{H2}} = \frac{1}{2\pi R'_L C_{\text{b'c}}}, \quad R'_L = R_C \mathbin{/\mkern-5mu/} R_L$$

12. 共集电极放大电路高频特性(如图 5.36～图 5.38)

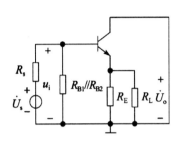

图 5.36　交流通路

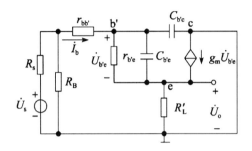

图 5.37　高频微变等效电路

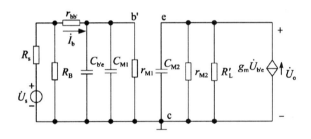

图 5.38　密勒转换后的等效电路

$$f_H = \frac{1}{2\pi[R_s \mathbin{/\mkern-5mu/} R_B \mathbin{/\mkern-5mu/} (1+g_m R'_L)r_{\text{b'e}}]\left(C_{\text{b'c}} + \dfrac{1}{1+g_m R'_L}C_{\text{b'e}}\right)}$$

13. 场效应管高频特性(如图 5.39,图 5.40)

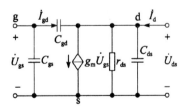

图 5.39　等效模型

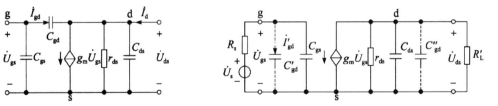

图 5.40　单向化模型

$$f_{\text{H1}} = \frac{1}{2\pi R_s(C_{\text{gs}} + C'_{\text{gd}})}, \quad C'_{\text{gd}} = (1-\dot{A}_u)C_{\text{gd}} \approx A_u C_{\text{gd}}$$

$$f_{\text{H2}} = \frac{1}{2\pi R''_L C_{\text{ds}}}, \quad R''_L = R'_L \mathbin{/\mkern-5mu/} r_{\text{ds}} = R_D \mathbin{/\mkern-5mu/} R_L \mathbin{/\mkern-5mu/} r_{\text{ds}}$$

14. 多级放大电路

(1) 放大倍数

$$\dot{A}_u = \frac{u_o}{u_i} = \frac{u_{o1}}{u_i} \cdot \frac{u_{o2}}{u_{o1}} \cdot \cdots \cdot \frac{u_o}{u_{o(n-1)}} = \dot{A}_{u1} \cdot \dot{A}_{u2} \cdot \cdots \dot{A}_{un} = \prod_{i=1}^{n} \dot{A}_{ui}$$

$$A_u(\mathrm{dB}) = A_{u1}(\mathrm{dB}) + A_{u2}(\mathrm{dB}) + \cdots + A_{un}(\mathrm{dB}) = \sum_{i=1}^{n} A_{ui}(\mathrm{dB})$$

(2) 频率特性

具有相同特性的 n 个单级放大电路组合而成的多级放大电路,其频率特性和上限截止频率可以表示为:

$$\dot{A}_u = \dot{A}_{u1} \cdot \dot{A}_{u2} \cdot \cdots \cdot \dot{A}_{un} = \left(\frac{\dot{A}_{uM}}{1+\mathrm{j}f/f_H}\right)^n = \frac{\dot{A}_{uMo}}{(1+\mathrm{j}f/f_H)^n}$$

$$f_{H\mathrm{total}} = \sqrt{2^{1/n}-1} \cdot f_H$$

其中:A_{uMo} 为多级放大电路中频区总电压增益,f_H 为单级放大电路的上限截止频率,$f_{H\mathrm{total}}$ 为多级放大电路的上限截止频率。

四、习题解析

题 5.1 单管放大电路与三极管特性曲线如题 5.1 图(a)和(b)所示,图中 $V_{EE}=12\,\mathrm{V}$,三极管 VT 的 $r_{bb'}=200\,\Omega$,$U_{BEQ}=-0.6\,\mathrm{V}$。1)用图解法确定静态工作点 Q。2)求放大电路的电压放大倍数、输入电阻与输出电阻。3)画出交流负载线,并确定对应 i_B 由 $0\sim100\,\mu\mathrm{A}$ 变化时,u_{CE} 的变化范围,并计算输出正弦电压有效值。4)当 R_B 减小为 $160\,\mathrm{k}\Omega$ 时,工作点 Q 将怎样移动?当 R_C 增大为 $6\,\mathrm{k}\Omega$ 时,工作点 Q 将怎样移动?当 V_{EE} 减小为 $9\,\mathrm{V}$ 时,工作点 Q 将怎样移动?

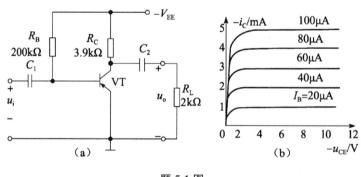

题 5.1 图

分析: 题 5.1 图所示为 PNP 管构成的共射放大电路。放大电路的分析分为静态和动态两个步骤,首先分析静态,了解放大电路静态工作点(Q 点)的设置情况,然后分析动态,掌握放大电路对信号的放大能力。

静态的分析一般可采用计算法和图解法,分析的对象是 Q 点(I_{BQ}、I_{CQ}、U_{CEQ}),分析的途径是直流通路。计算法通过列电压、电流方程,得到 Q 点的值,准确地掌握电路 Q 点的设置。图解法通过画图的方法在输出特性曲线上确定 Q 点的位置,非常直观,但是比较麻烦,通常用于定性分析。图解法具体步骤如下:①由输出回路列出直流负载线方程(描述了 U_{CE} 和 I_C 的关系),并在输出特性曲线上画出该直线,此时直流负载线与输出特性曲线的交点有很多个,暂时不能确定哪个是 Q 点;②由输入回路列出 U_{BE} 和 I_B 的关系式,并在输入特性曲线上画出该直线,两线的交点即为 Q 点,但该 Q 点只给出了 I_B 的大小,不能完整描述 Q 点的特征;③根据得到的 I_B 值,在输出特性曲线上找出对应的交点,该点即为电路的 Q 点。

动态分析一般可采用图解分析法和微变等效电路法,分析的对象是放大电路的电压增益、输入电阻、输出电阻,分析的途径是放大电路的交流通路。同样,图解法只适用于定性的分析,通常采用微变等效电路法对放大电路的动态性能进行定量的计算。

解: 1) 由于题目没有给出三极管的输入特性曲线,所以首先估算基极偏置电流:

$$I_{BQ} = \left| \frac{V_{EE} - U_{BEQ}}{R_B} \right| = \frac{12 - 0.6}{200} = 0.057 \text{ mA} = 57 \text{ }\mu\text{A}$$

根据直流负载线方程

$$-i_C = \frac{-V_{EE} - (-u_{CE})}{R_C} = -3.1 - \frac{-u_{CE}}{3.9}$$

在输出特性曲线上,取 (0, 3.1) 和 (12, 0) 两点连线,画出直流负载线(如题 5.1 解图(a) 中①所示),与 $I_B = 57$ μA 的输出特性曲线相交,该交点即为 Q 点,$U_{CEQ} = -1.5$ V, $I_{CEQ} = -2.5$ mA。该 Q 点设置得非常靠近三极管的饱和区。

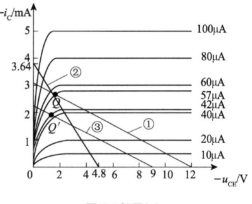

题 5.1 解图(a)

2) 由输出特性曲线可知,当 $I_B = 20$ μA 时,$I_C = 1$ mA,所以 $\beta = 50$

由微变等效电路,如题 5.1 解图(b)(c) 所示,得到输入电阻 $R_i \approx r_{be} = r_{bb'} + (1+\beta) \frac{26 \text{ mV}}{2.5 \text{ mA}} = 730.4 \text{ }\Omega$

输出电阻 $R_o \approx R_C = 3.9 \text{ k}\Omega$

放大倍数 $\dot{A}_u = -\beta \frac{R_C /\!/ R_L}{r_{be}} = -50 \times \frac{3.9 /\!/ 2}{0.730\,4} = -90.5$

3) 由交流负载线方程 $u_{ce} = -i_c(R_C /\!/ R_L)$ 可知,该直线的斜率比直流负载线大,而直流负载线和交流负载线均通过 Q 点,因此推导出交流负载线在输出特性曲线上满足的方程为:

$$u_{CE} - 1.5 = -(i_C - 2.5)(R_C /\!/ R_L)$$

$$i_C = -\frac{u_{CE} - 1.5}{R'_L} + 2.5, \ (R'_L = R_C /\!/ R_L)$$

$$i_C = -\frac{1}{1.32} u_{CE} + 3.64$$

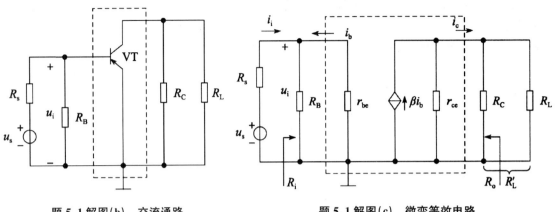

题 5.1 解图(b)　交流通路　　　　　题 5.1 解图(c)　微变等效电路

取(0，3.64)、(4.8，0)两点画经过 Q 点的直线，得到交流负载线，如题 5.1 解图(a)中②所示。

因为 Q 点非常靠近饱和区，所以输出电压的变化范围应由交流负载线与饱和区的交点到 Q 点的距离决定。交流负载线与饱和区交点约为 $-u_{CE}=0.5$ V，因此输出电压最大值为 $1.5-0.5=1$ V，有效值为 0.7 V。

4) 当 R_B 减小时，I_{BQ} 增大，Q 点沿直流负载线向上移动。

当 R_C 增大时，负载线在 $-i_C$ 轴的截距下降，Q 点沿同一条输出特性曲线向左移动。

当 V_{EE} 减小为 9 V 时，$I_{BQ}=\left|\dfrac{V_{EE}-U_{BEQ}}{R_B}\right|=42\,\mu\text{A}$，由 1)的方法再在题 5.1 解图(a)中画出 Q′，可见 Q 点向下移动，如题 5.1 解图(a)中③所示。

题 5.2　如题 5.2 图所示的放大电路中，已知三极管 $\beta=80$，$r_{bb'}=200\,\Omega$，$U_{BEQ}=0.6$ V，所有电容容量足够大。1)画出其直流通路、交流通路以及微变等效电路。2)求静态工作点。3)求电压放大倍数、输入电阻及输出电阻。4)若输入正弦电压，输出波形出现顶部失真，试问三极管产生了截止失真还是饱和失真？应调整电路中哪个参数(增大还是减小)？

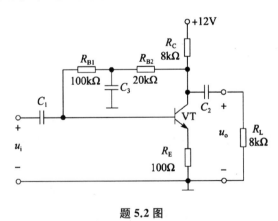

题 5.2 图

分析：该图为集电极-基极偏置的共发射极放大电路，静态分析时，注意基极电流由集电极电位确定，需要列方程，而动态分析时由于所有电容容量足够大，都可以看作短路。要注意的是，电容 C_3 短路后电阻 R_{B1}、R_{B2} 的处理。

解： 1) 直流通路、交流通路及微变等效电路。

直流通路如题 5.2 解图(a)所示，交流通路如题 5.2 解图(b)所示，微变等效电路如题 5.2 解图(c)所示。

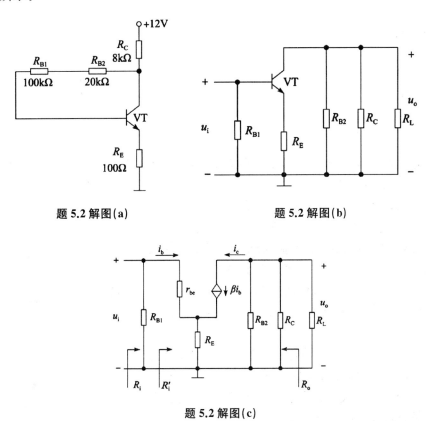

题 5.2 解图(a)　　　　题 5.2 解图(b)

题 5.2 解图(c)

2) 静态工作点分析：在直流通路上分析电路的静态工作点(如题 5.2 解图(a)所示)

$$\because I_{EQ} \cdot R_C + I_{BQ} \cdot (R_{B1}+R_{B2}) + U_{BEQ} + I_{EQ} \cdot R_E = V_{CC}$$

$$I_{EQ} = (1+\beta)I_{BQ}$$

$$\therefore I_{EQ}\left(R_C + \frac{R_{B1}+R_{B2}}{1+\beta} + R_E\right) = V_{CC} - U_{BE}$$

$$I_{EQ} = \frac{V_{CC} - U_{BE}}{R_C + \dfrac{R_{B1}+R_{B2}}{1+\beta} + R_E} = \frac{12-0.6}{8 + \dfrac{100+20}{1+80} + 0.1} = 1.2 \text{ mA}$$

$$I_{CQ} \approx I_{EQ} = 1.2 \text{ mA} \qquad I_{BQ} = \frac{I_E}{1+\beta} \approx 15 \text{ μA}$$

$$U_{CEQ} = V_{CC} - I_E(R_C + R_E) = 12 - 1.2 \times (8+0.1) = 2.3 \text{ V}$$

3) 求电压放大倍数、输入电阻和输出电阻：在交流通路或微变等效电路上分析求解(如题 5.2 解图(c)所示)

$$r_{be}=r_{bb'}+(1+\beta)\frac{26}{I_E}=200+(1+80)\times\frac{26}{1.2}=1\,955\ \Omega\approx 2\ \text{k}\Omega$$

$$\dot{A}_u=-\frac{\beta(R_{B2}//R_C//R_L)}{r_{be}+(1+\beta)R_E}=-80\times\frac{20//8//8}{2+(1+80)\times 0.1}=-80\times 0.33\approx -26.4$$

输入电阻：

$$R_i=R_{B1}//[r_{be}+(1+\beta)R_E]=100//[2+(1+80)\times 0.1]\approx 9.2\ \text{k}\Omega$$

输出电阻：

$$R_o=R_{B2}//R_C=20//8\approx 5.7\ \text{k}\Omega$$

4) 若输入正弦电压，输出波形出现顶部失真，由于是 NPN 管构成的共发射极组态，所以出现的失真是截止失真。说明工作点设置偏低，需要适当提高工作点，即加大静态工作点电流值，所以要减小偏置电阻 R_{B1} 或 R_{B2} 的值。

题 5.3 如题 5.3 图所示 PNP 管放大器中，三极管 $\beta=80$，$r_{bb'}=200\ \Omega$，$U_{BEQ}=-0.3\ \text{V}$。1)画出其直流通路、交流通路以及微变等效电路。2)求静态工作点。3)求电压放大倍数、输入电阻及输出电阻。4)若输入正弦电压，输出波形出现顶部失真，试问三极管产生了截止失真还是饱和失真？应调整电路中哪个参数(增大还是减小)？

分析：本题为一个 PNP 共射极放大电路。要注意的问题是静态偏置电流的方向与偏置电压的极性。常规的分析，假定电流方向均为其实际电流流向，即基极、集电极电流流出三极管，而发射极电流流入三极管。电压则需要注意电压符号的脚标。

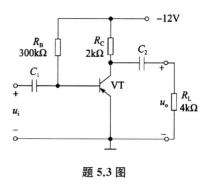

题 5.3 图

解：1) 直流通路如题 5.3 解图(a)所示，交流通路如题 5.3 解图(b)所示，微变等效电路如题5.3解图(c)所示。

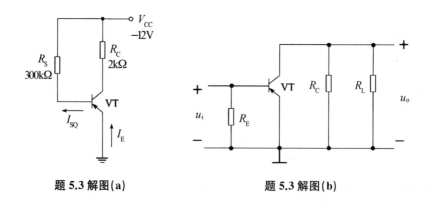

题 5.3 解图(a) 题 5.3 解图(b)

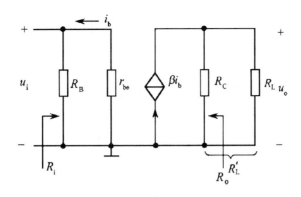

题 5.3 解图(c)

2) 静态工作点的计算,静态分析在直流通路上进行

$$I_{BQ} = \frac{U_{BEQ} - (-V_{CC})}{R_B} = \frac{12 - 0.3}{300} = 0.039 \text{ mA} = 39 \text{ μA}$$

$$I_{CQ} = \beta I_{BQ} = 80 \times 0.039 = 3.12 \text{ mA}$$

$$U_{CEQ} = -V_{CC} + I_{CQ}R_C = -12 + 2 \times 3.12 = -5.76 \text{ V}$$

3) 电压放大倍数、输入电阻、输出电阻在交流通路或微变等效电路上分析计算

$$\because \dot{A}_u = \frac{u_o}{u_i} = \frac{\beta i_b R'_L}{-i_b r_{be}} = -\beta \frac{R'_L}{r_{be}}$$

其中 $R'_L = R_C // R_L = 2 // 4 = 1.33 \text{ kΩ}$

$$r_{be} = r_{bb'} + (1+\beta)\frac{26}{I_{EQ}} = 200 + (1+80) \times \frac{26}{3.12} = 875 \text{ Ω} = 0.875 \text{ kΩ}$$

$$\therefore \dot{A}_u = -\beta \frac{R'_L}{r_{be}} = -80 \times \frac{1.33}{0.875} = -121.6$$

输入电阻:

$$R_i = R_B // r_{be} = 300 // 0.875 \approx 0.875 \text{ kΩ}$$

输出电阻:

$$R_o = R_C = 2 \text{ kΩ}$$

4) 若输入正弦电压时,输出波形出现顶部失真,表明集电极电位到了集电极可能的最高电位,由电路结构可知,集电极电位的最高即为零电位。表明此时集电极电阻上的压降为电源电压,三极管饱和。所以此失真为饱和失真。饱和失真是工作点偏高即 I_{BQ} 偏大造成的。可通过加大基极偏置电阻 R_B 来减小 I_{BQ} 及 I_{CQ},从而消除饱和失真。

题 5.4 如题 5.4 图所示电路中已知三极管 VT 的 $\beta = 80$,$r_{bb'} = 200 \text{ Ω}$,$U_{BEQ} = -0.6 \text{ V}$。1)画出其直流通路、交流通路及微变等效电路。2)求直流工作点。3)求电压放大倍数 $\dot{A}_u$、源电压放大倍数 $\dot{A}_{us}$、输入电阻 R_i 和输出电阻 R_o。

分析: 本题为一 PNP 三极管构成的共射极基本放大电路,和 NPN 管共发射极电路分析基本一致,重点要注意电压电流的方向。

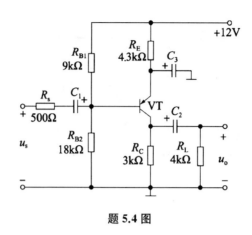

题 5.4 图

解： 1) 直流通路如题 5.4 解图(a)所示，交流通路如题 5.4 解图(b)所示，微变等效电路如题 5.4 解图(c)所示。

2) 静态工作点计算——在直流通路上分析(如题 5.4 解图(a))

由于电路为分压偏置

$$U_{BQ} = \frac{R_{B2}}{R_{B1}+R_{B2}} \cdot V_{CC} = \frac{18}{9+18} \times 12 = 8(\text{V})$$

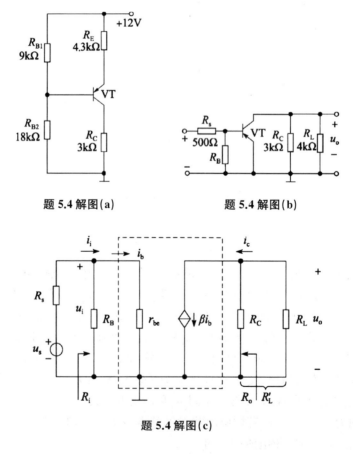

题 5.4 解图(a)　　　　题 5.4 解图(b)

题 5.4 解图(c)

$$U_{EQ} = U_{BQ} - U_{BEQ} = 8 + 0.6 = 8.6 \text{ V}$$

$$I_{EQ} = \frac{V_{CC} - U_{EQ}}{R_E} = \frac{12 - 8.6}{4.3} \approx 0.8 \text{ mA}$$

或：$I_{EQ} = \dfrac{\dfrac{R_{B1}}{R_{B1}+R_{B2}}V_{CC} - |U_{BE}|}{R_E} = \dfrac{\dfrac{9}{9+18}\times 12 - 0.6}{4.3} \approx 0.8 \text{ mA}$

$$U_{CEQ} = -[V_{CC} - I_{CQ}(R_C + R_E)] = -[12 - 0.8 \times (4.3 + 3)] \approx -6.2 \text{ V}$$

3) 计算交流参数——在微变等效电路上分析(如题 5.4 解图(b),(c))

因为：$r_{be} = r_{bb'} + (1+\beta)\dfrac{26}{I_{EQ}} = 200 + (1+80)\times\dfrac{26}{0.8} = 2\,832 \text{ Ω} \approx 2.8 \text{ kΩ}$

所以电压放大倍数为：

$$\dot{A}_u = \frac{u_o}{u_i} = -\beta\frac{R'_L}{r_{be}} = -80 \times \frac{3 \mathbin{/\mkern-5mu/} 4}{2.8} \approx -49$$

源电压放大倍数：

$$\dot{A}_{us} = \frac{R_i}{R_i + R_s} \cdot \dot{A}_u$$

∵ $R_i = R_B \mathbin{/\mkern-5mu/} r_{be} = R_{B1} \mathbin{/\mkern-5mu/} R_{B2} \mathbin{/\mkern-5mu/} r_{be} = 9 \mathbin{/\mkern-5mu/} 18 \mathbin{/\mkern-5mu/} 2.8 \approx 1.9 \text{ kΩ}$

∴ $\dot{A}_{us} = -\dfrac{1.9}{1.9 + 0.5} \times 49 \approx -38.8$

输入电阻为：$R_i = 1.9 \text{ kΩ}$

输出电阻为：$R_o = R_C = 3 \text{ kΩ}$

题 5.5 在题 5.5 图所示放大电路中，已知三极管 $\beta=80$，$r_{bb'}=200\text{ Ω}$，$U_{BEQ}=0.6\text{ V}$，所有电容容量足够大。1)画出其直流通路与交流通路。2)求静态工作点。3)求电压放大倍数、源电压放大倍数、输入电阻及输出电阻。4)若将晶体管更换为 $\beta=120$ 的晶体管，该电路的静态工作点、电压放大倍数、输入电阻和输出电阻会发生什么变化(增大、减小或基本不变)？5)若电容 C_3 开路，将引起电路的哪些动态参数发生变化？如何变化？

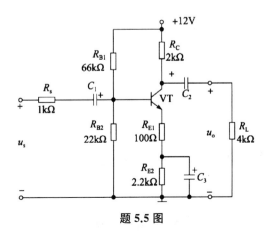

题 5.5 图

解： 1) 直流通路如题 5.5 解图(a)所示，交流通路如题 5.5 解图(b)所示。

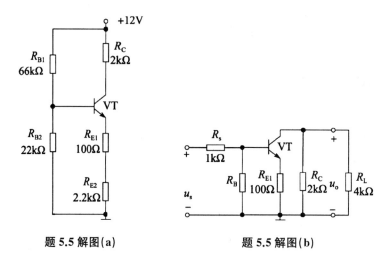

题 5.5 解图(a)　　　　题 5.5 解图(b)

2) 静态工作点计算——在直流通路上分析：

$$U_{BQ} = \frac{R_{B2}}{R_{B1}+R_{B2}} \cdot V_{CC} = \frac{22}{66+22} \times 12 = 3 \text{ V}$$

$$I_{EQ} = \frac{U_{BQ}-U_{BEQ}}{R_{E1}+R_{E2}} = \frac{3-0.6}{0.1+2.2} \approx 1 \text{ mA}$$

$$I_{BQ} = \frac{I_{EQ}}{1+\beta} = \frac{1}{1+80} \approx 0.012 \text{ mA} = 12 \text{ μA}$$

$$U_{CEQ} = V_{CC} - I_{CQ}(R_C + R_{E1} + R_{E2}) = 12 - 1 \times (2+0.1+2.2) = 7.7 \text{ V}$$

3) 交流参数计算——在交流通路上分析：

$$\dot{A}_u = \frac{u_o}{u_i} = -\frac{\beta R'_L}{r_{be}+(1+\beta)R_{E1}}$$

其中 $R'_L = R_C /\!/ R_L = 2 /\!/ 4 \approx 1.3 \text{ kΩ}$

$$r_{be} = r_{bb'} + (1+\beta)\frac{26}{I_{EQ}} = 200 + (1+80) \times \frac{26}{1} = 2306 \text{ Ω} \approx 2.3 \text{ kΩ}$$

$$\therefore \dot{A}_u = -80 \times \frac{1.3}{2.3+(1+80) \times 0.1} = -10$$

$$\because R_i = R_{B1} /\!/ R_{B2} /\!/ [r_{be}+(1+\beta)R_{E1}] = 66 /\!/ 22 /\!/ [2.3+(1+80) \times 0.1]$$
$$\approx 6.4 \text{ kΩ}$$

$$\dot{A}_{us} = \frac{R_i}{R_i+R_s} \cdot \dot{A}_u = -\frac{6.4}{6.4+1} \times 10 \approx -8.6$$

输出电阻为：

$$R_o = R_C = 2 \text{ kΩ}$$

4) 由上述分析计算可知，当更换为 $\beta=120$ 的晶体管时，电路的静态工作点 I_{CQ}、U_{CEQ} 基本不变（I_{BQ} 会有所变小），输出电阻不变。

由于输入电阻为：$R_i = R_{B1} \mathbin{/\mkern-6mu/} R_{B2} \mathbin{/\mkern-6mu/} [r_{be} + (1+\beta)R_{E1}]$，所以随着 β 的增大，输入电阻也略有增大；

由于放大倍数的表达式为：$\dot{A}_u = \dfrac{u_o}{u_i} = -\dfrac{\beta R'_L}{r_{be} + (1+\beta)R_{E1}}$

其中：$r_{be} = r_{bb'} + (1+\beta)\dfrac{26}{I_{EQ}} = 200 + (1+120) \times \dfrac{26}{1} = 3\,346\,\Omega \approx 3.3\,\text{k}\Omega$

所以：$\dot{A}_u = -120 \times \dfrac{1.3}{3.3 + (1+120) \times 0.1} \approx -10.1$

基本没有变化。

5) 若电容 C_3 开路，对电路的静态工作点没有影响，但电路的动态参数除了输出电阻基本不变外，其他参数都将发生变化。

输入电阻：$R_i = R_{B1} \mathbin{/\mkern-6mu/} R_{B2} \mathbin{/\mkern-6mu/} [r_{be} + (1+\beta)(R_{E1} + R_{E2})]$ 变大；

放大倍数：$\dot{A}_u = \dfrac{u_o}{u_i} = -\dfrac{\beta R'_L}{r_{be} + (1+\beta)(R_{E1} + R_{E2})}$ 变小，

且由于 R_{E2} 电阻值较大，$(1+\beta)R_{E2} \gg r_{be}$ 可以进行近似分析：

$$\dot{A}_u = \dfrac{u_o}{u_i} \approx -\dfrac{R'_L}{R_{E2}} = -\dfrac{1.3}{2.2} \approx -0.6$$

题 5.6 在题 5.6 图所示的放大电路中，电容值都足够大，三极管 VT 的 $\beta=80$，$r_{bb'}=200\,\Omega$，$U_{BEQ}=-0.7\,\text{V}$，已知 $V_{CC}=12\,\text{V}$，$R_s=500\,\Omega$，$R_{B1}=56\,\text{k}\Omega$，$R_{B2}=43\,\text{k}\Omega$，$R_C=2\,\text{k}\Omega$，$R_E=2.7\,\text{k}\Omega$，$R_L=1\,\text{k}\Omega$。1) 画出交流通路及微变等效电路。2) 求直流工作点。3) 求电压放大倍数及源电压放大倍数、输入电阻与输出电阻。

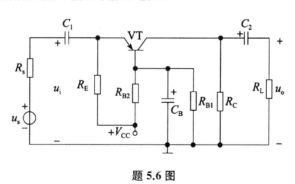

题 5.6 图

分析：该电路是由 PNP 管构成的共基组态基本放大电路。电容足够大时，C_1、C_2、C_B 隔直通交。放大电路的静态分析，对象是放大电路的 Q 点（I_{BQ}、I_{CQ}、U_{CEQ}），途径是放大电路的直流通路。放大电路直流通路的画法：大电容开路。放大电路的动态分析，对象是放大电路的电压增益、输入电阻、输出电阻，途径是放大电路的交流通路。放大电路交流通路的画法：大电容短路，直流电源对地短路。

解：1) 画出该电路的交流通路如题 5.6 解图（a）所示：

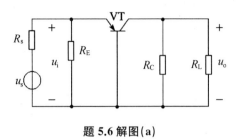

题 5.6 解图(a)

画出该电路的微变等效电路如题 5.6 解图(b)所示:

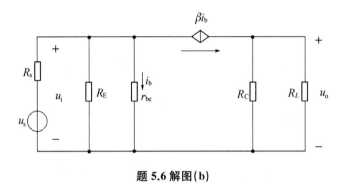

题 5.6 解图(b)

2) 分析直流工作点前,画出该电路的直流通路,如题 5.6 解图(c)所示。

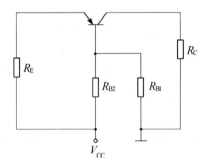

题 5.6 解图(c)

该直流通路是典型的分压式偏置电路,分析静态工作点的方法与题 5.4 类似,第一步是求出 U_B:

$$U_{BQ} = \frac{R_{B1}}{R_{B1}+R_{B2}} \cdot V_{CC} = \frac{56}{56+43} \times 12 \approx 6.79 \text{ V}$$

$$I_{EQ} = \frac{V_{CC} - U_{BQ} + U_{BEQ}}{R_E} = \frac{12-6.79-0.7}{2.7} \approx 1.67 \text{ mA}$$

或:

$$I_{EQ} = \frac{\frac{R_{B2}}{R_{B1}+R_{B2}}V_{CC} - |U_{BEQ}|}{R_E} = \frac{\frac{43}{56+43} \times 12 - 0.7}{2.7}$$

$$\approx 1.67 \text{ mA}$$

$$U_{CEQ}=-[V_{CC}-I_{CQ}(R_E+R_C)]=-[12-1.67\times(2.7+2)]$$
$$=-4.15\text{ V}$$

3) 由微变等效电路(如题5.6解图(b)所示)

$$r_{be}=r_{bb'}+(1+\beta)\frac{26}{I_{EQ}}=200+(1+80)\times\frac{26}{1.67}=1\,461\ \Omega\approx 1.46\text{ k}\Omega$$

$$R_i=R_E\mathbin{/\mkern-5mu/}\frac{r_{be}}{1+\beta}=2.7\mathbin{/\mkern-5mu/}\frac{1.46}{1+80}\approx 0.018\text{ k}\Omega=18\ \Omega$$

$$R_o=R_C=2\text{ k}\Omega$$

$$\dot{A}_u=\frac{\beta(R_L\mathbin{/\mkern-5mu/}R_C)}{r_{be}}=\frac{80\times(2\mathbin{/\mkern-5mu/}1)}{1.46}=36.5$$

$$\dot{A}_{us}=\frac{R_i}{R_i+R_s}\dot{A}_u=\frac{18}{500+18}\times 36.5=1.27$$

题 5.7　如题 5.7 图所示的共集电极放大电路及晶体管输出特性,设 $U_{BEQ}=0.6$ V, $r_{bb'}=200\ \Omega$,电容对交流信号可视为短路。1) 估算静态工作点。2) 画出直流负载线和交流负载线。3) 求最大不失真正弦波输出幅度。4) 逐渐增大正弦输入电压幅度时,首先出现饱和失真还是截止失真? 为了获得尽量大的不失真输出电压,R_B 应增大还是减小? 5) 试求放大电路的电压放大倍数、输入电阻及输出电阻。

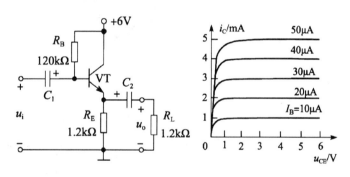

题 5.7 图

分析：该电路是由 NPN 管构成的共集放大电路。

放大电路的静态分析,对象是放大电路的 Q 点(I_{BQ}、I_{CQ}、U_{CEQ}),途径是放大电路的直流通路。放大电路直流通路的画法：大电容开路。在直流通路上列出输出回路方程,该方程为 $u_{CE}-i_C$ 坐标系上的一条直线,即直流负载线。直流负载线与三极管输出特性曲线 I_{BQ} 对应的一个交点即为 Q 点,Q 点的确定方法参见题 5.1 的题解。

放大电路的动态分析,对象是放大电路的电压增益、输入电阻、输出电阻,途径是放大电路的交流通路。放大电路交流通路的画法：大电容短路,直流电源对地短路。在交流通路上列出输出回路方程,该方程为 $u_{CE}-i_C$ 坐标系上的一条直线,即交流负载线。交流负载线通过 Q 点,斜率为 $\left(-\dfrac{1}{R_L'}\right)$,比直流负载线大,放大电路的交流分析应在交流负载线上进行。

由于放大电路的工作状态处于三极管的截止区而引起的非线性失真,叫作截止失真。

由于放大电路的工作状态处于三极管的饱和区而引起的非线性失真,叫作饱和失真。放大电路的最大不失真输出幅度是指:随着输出信号的增加,信号的正、负幅度同时或有一边出现失真,此时输出信号的幅度达到最大,即为最大不失真输出幅度。

解: 1) 由题 5.7 图可以看出:在 $I_B=10\ \mu A$ 时, $I_C=1\ mA$,因此 $\beta \approx \dfrac{I_C}{I_B} = \dfrac{1\ mA}{10\ \mu A} = 100$

由放大电路得到直流通路,该电路是固定式偏置电路。

估算静态工作点如下:

$$R_B \cdot I_{BQ} + R_E \cdot I_{EQ} + U_{BEQ} = V_{CC}$$

因为 $I_E = (1+\beta)I_B$

可计算: $I_{BQ} = \dfrac{V_{CC} - U_{BEQ}}{R_B + (1+\beta)R_E} = \dfrac{6-0.6}{120+(1+100)\times 1.2} \approx 0.022\ 39\ mA = 22.39\ \mu A$

$I_{CQ} = \beta I_{BQ} = 2.24\ mA$

$U_{CEQ} = V_{CC} - (1+\beta)I_{BQ} \cdot R_E \approx 3.3\ V$

2) 直流负载线和交流负载线都是 i_C 和 u_{CE} 的函数关系,直流负载线不包含 R_L。

直流负载线方程: $u_{CE} = V_{CC} - i_C R_E$

即: $u_{CE} = 6 - 1.2 i_C$

在输出特性曲线上画出通过坐标(6,0)和(0,5)两点的直线即为直流负载线,如题5.7解图(a)中①所示。静态工作点 Q 横坐标为 3.3 V,因此 Q 点坐标为(3.3,2.2)。

由于电容 C_2 对交流信号短路,所以交流负载线需要考虑负载电阻 R_L。

所以交流负载线的斜率为 $-\dfrac{1}{R'_L} = -\dfrac{1}{R_E // R_L} = -\dfrac{1}{0.6}$

由于交流负载线和直流负载线在静态工作点处重合,且斜率为 $-1/0.6$,所以可以画出交流负载线如题 5.7 解图(a)中②所示。

根据交流负载线特性也可以列出如下表达式:

$$\dfrac{i_C - I_{CQ}}{u_{CE} - U_{CEQ}} = -\dfrac{1}{R'_L}$$

$u_{CE} - 3.3 = -0.6 \times (i_C - 2.2)$

$u_{CE} = -0.6 \times i_C + 4.6$

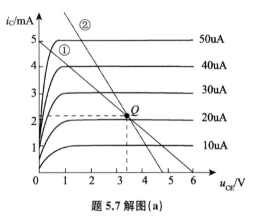

题 5.7 解图(a)

交流负载线为输出特性曲线上通过坐标点为(4.6,0),(0,7.7)两点的直线,

画出交流负载线,如 5.7 解图(a)中②所示。

3) 由静态工作点及交流负载线可以看出,最大不失真输出幅度为静态工作点横坐标到交流负载线和 u_{CE} 轴的结点(4.6,0),所以最大不失真幅度为:

$$U_{om} = 4.6 - 3.3 = 1.3\ V$$

由交流负载线特性也可以得到:

$$U_{om} \approx I_{CQ} \cdot R_L' = 2.2 \times 0.6 = 1.32 \text{ V}$$

4) 由图可知,先出现截止失真,Q 点偏低,为了获得尽量大的不失真输出电压,需将静态工作点上移,即 I_{BQ} 需增大,所以需要减小 R_B。

5) 首先计算:$r_{be} = r_{bb'} + (1+\beta)\dfrac{26}{I_{CQ}} = 200 + (1+100)\dfrac{26}{2.24} \approx 1\,372 \text{ Ω} = 1.37 \text{ kΩ}$

计算电路的输入、输出电阻时,应当首先理解微变等效电路的画法。

计算输入电阻,应当保留负载电阻 R_L、移除信号源电阻 R_s,然后计算,微变等效电路如题 5.7 解图(b)所示;

输入电阻看作 R_B 与向后面看进去的电阻的并联,即:

$$\begin{aligned} R_i &= R_B \,/\!/\, [r_{be} + (1+\beta)(R_E \,/\!/\, R_L)] \\ &= 120 \,/\!/\, [1.37 + (1+100) \times (1.2 \,/\!/\, 1.2)] \\ &= 120 \,/\!/\, 62 \\ &= 40.9(\text{kΩ}) \end{aligned}$$

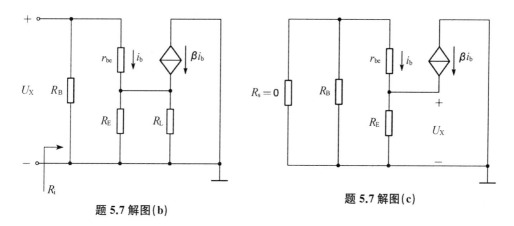

题 5.7 解图(b)　　　　题 5.7 解图(c)

计算输出电阻,应当保留信号源电阻 R_s、移除负载电阻 R_L,然后计算,其等效电路如题 5.7 解图(c)所示。

计算输出电阻时,应保留源电阻 R_s,本题认为信号源电阻为 0,也就是 R_B 被短路,因此输出电阻等于 R_E 并联从 R_E 两端口看进去的电阻,即:

$$R_o = R_E \,/\!/\, \dfrac{r_{be}}{1+\beta} = 1.2 \,/\!/\, \dfrac{1.37}{1+100} \approx 0.013\,4 \text{ kΩ} = 13.4 \text{ Ω}$$

放大倍数为:

$$A_u = \dfrac{u_o}{u_i} = \dfrac{(1+\beta)(R_E \,/\!/\, R_L)}{r_{be} + (1+\beta)(R_E \,/\!/\, R_L)} = \dfrac{(1+100)(1.2 \,/\!/\, 1.2)}{1.37 + (1+100)(1.2 \,/\!/\, 1.2)} \approx 0.98$$

题 5.8　如题 5.8 图所示的放大电路中,电容容量都足够大,可视为交流短路;已知 $r_{bb'} = 200 \text{ Ω}$,$\beta = 80$,$U_{BEQ} = 0.6 \text{ V}$。1)求直流工作点。2)求三极管 VT 的跨导。3)放大电路的输入电阻 R_i 和输出电阻 R_o。

分析：该电路为共集电极放大器，亦称为射极输出器。通过电容C_3构成了自举式电路，当输入信号增大时，基极电位提高，同时发射极电位也相应提高，如果C_3对信号而言认为是短路，则电阻R_{B3}两端的电位同时增大，其中流过的信号电流减小，提高了偏置电路的等效电阻。

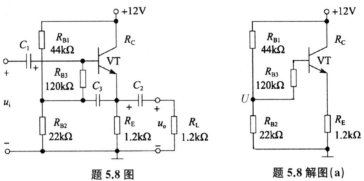

题 5.8 图   题 5.8 解图(a)

解：1) 直流工作点的计算

按照直流通路的基本规则——耦合电容C开路，该电路的直流通路如题5.8解图(a)所示：

设通过R_{B1}和R_{B2}分压电阻的中点电压为U，如果忽略VT的基极电流，则：

$$U = \frac{R_{B2}}{R_{B1}+R_{B2}} V_{CC} = \frac{22}{44+22} \times 12 = 4 \text{ V}$$

由基极和发射极回路可以列方程：

$$\begin{cases} U = I_{BQ}R_{B3} + U_{BEQ} + I_{EQ}R_E \\ I_{EQ} = (1+\beta)I_{BQ} \end{cases}$$

可得：

$$I_{EQ} = \frac{U-U_{BEQ}}{R_E + \dfrac{R_{B3}}{1+\beta}} = \frac{4-0.6}{1.2 + \dfrac{120}{1+80}} = \frac{3.4}{2.68} = 1.27 \text{ mA}$$

$$I_{BQ} = \frac{I_{EQ}}{1+\beta} = \frac{1.27 \text{ mA}}{1+80} = 16 \text{ μA}$$

$$U_{CEQ} = V_{CC} - I_{EQ}R_E = 12 - 1.27 \times 1.2 = 10.5 \text{ V}$$

2) 三极管VT的跨导计算：

$$\begin{cases} \beta = g_m r_{b'e} \\ r_{b'e} = (1+\beta)\dfrac{26}{I_{EQ}} \end{cases}$$

所以：

$$r_{b'e} = (1+\beta)\frac{26}{I_{EQ}} = (1+80)\frac{26}{1.27} \approx 1\,658 \text{ Ω} \approx 1.66 \text{ kΩ}$$

$$g_\mathrm{m} = \frac{\beta}{r_\mathrm{b'e}} = \frac{80}{1.66} = 48 \text{ mS}$$

3) 放大电路输入电阻和输出电阻的计算：

先画出交流通路——电容短路处理，如题 5.8 解图(b)所示，再画出微变等效电路，如题 5.8 解图(c)所示。

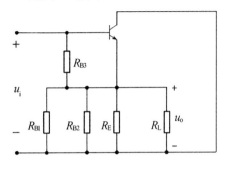
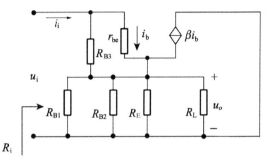

题 5.8 解图(b)　　　　　　　　　题 5.8 解图(c)

输入电阻的分析计算：

$$\because i_\mathrm{i} = i_\mathrm{b} + \frac{i_\mathrm{b} \cdot r_\mathrm{be}}{R_\mathrm{B3}}$$

$$u_\mathrm{i} = i_\mathrm{b} \cdot r_\mathrm{be} + \left(i_\mathrm{b} + \beta i_\mathrm{b} + \frac{i_\mathrm{b} r_\mathrm{be}}{R_\mathrm{B3}} \right) R'_\mathrm{L}$$

$$R'_\mathrm{L} = R_\mathrm{B1} // R_\mathrm{B2} // R_\mathrm{E} // R_\mathrm{L}$$

$$\therefore R_\mathrm{i} = \frac{u_\mathrm{i}}{i_\mathrm{i}} = \frac{r_\mathrm{be} + \left(1 + \beta + \dfrac{r_\mathrm{be}}{R_\mathrm{B3}} \right) \cdot R'_\mathrm{L}}{1 + \dfrac{r_\mathrm{be}}{R_\mathrm{B3}}}$$

$\because R_\mathrm{B3} \gg r_\mathrm{be},\ R_\mathrm{B3} \gg R'_\mathrm{L}$

$\therefore R_\mathrm{i} \approx r_\mathrm{be} + (1+\beta) R'_\mathrm{L}$

$\because r_\mathrm{be} = r_\mathrm{bb'} + r_\mathrm{b'e} = 0.2 + 1.66 = 1.86 \text{ (k}\Omega\text{)}$

$R'_\mathrm{L} = 44 // 22 // 1.2 // 1.2 \approx 0.58 \text{ k}\Omega$

$\therefore R_\mathrm{i} = r_\mathrm{be} + (1+\beta) \cdot R'_\mathrm{L} = 1.86 + (1+80) \times 0.58 \approx 48.8 \text{ k}\Omega$

R_i 与 R_B3 支路无关！

如单独考虑 R_B3 支路的等效电阻

$$R'_\mathrm{i} = \frac{u_\mathrm{i}}{i'_\mathrm{i}} = \frac{i_\mathrm{b} \cdot r_\mathrm{be} + \left(i_\mathrm{b} + \beta i_\mathrm{b} + \dfrac{i_\mathrm{b} \cdot r_\mathrm{be}}{R_\mathrm{B3}} \right) R'_\mathrm{L}}{\dfrac{i_\mathrm{b} \cdot r_\mathrm{be}}{R_\mathrm{B3}}}$$

$$= \frac{r_\mathrm{be} \cdot R_\mathrm{B3} + (1+\beta) R_\mathrm{B3} \cdot R'_\mathrm{L} + r_\mathrm{be} R'_\mathrm{L}}{r_\mathrm{be}}$$

$$= (R_{B3}+R_L')+(1+\beta)\frac{R_L'}{r_{be}}\times R_{B3}$$

$$=(120+0.58)+(1+80)\times\frac{0.58}{1.86}\times 120$$

$$\approx 3\,152\ \text{k}\Omega$$

$$\approx 3.2\ \text{M}\Omega$$

由于自举的作用使支路等效电阻增大,对于原电路的输入电阻基本没有影响。

输出电阻的分析计算:

输入端短路,去掉负载电阻 R_L,电路如题 5.8 解图(d)所示。

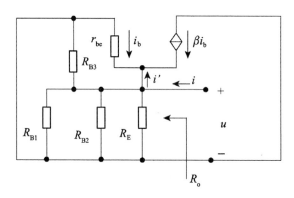

题 5.8 解图(d)

在原负载端加入电压 u,计算电流 i

由电路图可知,电阻 r_{be}、R_{B1}、R_{B2}、R_{B3} 和 R_E 是并联关系,即:

$$R = r_{be}//R_{B1}//R_{B2}//R_{B3}//R_E = 1.86//44//22//120//1.2$$
$$\approx 0.7\ \text{k}\Omega$$

因为: $i' = -(1+\beta)i_b = (1+\beta)\dfrac{u}{r_{be}}$

所以: $R_o' = \dfrac{u}{i'} = \dfrac{r_{be}}{1+\beta}$

所以电路的输出电阻为:

$$R_o = R_o'//R = \frac{r_{be}}{1+\beta}//R = \frac{1.86}{1+80}//0.7 \approx 0.022\ \text{k}\Omega = 22\ \Omega$$

题 5.9 如题 5.9 图所示电路的两个输出端分别接负载 $R_{L1}=3\ \text{k}\Omega$、$R_{L2}=2.2\ \text{k}\Omega$。已知:三极管的 $\beta=80$,求:1) 直流工作点。2) 电压放大倍数 $\dot{A}_{u1}=\dfrac{u_{o1}}{u_i}$ 及 $\dot{A}_{u2}=\dfrac{u_{o2}}{u_i}$。3) 两个输出端的输出电阻 R_{o1} 及 R_{o2}。

分析: 该电路分别接有两个输出 u_{o1} 和 u_{o2},而输入信号均在基极,u_{o1} 为集电极输出,构成共射极组态,而 u_{o2} 在发射级输出,构成了共集电极组态。

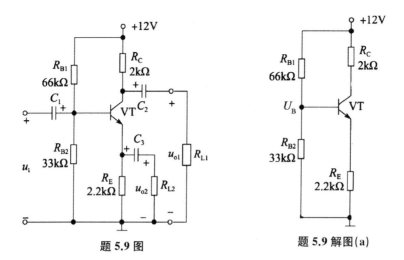

题5.9图 题5.9解图(a)

解：1) 直流工作点的计算：

静态工作点与输出端的接法无关。因为输入输出均有隔直电容。电容开路后可以得到其直流通路，如题5.9解图(a)所示：

设 $U_{BEQ}=0.6\ \text{V}$，$r_{bb'}=200\ \Omega$

$$\because U_B=\frac{R_{B2}}{R_{B1}+R_{B2}}\cdot V_{CC}=\frac{33}{66+33}\times 12=4\ \text{V}$$

$$\therefore I_{CQ}\approx I_{EQ}=\frac{U_B-U_{BEQ}}{R_E}=\frac{4-0.6}{2.2}=1.5\ \text{mA}$$

$$I_{BQ}=\frac{I_{CQ}}{\beta}=\frac{1.5\ \text{mA}}{80}=19\ \mu\text{A}$$

$$U_{CEQ}=V_{CC}-I_{CQ}(R_C+R_E)=12-1.5\times(2+2.2)=5.7\ \text{V}$$

2) 交流通路如题5.9解图(b)所示，微变等效电路如题5.9解图(c)所示。

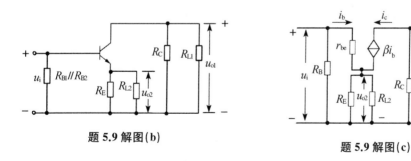

题5.9解图(b) 题5.9解图(c)

$$r_{be}=r_{bb'}+(1+\beta)\frac{26}{I_{EQ}}=200+(1+80)\times\frac{26}{1.5}=1\ 604\ \Omega\approx 1.6\ \text{k}\Omega$$

$$\dot{A}_{u1}=\frac{u_{o1}}{u_i}=-\frac{\beta R_C//R_{L1}}{r_{be}+(1+\beta)(R_E//R_{L2})}=-\frac{80\times(2//3)}{1.6+(1+80)\times(2.2//2.2)}=-1.06$$

$$\dot{A}_{u2}=\frac{u_{o2}}{u_i}=\frac{(1+\beta)(R_E//R_{L2})}{r_{be}+(1+\beta)(R_E//R_{L2})}=\frac{(1+80)\times(2.2//2.2)}{1.6+(1+80)\times(2.2//2.2)}=0.98$$

$\dot{A}_{u1}$ 与 $\dot{A}_{u2}$ 模值近似相等,但相位相反!

3) 输出电阻的计算:

负载电阻 R_{L1} 处为共发射极组态,所以其输出电阻为:

$$R_{o1} \approx R_C = 2 \text{ k}\Omega$$

而负载电阻 R_{L2} 处为共集电极组态,所以其输出电阻为:

$$R_{o1} = R_E /\!/ \frac{r_{be}}{1+\beta} = 2.2 /\!/ \frac{1.6}{1+80} \approx 0.02 \text{ k}\Omega = 20 \text{ }\Omega$$

题 5.10 N 沟道 JFET 的共源放大电路和场效应管恒流区内的转移特性如题 5.10 图所示,其中场效应管的 $r_{DS} \gg R_D$,而电容的容值足够大,可视为交流短路。1) 图解确定静态工作点 I_{DQ}、U_{GSQ},并计算出 U_{DSQ}。2) 图解确定工作点处的跨导 g_m。3) 求电压放大倍数、输入电阻与输出电阻。4) 求最大不失真输出信号幅度。

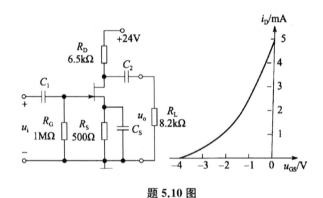

题 5.10 图

分析: 图解法确定场效应管的静态工作点步骤如下:

① 在栅极回路中确定静态工作点 Q 的参数 U_{GSQ}、I_{DQ}:在栅-源回路中,由于 $u_{GS} = -i_D R_S$,基于此方程可以在转移特性曲线中画出一条直流负载线:过原点、斜率为 $-1/R_S$ 的直线;该直线与转移特性曲线的交点即为静态工作点 Q,由此确定了 U_{GSQ} 与 I_{DQ},如题 5.10 解图(a)所示。

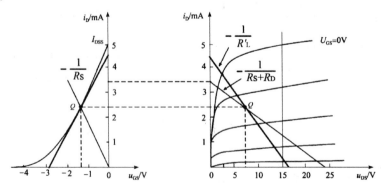

题 5.10 解图(a) 转移特性曲线中的 Q 点　　题 5.10 解图(b) 输出特性曲线中的 Q 点

② 在漏极回路确定 U_{DSQ}:在漏-源回路中,存在 $u_{DS} = V_{DD} - i_D(R_D + R_S)$,基于此方程

可以在输出特性曲线中作出一条直流负载线：利用 $i_D=0$ mA 时 $u_{DS}=V_{DD}$，即可得到过点 $(V_{DD},0)$、斜率为 $-1/(R_D+R_S)$ 的直线；该直线与输出特性曲线中对应 $u_{GS}=U_{GSQ}$ 曲线的交点即为静态工作点 Q，由此确定了 U_{DSQ}，如题 5.10 解图(a)所示。

通过以上两个步骤就可实现图解法分析放大电路静态工作点。

解：1) 利用题解分析的方法，得到题 5.10 解图(a)中 Q 点$(-1.3\text{ V},2.3\text{ mA})$，确定 $I_{DQ}=2.3$ mA，$U_{GSQ}=-1.3$ V

由放大电路的直流通路 $U_{DSQ}=V_{DD}-I_{DQ}(R_D+R_S)=7.9$ V

2) 如题 5.10 解图(b)所示，对转移特性曲线上的 Q 点做切线，切线与纵轴交点约为 $(0,4.5)$、与横轴交点约为 $(2.8,0)$，则 $g_m=\dfrac{di_D}{du_{GS}}=\dfrac{4.5}{2.8}=1.6$ mS

3) 画出放大电路的微变等效电路如题 5.10 解图(c)所示：

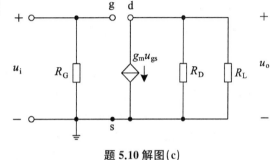

题 5.10 解图(c)

$$\dot{A}_u=\dfrac{u_o}{u_i}=\dfrac{-g_m u_{gs}(R_D//R_L)}{u_{gs}}$$
$$=-g_m(R_D//R_L)$$
$$=-1.6\times(6.5//8.2)$$
$$=-5.8$$
$$R_i=R_G=1\text{ M}\Omega$$
$$R_o=R_D=6.5\text{ k}\Omega$$

4) 列出交流通路中输出回路的方程，即交流负载线：

$$u_{ds}=-R_L'\cdot i_d$$

由于交流负载线经过 Q 点$(7.9\text{ V},2.3\text{ mA})$，所以将交流负载线方程写作：

$$u_{DS}-7.9=-R_L'\cdot(i_D-2.3) \tag{1}$$

求出交流负载线与横、纵轴交点：$(0\text{ V},4.5\text{ mA})$，$(16.2\text{ V},0\text{ mA})$，由此两点画出交流负载线。

输出信号最大不失真幅度应由交流负载线上 Q 点距可变电阻区的压差和 Q 点距横轴的压差中较小的决定。

Q 点与横轴的压差为：$16.2-7.9=8.3$ V；

求 Q 点距可变电阻区的压差，需要知道交流负载线与预夹断轨迹的交点，因此可以写出预夹断轨迹方程。

由转移特性曲线可知，该 N-JFET 的 $U_{GS(off)}=-4$ V，$I_{DSS}=5$ mA。

所以：
$$u_{DS}=u_{GS}+4 \tag{2}$$

同时写出转移特性曲线满足的方程：

$$i_D=5\times\left(1+\dfrac{u_{GS}}{4}\right)^2 \tag{3}$$

解式(1)、(2)、(3)构成的方程组,得到交流负载线与预夹断轨迹的交点为(3.37 V, 3.55 mA),因此Q点与可变电阻区的压差为:7.9－3.37＝4.53 V,即为输出信号的最大不失真幅度。

最大不失真输出幅度也可以直接在输出特性曲线上获取。画出交流负载线以及预夹断轨迹,可以直接得出交流负载线在横轴上的交点与Q点之间的电压差,以及Q点与可变电阻区的电压差,两者间较小的电压值即为最大不失真输出幅度(画图会有些误差)。

题 5.11 在题 5.11 图所示的放大电路中,已知JFET的跨导 $g_m = 3$ mS, $r_{DS} \gg R_D$,对交流信号电容可视为短路。1) 画出该放大电路的交流小信号等效电路;并求解该放大电路的电压放大倍数、输入电阻和输出电阻。2) 如果既要保证放大电路的静态工作点不变,同时提高放大电路的电压放大倍数,应如何改进电路(JFET 不变)?并定性分析此时输入电阻变化(增大、减小或不变)。

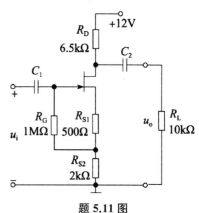

题 5.11 图

分析:该放大电路是共源组态基本放大电路,直流偏置电路为自给式偏置。不同的是,栅极偏置电阻 R_G 没有接地,而是接到两个源极偏置电阻 R_{S1}、R_{S2} 之间,这种偏置方法将使电路的输入电阻有所增大。

解:1) 放大电路的交流小信号等效电路如题 5.11 解图所示:

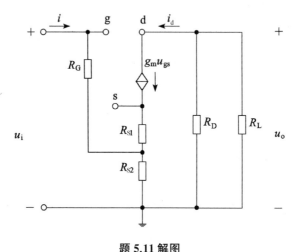

题 5.11 解图

$$\dot{A}_u = \frac{u_o}{u_i} = \frac{-g_m u_{gs} R_L'}{u_{gs} + (R_{S1}+R_{S2}) g_m u_{gs}}$$

其中 $R_L' = R_D // R_L \approx 3.94$ kΩ

∴
$$\dot{A}_u = \frac{-3 \times 3.94}{1+(0.5+2) \times 3} \approx -1.39$$

$$R_i = \frac{u_i}{i} \qquad (1)$$

$$u_i = u_{gs} + g_m u_{gs} \cdot R_{S1} + (i + g_m u_{gs}) \cdot R_{S2} \quad (2)$$

$$R_G \cdot i = u_{gs} + g_m u_{gs} \cdot R_{S1} \quad (3)$$

式(1)、(2)、(3)组成方程组,可以解出:

$$R_i = R_G + R_{S2} + \frac{g_m R_{S2}}{1 + g_m R_{S1}} \cdot R_G \approx 3.4 \text{ M}\Omega$$

$$R_o = R_D = 6.5 \text{ k}\Omega$$

2) 既要保证放大电路的静态工作点不变,同时提高放大电路的电压放大倍数,应在 JFET 的源极与"地"之间并联旁路电容。虽然此时电压放大倍数提高了,但微变等效电路中源极偏置电阻也被短路了,因此,电路的输入电阻为 R_G,比改进前的输入电阻减小了。

题 5.12 在题 5.12 图所示的 JFET 放大电路中,JFET 的 $U_{GS(off)} = -3$ V,$I_{DSS} = 1$ mA,测得 $I_{DQ} = 0.36$ mA。1) 求源极电阻 R_S。2) 求电压放大倍数、输入电阻及输出电阻。3) 若 C_3 虚焊开路,重新计算 2) 中的参数。

分析: 本题为由 N-JFET 构成的共源极组态放大电路,采用了分压式与自给式的混合偏置方式。

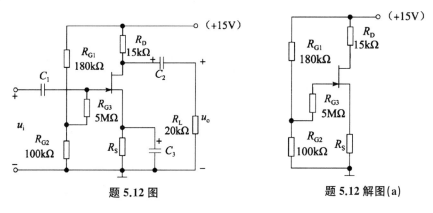

题 5.12 图 题 5.12 解图(a)

解: 1) 其直流通路如题 5.12 解图(a)所示。

由于 N-JFET 的特性方程为:

$$i_D = I_{DSS}\left(1 - \frac{u_{GS}}{U_{GS(off)}}\right)^2$$

$$\therefore U_{GSQ} = U_{GS(off)}\left(1 - \sqrt{\frac{I_{DQ}}{I_{DSS}}}\right) = -3 \times \left(1 - \sqrt{\frac{0.36}{1}}\right) = -1.2 \text{ V}$$

$$U_{GQ} = \frac{R_{G2}}{R_{G1} + R_{G2}} \cdot V_{DD} = \frac{100}{100 + 180} \times 15 = 5.36 \text{ V}$$

$$U_{SQ} = U_{GQ} - U_{GSQ} = 5.36 - (-1.2) = 6.56 \text{ V}$$

$$\therefore R_S = \frac{U_{SQ}}{I_{DQ}} = \frac{6.56 \text{ V}}{0.36 \text{ mA}} \approx 18.2 \text{ k}\Omega$$

2) 交流通路如题 5.12 解图(b)所示,微变等效电路如题 5.12 解图(c)所示。

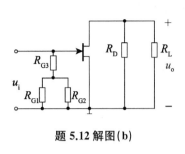

题 5.12 解图(b)

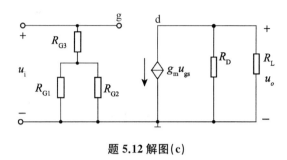

题 5.12 解图(c)

$$\because g_m = \frac{\partial i_D}{\partial u_{GS}} = -\frac{2I_{DSS}}{U_{GS(off)}}\left(1-\frac{u_{GS}}{U_{GS(off)}}\right) = -\frac{2}{U_{GS(off)}} \cdot \sqrt{I_{DQ} \cdot I_{DSS}}$$

$$= -\frac{2}{-3}\sqrt{0.36 \times 1} = 0.4 \text{ mA/V}$$

$\dot{A}_u = -g_m(R_D // R_L) = -0.4 \times (R_D // R_L) = -0.4 \times (15 // 20) = -3.4$

$R_i = R_{G3} + R_{G1} // R_{G2} \approx 5 \text{ M}\Omega$

$R_o = R_D = 15 \text{ k}\Omega$

3) 如 C_3 开路,则其直流通路不变,而交流通路如题 5.12 解图(d)所示,微变等效电路如题 5.12 解图(e)所示。

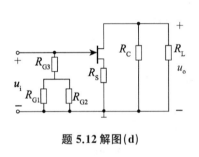

题 5.12 解图(d)

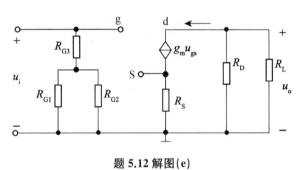

题 5.12 解图(e)

$u_o = -g_m u_{gs}(R_D // R_L)$

$u_i = u_{gs} + u_{R_S} = u_{gs} + g_m u_{gs} \cdot R_S$

$\therefore \dot{A}_u = \frac{u_o}{u_i} = \frac{-g_m(R_D // R_L)}{1+g_m R_S} = -\frac{0.4(15//20)}{1+0.4 \times 18.2} \approx -0.41$

$R_o = R_D = 15 \text{ k}\Omega$

C_3 开路后,放大倍数减小,输入电阻、输出电阻不变。

题 5.13 如题 5.13 图所示的放大电路中,电容容值足够大,对于交流信号可视为短路;假设 MOS 管的转移特性可表达为:$i_D = 5(u_{GS}-1)^2$ (mA),已知电路静态时 $V_{DD}=12$ V,$R_{G2}=1$ MΩ,$R_L=10$ kΩ,$I_{DQ}=1.2$ mA,$U_{DSQ}=5.5$ V。1) R_{G1} 和 R_D 应取多大?2) 求电压放大倍数、输入电阻、输出电阻。

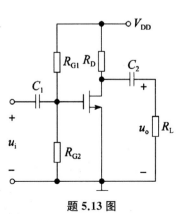

题 5.13 图

分析：此电路为N沟道增强型MOS场效应管构成的共源组态基本放大电路，静态偏置电路为分压式偏置电路。

解：1) R_{G1}、R_{G2}、R_D的大小决定了放大电路的静态工作点，因此应由电路的静态分析入手。

由放大电路的直流通路可得：

$$R_D = \frac{V_{DD} - U_{DSQ}}{I_{DQ}} = \frac{12 - 5.5}{1.2} = 5.4 \text{ k}\Omega$$

根据转移特性表达式得：$U_{GSQ} = \sqrt{\frac{I_{DQ}}{5}} + 1 \approx 1.49 \text{ V}$

由

$$U_{GSQ} = V_{DD} \frac{R_{G2}}{R_{G1} + R_{G2}}$$

$$\therefore R_{G1} = \left(\frac{V_{DD}}{U_{GSQ}} - 1\right) R_{G2} = \left(\frac{12}{1.49} - 1\right) \times 1 \approx 7.05 \text{ M}\Omega$$

2) 通过放大电路的动态分析，可以得到电路的增益、输入电阻、输出电阻等参数值。

放大电路的交流通路如题 5.13 解图所示：

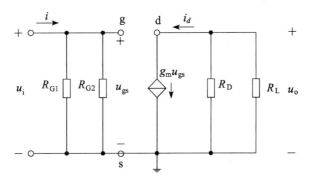

题 5.13 解图

由转移特性表达式可以求出g_m：

$\because i_D = 5(u_{GS} - 1)^2$

$\therefore$ 在$u_{GS} = U_{GSQ}$处的跨导为

$$g_m = \frac{di_D}{du_{GS}} = 5 \times 2(u_{GSQ} - 1) = 4.9 \text{ mS}$$

因此 $\dot{A}_u = \frac{u_o}{u_i} = \frac{-g_m u_{gs} R_L'}{u_{gs}} = -g_m R_L' = -17.2$

其中，$R_L' = R_D /\!/ R_L = 5.4 /\!/ 10 = 3.51 \text{ k}\Omega$，

$$R_i = R_{G1} /\!/ R_{G2} = 7.05 /\!/ 1 \approx 0.88 \text{ M}\Omega$$

$$R_o \approx R_D = 5.4 \text{ k}\Omega$$

题 5.14 电路如题 5.14 图所示。已知 $R_S=430\,\Omega$,$R_D=2.2\,\text{k}\Omega$,$R_L=2.2\,\text{k}\Omega$,场效应管的 $g_m=10\,\text{mS}$(忽略 r_{ds})。1)画出微变等效电路。2)求电压放大倍数、输入电阻。3)画出求解输出电阻的等效电路,并求输出电阻值。

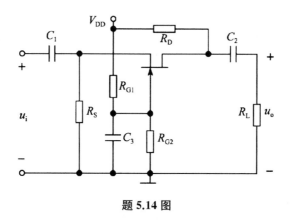

题 5.14 图

分析:该放大电路是由 N 沟道 JFET 构成的共栅组态基本放大电路。通过电路的动态分析,可以得到增益、输入电阻、输出电阻等动态参数。

解:1)画出微变等效电路如题 5.14 解图(a)所示:

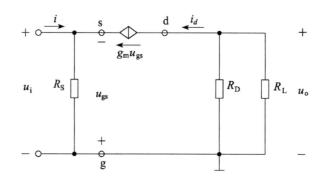

题 5.14 解图(a)

2)$\dot{A}_u = \dfrac{u_o}{u_i} = \dfrac{-g_m u_{gs} R'_L}{-u_{gs}} = g_m R'_L = 11$,其中 $R'_L = R_D // R_L = 1.1\,\text{k}\Omega$

$$R_i = \dfrac{u_i}{i} = \dfrac{-u_{gs}}{\dfrac{-u_{gs}}{R_S} - g_m u_{gs}} = \dfrac{R_S}{1+g_m R_S} = \dfrac{430}{1+10\times 0.43} \approx 81\,\Omega$$

3)求解输出电阻时等效电路的画法:将微变等效电路的输出端开路,信号源短路。画出电路如题 5.14 解图(b)所示:

$$R'_o = \dfrac{u}{i'} = r_{ds}$$

$$R_o = r_{ds} // R_D \approx R_D = 2.2\,\text{k}\Omega$$

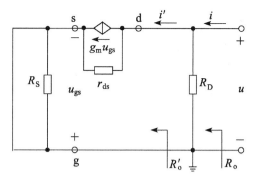

题 5.14 解图(b)

题 5.15 如题 5.15 图所示放大电路中,已知 $R_{G1}=560 \text{ k}\Omega$, $R_{G2}=1.2 \text{ M}\Omega$, $R_S=6.8 \text{ k}\Omega$, $R_L=12 \text{ k}\Omega$,在工作点处 MOS 管的跨导 $g_m=2 \text{ mS}$,r_{ds} 为无穷大,电容对交流信号可视为短路。1) 画出该放大电路的交流小信号等效电路。2) 求该放大电路的电压放大倍数、输入电阻和输出电阻。

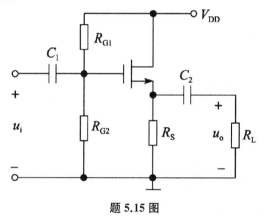

题 5.15 图

解:1) 本题为 N 沟道 MOS 管构成的共漏组态放大电路,其交流通路及微变等效电路如题 5.15 解图(a) 所示:

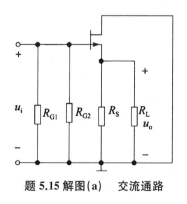

题 5.15 解图(a)　交流通路

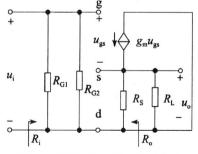

题 5.15 解图(b)　微变等效电路

2) ∵ $u_o=g_m u_{gs} R_L'$, $R_L'=R_S /\!/ R_L$

$u_i=u_{gs}+g_m u_{gs} R_L'$

$$\therefore \dot{A}_u = \frac{u_o}{u_i} = \frac{g_m u_{gs} R'_L}{u_{gs} + g_m u_{gs} R'_L} = \frac{g_m R'_L}{1 + g_m R'_L}$$

代入：$g_m = 2 \text{ mS}$，$R'_L = R_S // R_L = 6.8 // 12 = 4.34 \text{ k}\Omega$

得：$\dot{A}_u = \dfrac{g_m R'_L}{1 + g_m R'_L} = \dfrac{2 \times 4.34}{1 + 2 \times 4.34} \approx 0.9$

$$R_i = R_{G1} // R_{G2} = (560 \times 10^3) // (1.2 \times 10^6) = 382 \times 10^3 \text{ }\Omega$$

求输出电阻 R_o，将题 5.15 解图 (b) 中的输入端短路，输出端外加电压为 u，如题 5.15 解图 (c) 所示：

$u_{gs} = -u$

$i = \dfrac{u}{R_S} - g_m u_{gs} = \dfrac{u}{R_S} - g_m(-u) = \dfrac{u}{R_S} + g_m u$

$\therefore R_o = \dfrac{u}{i} = \dfrac{1}{g_m + \dfrac{1}{R_S}} = R_S \| \dfrac{1}{g_m} = 6.8 \| \dfrac{1}{2}$

$\approx 0.5 \text{ k}\Omega$

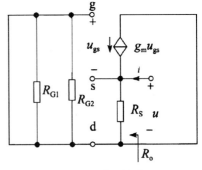

题 5.15 解图 (c)

题 5.16 已知某放大电路的电压增益函数为 $\dot{A}_u(f) = \dfrac{-100}{(1 + jf/10^6)(1 + jf/10^4)}$。1) 求其中频电压放大倍数。2) 试画出它的幅频波特图和相频波特图。

解：1) 中频电压放大倍数为：-100，用分贝表示为：40 dB，反相放大。

2) 从表达式可以看出，该放大电路低频截止频率为零，高频端有两个对应的频率点，分别为 10^4 Hz 和 10^6 Hz，可以画出对应的幅频特性、相频特性波特图如题 5.16 解图所示：

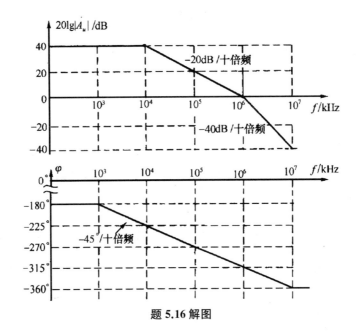

题 5.16 解图

题 5.17 已知放大电路的中频电压增益 $\dot{A}_{um}=-18$，$f_L=20\ \text{Hz}$，$f_H=2\ \text{MHz}$。1）试画出放大电路的波特图。2）当 $f=f_L$ 和 $f=f_H$ 时，电压放大倍数的模 $|\dot{A}_{um}|$ 和相角 φ 各为多少？

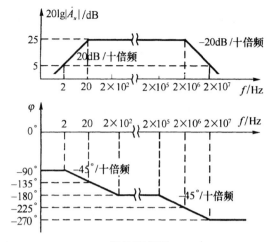

题 5.17 解图

解：1）按照参数可以写出该放大电路的电压表达式为：

$$\dot{A}_u(f)=\dfrac{-18}{\left(1-\text{j}\dfrac{20}{f}\right)\left(1+\text{j}\dfrac{f}{2\times 10^6}\right)}$$

增益 $\dot{A}_{um}=-18$，用分贝表示约为 25 dB，反相放大，对应的波特图如题 5.17 解图所示。

2）当 $f=f_L$ 时，电压放大倍数的模 $|\dot{A}_{um}|$ 约为 $0.707\times 18=12.7$ 倍，用分贝表示为 22 dB（在波特图表示法中有 3 dB 误差），相角 φ 为 $-135°$。

当 $f=f_H$ 时，电压放大倍数的模 $|\dot{A}_{um}|$ 约为 $0.707\times 18=12.7$ 倍，用分贝表示为 22 dB（在波特图表示法中有 3 dB 误差），相角 φ 为 $-225°$。

题 5.18 已知某晶体管电流放大倍数 $\dot{\beta}$ 的频率特性波特图如题 5.18 图所示。1）试写出 $\dot{\beta}$ 的频率特性表达式。2）画出其相频波特图。3）求出该管的 f_β、f_T、f_α。

解：1）由图可知：$\beta_0=60$ dB（$10^3=1\,000$ 倍）

$f_\beta=1.5\ \text{MHz}=1.5\times 10^6\ \text{Hz}$

$$\dot{\beta}=\dfrac{\beta_0}{1+\text{j}\dfrac{f}{f_\beta}}=\dfrac{1\,000}{1+\text{j}\dfrac{f}{1.5\times 10^6}}$$

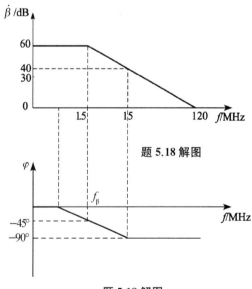

题 5.18 解图

2）相频波特图如题 5.18 解图所示。

3）$f_T=\beta_0 f_\beta=1\,000\times 1.5\times 10^6$
$=1.5\times 10^9\ \text{Hz}$

$f_\alpha=(1+\beta_0)f_\beta=(1+1\,000)\times 1.5\times 10^6$
$\approx 1.5\times 10^9\ \text{Hz}$

题 5.18 解图

题 5.19 假设两个单管共射放大电路的对数幅频特性分别如题 5.19 图（a）、(b) 所示。1）这两个放大电路的中频电压放大倍数各等于多少？2）下限频率 f_L 和上限频率 f_H 各等于多少？3）定性画出两个放大电路相应的对数相频特性。

解：1）题 5.19（a）图中 $A_{um}=40$ dB（$10^2=100$ 倍）

题 5.19（b）图中 $A_{um}=60$ dB（$10^3=1\,000$ 倍）

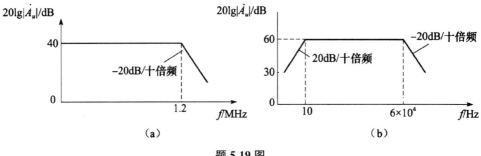

题 5.19 图

2) 题 5.19(a) 图中 $f_L = 0$ $f_H = 1.2$ MHz

题 5.19(b) 图中 $f_L = 10$ Hz $f_H = 6 \times 10^4$ Hz

3) 相频特性示意图如题 5.19 解图(a),(b) 所示:

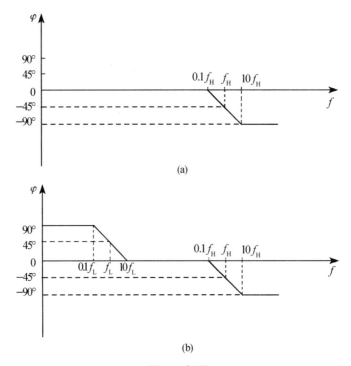

题 5.19 解图

题 5.20 如题 5.20 图所示的放大电路中,已知 $R_C = 2.2$ kΩ, $R_s = 300$ Ω, $R_L = 2.2$ kΩ, $R_E = 1$ kΩ, $R_{B1} = R_{B2} = 20$ kΩ, $C_1 = 10$ μF, $C_2 = 20$ μF, $C_E = 50$ μF。1) 假设 BJT 的 $\beta = 50$, $r_{be} = 1.2$ kΩ, 试画出低频微变等效电路,估算放大电路源电压放大倍数的低频截止频率 f_L。2) 假设 BJT 的 $g_m = 80$ mS, $r_{bb'} = 200$ Ω, $r_{b'e} = 800$ Ω, $C_{b'e} = 90$ pF, $C_{b'c} = 1$ pF, 试画出高频微变等效电路,并用开路时间常数法估算源电压增益的高频截止频率 f_H。

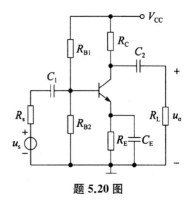

题 5.20 图

解: 1) 低频微变等效电路如题 5.20 解图(a)所示,参考教材分析可得简化电路如题 5.20 解图(b)所示:

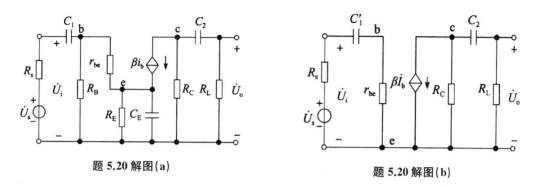

题 5.20 解图(a)　　　　题 5.20 解图(b)

由教材公式(5.3.37)可得:

$$C_1' = \frac{C_1 C_E}{(1+\beta)C_1 + C_E} = \frac{10 \times 50}{(1+50) \times 10 + 50} \approx 0.89\ \mu\text{F}$$

由教材公式(5.3.39)和(5.3.40)可得:

$$f_{L1} = \frac{1}{2\pi C_1'(R_s + r_{be})} = \frac{1}{2 \times 3.14 \times 0.89 \times 10^{-6} \times (300 + 1.2 \times 10^3)} \approx 119\ \text{Hz}$$

$$f_{L2} = \frac{1}{2\pi C_2(R_C + R_L)} = \frac{1}{2 \times 3.14 \times 20 \times 10^{-6} \times (2.2 \times 10^3 + 2.2 \times 10^3)} \approx 1.8\ \text{Hz}$$

因为 $f_{L2} \ll f_{L1}$,所以电路的低频截止频率为 $f_L = f_{L1} = 119\ \text{Hz}$

2) 参考教材分析可得高频微变等效电路如题 5.20 解图(c)所示,通过简化后的等效电路如题 5.20 解图(d)所示。

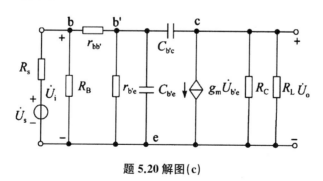

题 5.20 解图(c)

$\because C_M = C_{b'e} + C_{M1} = C_{b'e} + g_m R_L' C_{b'c}$

$R_L' = R_C // R_L = 2.2 // 2.2 = 1.1\ \text{k}\Omega$

$\therefore C_M = 90 \times 10^{-12} + 80 \times 10^{-3} \times 1.1 \times 10^3 \times 1 \times 10^{-12}$

$\qquad = 90 \times 10^{-12} + 88 \times 10^{-12}$

$\qquad = 178\ \text{pF}$

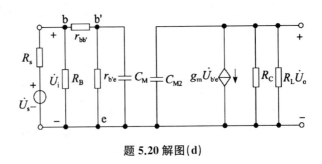

题 5.20 解图(d)

$$C_{M2}=C_{b'c}=1\text{ pF}$$

由教材公式(5.3.57)和(5.3.58)可得:

$$f_{H1}=\frac{1}{2\pi\tau_1}=\frac{1}{2\pi[(r_{bb'}+R_s//R_B)//r_{b'e}]\cdot C_M}$$

$$=\frac{1}{2\times3.14\times[(200+300//10^4)//800]\times178\times10^{-12}}$$

$$\approx 2.94\times10^6\text{ Hz}$$

其中 $R_L'=R_C//R_L=2.2//2.2=1.1\text{ k}\Omega$

$$f_{H2}=\frac{1}{2\pi\tau_2}=\frac{1}{2\pi R_L'C_{M2}}$$

$$=\frac{1}{2\times3.14\times1.1\times10^3\times1\times10^{-12}}$$

$$\approx 144.8\times10^6\text{ Hz}$$

因为 $f_{H2}\gg f_{H1}$,所以电路的高频截止频率为:

$$f_H=f_{H1}=2.94\text{ MHz}$$

题 5.21 如题 5.21 图所示的共源放大电路中,已知 $R_G=10\text{ k}\Omega$, $R_{G1}=10\text{ M}\Omega$, $R_{G2}=660\text{ k}\Omega$, $R_D=2.2\text{ k}\Omega$, $R_S=680\text{ }\Omega$, $R_L=56\text{ k}\Omega$, $C_1=C_2=0.05\text{ }\mu\text{F}$, $C_S=5\text{ }\mu\text{F}$, 假设 JFET 的 $g_m=2.4\text{ mS}$, $r_{ds}=200\text{ k}\Omega$, $C_{gs}=5\text{ pF}$, $C_{gd}=1\text{ pF}$。估算该放大器的源电压增益、低频截止频率 f_L、高频截止频率 f_H 及通频带 BW。

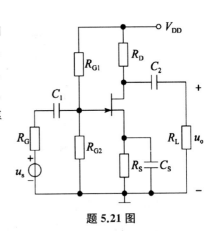

题 5.21 图

解:(1) 估算放大器的源电压增益
低频等效电路如题 5.21 解图(a) 所示:

$$\dot{A}_{us}=-g_m(R_D//R_L)\frac{R_{G1}//R_{G2}}{R_G+R_{G1}//R_{G2}}$$

因为 $R_G\ll R_{G1}//R_{G2}$
所以

$$\dot{A}_{us}\approx -g_m(R_D//R_L)=-2.4\times(2.2//56)=-5.3$$

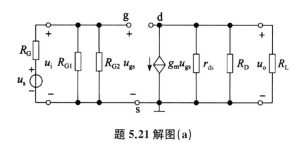

题5.21解图(a)

(2) 分析低频特性时,需要考虑耦合电容和源极旁路电容,可以画出其等效电路,如题5.21解图(b)所示:

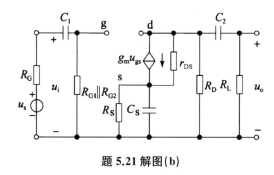

题5.21解图(b)

下限截止频率可以通过计算由电容 C_1、C_2 和 C_S 分别单独作用得到的频率来分析:

C_1 单独作用时,C_2 和 C_S 视为短路,则对应的下限截止频率为:

$$f_{L1} = \frac{1}{2\pi(R_G + R_{G1}//R_{G2})C_1}$$

$$= \frac{1}{2 \times 3.14 \times (10 \times 10^3 + 10 \times 10^6 // 660 \times 10^3) \times 0.05 \times 10^{-6}}$$

$$\approx 4.8 \text{ Hz}$$

C_2 单独作用时,C_1 和 C_S 视为短路,则对应的下限截止频率为:

$$f_{L2} = \frac{1}{2\pi(R_L + R_D//r_{ds})C_2}$$

$$= \frac{1}{2 \times 3.14 \times (56 \times 10^3 + 2.2 \times 10^3 // 200 \times 10^3) \times 0.05 \times 10^{-6}}$$

$$\approx 54.7 \text{ Hz}$$

C_S 单独作用时,C_1 和 C_2 视为短路,则对应的下限截止频率为:

$$f_{L3} = \frac{1}{2\pi R_S C_S}$$

$$= \frac{1}{2 \times 3.14 \times 680 \times 5 \times 10^{-6}}$$

$$\approx 46.8 \text{ Hz}$$

由于 C_2 和 C_S 对应的下限截止频率比较相近,所以电路的下限截止频率可以用近似公式计算为:

$$f_L \approx 1.1\sqrt{f_{L1}^2 + f_{L2}^2 + f_{L2}^2}$$
$$= 1.1\sqrt{4.8^2 + 54.7^2 + 46.8^2}$$
$$\approx 79.4 \text{ Hz}$$

(3) 上限截止频率计算,考虑场效应管的极间电容的影响,可以得到其高频交流等效电路如题 5.21 解图(c) 所示:

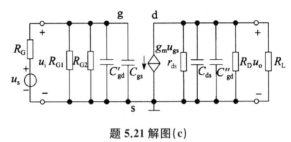

题 5.21 解图(c)

由密勒定理可知,其中:

$$C'_{gd} = (1 - \dot{A}_u)C_{gd} \approx (1 + 5.3) \times 1 \text{ pF} = 6.3 \text{ pF}$$

$$C''_{gd} = \left(1 - \frac{1}{\dot{A}_u}\right)C_{gd} \approx \left(1 + \frac{1}{5.3}\right) \times 1 \text{ pF} \approx 1.2 \text{ pF}$$

分别由输入端电容和输出端电容确定的上限截止频率为:

$$f_{H1} = \frac{1}{2\pi(R_G // R_{G1} // R_{G2})(C'_{gd} + C_{gs})}$$
$$= \frac{1}{2 \times 3.14 \times (10 \times 10^3 // 10 \times 10^6 // 660 \times 10^3) \times (6.3 + 5) \times 10^{-12}}$$
$$\approx 1.4 \times 10^6 \text{ Hz}$$
$$= 1.4 \text{ MHz}$$

$$f_{H2} = \frac{1}{2\pi(R_L // R_D // r_{ds})(C_{ds} + C'_{gd})}$$
$$= \frac{1}{2 \times 3.14 \times (56 \times 10^3 // 2.2 \times 10^3 // 200 \times 10^3) \times 1.2 \times 10^{-12}}$$
$$\approx 60.3 \times 10^6 \text{ Hz}$$
$$= 60.3 \text{ MHz}$$

由于 $f_{H2} \gg f_{H1}$

所以电路的上限频率为: $f_H = f_{H1} = 1.4 \text{ MHz}$

放大电路的频带宽度为: $BW = f_H - f_L \approx f_H = 1.4 \text{ MHz}$

题 5.22 如题 5.22 图所示的共源放大器的高频模型,已知 $R_G = 2 \text{ M}\Omega$, $R_L = 8.2 \text{ k}\Omega$, $r_{ds} = 200 \text{ k}\Omega$, $g_m = 2 \text{ mS}$, $C_{gs} = 12 \text{ pF}$, $C_{gd} = 1 \text{ pF}$, $C_{ds} = 1 \text{ pF}$, 负载电容 $C_L = 100 \text{ pF}$。试用

开路时间常数法估算高频截止频率 f_H。

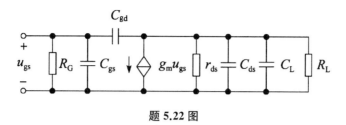

题 5.22 图

解：由密勒定理可知，电容 C_{gd} 可以分别转换到输入端和输出端，如题 5.22 解图所示。

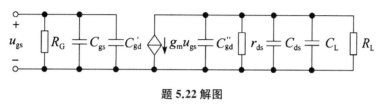

题 5.22 解图

其中等效电容值分别为：

$$C'_{gd}=(1+g_m R'_L)C_{gd}\approx(1+2\times 8.2)\times 1\text{ pF}=17.4\text{ pF}$$

$$C''_{gd}=\left(1+\frac{1}{g_m R'_L}\right)C_{gd}\approx\left(1+\frac{1}{2\times 8.2}\right)\times 1\text{ pF}\approx 1.06\text{ pF}$$

C_{gs}、C'_{gd} 单独作用时：

$$\tau_1=R_G(C_{gs}+C'_{gd})=2\times 10^6\times(12\times 10^{-12}+17.4\times 10^{-12})=58.8\times 10^{-6}$$

C_{ds}、C''_{gd}、C_L 单独作用时：

$$\tau_2=(r_{ds}//R_L)(C_{ds}+C_L+C''_{gd})=(200\times 10^3//8.2\times 10^3)\times(1+100+1.06)\times 10^{-12}$$
$$\approx 0.841\times 10^{-6}$$

$\because \tau_1\gg\tau_2$

$\therefore f_H\approx\dfrac{1}{2\pi\tau_1}=\dfrac{1}{2\pi\times 58.8\times 10^{-6}}\approx 2.7\times 10^3\text{ Hz}$

题 5.23 题 5.23 图为一单级放大电路的模型。1) 如果将同类的两级进行级联，试求总的电压放大倍数。2) 若级联成多级放大器，第一级的输入端与内阻为 $R_s=1\text{ k}\Omega$ 的信号源相连，输出级的输出端与 $R_L=8\text{ k}\Omega$ 的负载相连，为满足电压增益 $\dot{A}_u\geqslant 10^4$，试问至少需要级联多少级？

分析：对于多级放大电路，其总的放大倍数是每个单级放大电路放大倍数的乘积，但要注意的是：后级放大电路的输入电阻是前级放大电路的负载，当两级级联后，后级的输入电阻会影响到前级放大电路的放大倍数，如题 5.23 解图 (a) 所示。

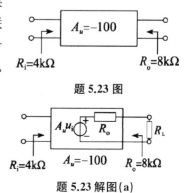

题 5.23 图

题 5.23 解图(a)

加上负载电阻 R_L 后,输出电压将在内阻和负载电阻上分压,即:

$$u_o = \frac{R_L}{R_o + R_L} A_u u_i$$

所以放大倍数也将变为:

$$\dot{A}_u' = \frac{u_o}{u_i} = \frac{R_L}{R_o + R_L} \dot{A}_u$$

类似分析,当输入端加上内阻为 R_s 的信号源时,其源电压放大倍数也将变小为:

$$\dot{A}_{us}'' = \frac{R_i}{R_s + R_i} \times \dot{A}_u$$

解:1) 两级级联后的电路结构如题 5.23 解图(b)所示:

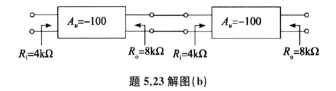

题 5.23 解图(b)

后级的加入导致前级的放大倍数变小。

由于 $R_o = 8\text{ k}\Omega$, $R_i = 4\text{ k}\Omega$,第一级的放大倍数变成:

$$\dot{A}_u' = -\frac{4}{8+4} \times 100 = -33.3$$

两级的放大倍数为:

$$\dot{A}_u = (-33.3) \times (-100) = 3\,330$$

2) 当最后级加上负载 $R_L = 8\text{ k}\Omega$ 时,其对应的放大倍数变成:

$$\dot{A}_u' = -\frac{8}{8+8} \times 100 = -50$$

同样第一级加上内阻 $R_s = 1\text{ k}\Omega$ 的信号源,再和第二级级联时,其对应的源电压放大倍数也将变成:

$$\dot{A}_{us}'' = -\frac{4}{1+4} \times \frac{4}{8+4} \times 100 = -26.7$$

所以加上信号源和负载后,二级放大电路的源电压放大倍数为:

$$\dot{A}_u = (-26.7) \times (-50) = 1\,335$$

达不到题目要求的大于 10^4,如果中间再增加一级,则放大倍数将变成:

$$\dot{A}_u = (-26.7) \times (-33.3) \times (-50) = -44\,455.5$$

放大倍数模值大于 10^4,满足题目要求。

即至少需要三级放大电路级联,才能满足要求。

题 5.24 如题 5.24 图所示的两级级联的放大电路中,已知 $V_{CC}=12$ V,$R_s=300$ Ω,$R_1=100$ kΩ,$R_2=80$ kΩ,$R_{C1}=4$ kΩ,$R_{C2}=5.1$ kΩ,$R_E=4.3$ kΩ,$R_L=10$ kΩ,所有电容对于交流信号而言可视为短路;假设 VT_1 和 VT_2 的小信号参数分别为 $\beta_1=25$、$U_{BE1}=0.7$ V、$r_{bb'1}=300$ Ω 和 $\beta_2=100$、$U_{BE2}=-0.3$ V、$r_{bb'2}=300$ Ω。1) 画出直流通路,并估算静态工作点。2) 画出放大器中频段的交流通路。3) 求放大器中频段的源电压放大倍数、输入电阻与输出电阻。

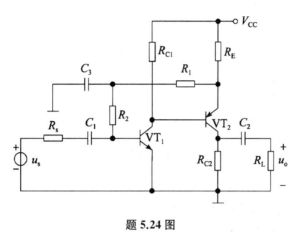

题 5.24 图

分析: 本题为两级直接耦合的放大电路,前级为 NPN 管构成的共发射极电路,后级为 PNP 管构成的共发射极电路,利用 R_1 和 R_2 支路给 VT_1 管提供直流偏置。

解: 1) 直流通路如题 5.24 解图(a) 所示:

静态工作点的估算:

$$\begin{cases} I_{B1}=\dfrac{U_{E2}-U_{BE1}}{R_1+R_2} \\ U_{C1}=V_{CC}-\beta_1 I_{B1} R_{C1} \\ U_{E2}=U_{C1}-U_{BE2} \end{cases}$$

整理得:

$$U_{E2}+U_{BE2}=V_{CC}-\beta_1 \dfrac{U_{E2}-U_{BE1}}{R_1+R_2} R_{C1}$$

$$U_{E2}=\dfrac{(R_1+R_2)(V_{CC}-U_{BE2})+\beta_1 R_{C1} U_{BE1}}{R_1+R_2+\beta_1 R_{C1}}$$

$$=\dfrac{(100+80)(12+0.3)+25\times 4\times 0.7}{100+80+25\times 4}$$

$$\approx 8.2 \text{ V}$$

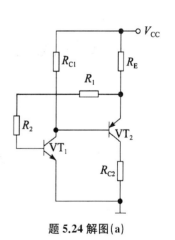

题 5.24 解图(a)

$U_{CE1}=U_{C1}=U_{E2}+U_{BE2}=8.2-0.3=7.9$ V

$$I_{E1} = \frac{V_{CC} - U_{C1}}{R_{C1}} = \frac{12 - 7.9}{4} \approx 1 \text{ mA}$$

$$I_{C2} \approx I_{E2} \approx \frac{V_{CC} - U_{E2}}{R_E} = \frac{12 - 8.2}{4.3} \approx 0.88 \text{ mA}$$

$$U_{C2} = I_{C2} R_{C2} = 0.88 \times 5.1 \approx 4.5 \text{ V}$$

$$U_{CE2} = U_{C2} - U_{E2} = 4.5 - 8.2 = -3.7 \text{ V}$$

2) 中频段交流通路如题 5.24 解图(b) 所示：

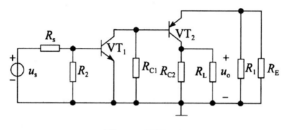

题 5.24 解图(b)

3) 计算源电压放大倍数、输入电阻、输出电阻

电路由 2 级共发射极放大电路级联而成，可以利用共发射极电路特性计算
第一级源电压放大倍数为：

$$\dot{A}_{us1} = -\frac{\beta_1 R'_{L1}}{r_{be1}} \cdot \frac{R_i}{R_s + R_i}$$

其中： $R'_{L1} = R_{C1} /\!/ R_{i2}$, $R_i = R_2 /\!/ r_{be1}$

第二级放大倍数为：

$$\dot{A}_{u2} = -\frac{\beta R'_{L2}}{r_{be2} + (1+\beta_2) R'_{E2}}$$

其中： $R'_{L2} = R_{C2} /\!/ R_L$, $R'_{E2} = R_1 /\!/ R_E$

总的源电压放大倍数为：

$$\dot{A}_{us} = \dot{A}_{us1} \dot{A}_{u2}$$

因为：

$$r_{be1} = r_{bb'1} + (1+\beta_1)\frac{26}{I_{E1}} = 300 + (1+25)\frac{26}{1} = 976 \text{ }\Omega \approx 1 \text{ k}\Omega$$

$$r_{be2} = r_{bb'2} + (1+\beta_2)\frac{26}{I_{E2}} = 300 + (1+100)\frac{26}{0.88} = 3\,284 \text{ }\Omega \approx 3.3 \text{ k}\Omega$$

$$R'_{L1} = R_{C1} /\!/ R_{i2} = 4 /\!/ [r_{be2} + (1+\beta_1)(R_E /\!/ R_1)]$$
$$= 4 /\!/ [3.3 + (1+100) \times (4.3 /\!/ 100)] \approx 4 \text{ k}\Omega$$

$$R'_{L2}=R_{C2}/\!/R_L=5.1/\!/10\approx 3.4\ \text{k}\Omega$$
$$R_i=R_2/\!/r_{be1}=80/\!/1\approx 1\ \text{k}\Omega$$
$$R'_{E2}=R_1/\!/R_E=100/\!/4.3\approx 4.3\ \text{k}\Omega$$

所以：
$$\dot A_{us1}=-\frac{25\times 4}{1}\times\frac{1}{0.3+1}\approx -76.9$$
$$\dot A_{u2}=-\frac{100\times 3.4}{3.3+(1+100)\times 4.3}\approx -0.78$$
$$\dot A_{us}=(-76.9)\times(-0.78)\approx 60$$

题 5.25 如题 5.25 图所示的放大电路中，已知 $V_{CC}=12\ \text{V}$，$R_{B1}=330\ \text{k}\Omega$，$R_{E1}=12\ \text{k}\Omega$，$R_{E2}=2\ \text{k}\Omega$，$R_{B21}=56\ \text{k}\Omega$，$R_{B22}=16\ \text{k}\Omega$，$R_{C2}=5.6\ \text{k}\Omega$，所有电容对交流信号可视为短路；$VT_1$ 和 VT_2 的 $\beta_1=\beta_2=40$，$r_{bb'1}=r_{bb'2}=200\ \Omega$，$U_{BE1}=-0.7\ \text{V}$，$U_{BE2}=0.7\ \text{V}$。1) 试求电压放大倍数，并说明 u_o 与 u_i 的相位关系。2) 求输入电阻及输出电阻。

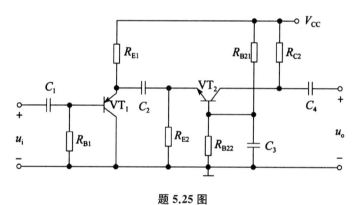

题 5.25 图

分析： 本题为由 PNP 型三极管 VT_1 构成的共集电极放大电路和由 NPN 型三极管 VT_2 构成的共基极放大电路通过电容 C_2 耦合的两级放大电路。VT_1 为固定式偏压方式，VT_2 为分压式偏置，由 R_{B21} 和 R_{B22} 分压提供 VT_2 的基极电压，C_3 为基极旁路电容。

解： 1) 要计算放大倍数，需要知道 r_{be}，所以先分析电路的静态工作电流。

第一级静态电流计算：

因为：$I_{E1}R_{E1}-U_{BE1}+\dfrac{I_{E1}}{1+\beta_1}R_{B1}=V_{CC}$

$$I_{E1}=\frac{V_{CC}+U_{BE1}}{R_{E1}+\dfrac{R_{B1}}{1+\beta_1}}=\frac{12-0.7}{12+\dfrac{330}{1+40}}\approx 0.56\ \text{mA}$$

所以：
$$r_{be1}=r_{bb'1}+(1+\beta_1)\frac{26}{I_{E1}}=200+(1+40)\frac{26}{0.56}=2\,104\ \Omega\approx 2.1\ \text{k}\Omega$$

第二级静态电流计算：

因为：$U_{B2} = \dfrac{R_{B22}}{R_{B21}+R_{B22}} V_{CC} = \dfrac{16}{56+16} \times 12 \approx 2.7 \text{ V}$

$$I_{E2} = \dfrac{U_{B2}-U_{BE2}}{R_{E2}} = \dfrac{2.7-0.7}{2} = 1 \text{ mA}$$

所以：

$$r_{be2} = r_{bb'2} + (1+\beta_2)\dfrac{26}{I_{E2}} = 200 + (1+40)\dfrac{26}{1} = 1\,266 \text{ }\Omega \approx 1.3 \text{ k}\Omega$$

交流通路如题 5.25 解图所示。
计算电路的放大倍数：
第一级为共集电极电路：

因为：$\dot{A}_{u1} = \dfrac{(1+\beta_1)R'_{L1}}{r_{be1}+(1+\beta_1)R'_{L1}}$

其中：$R'_{L1} = R_{E1} // R_{E2} // \dfrac{r_{be2}}{1+\beta_2} \approx \dfrac{r_{be2}}{1+\beta_2}$

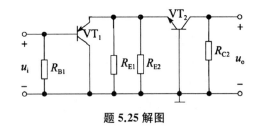

题 5.25 解图

所以：$\dot{A}_{u1} = \dfrac{(1+\beta_1)\dfrac{r_{be2}}{1+\beta_2}}{r_{be1}+(1+\beta_1)\dfrac{r_{be2}}{1+\beta_2}} = \dfrac{r_{be2}}{r_{be1}+r_{be2}} = \dfrac{1.3}{2.1+1.3} \approx 0.38$

第二级为共基极电路：

$$\dot{A}_{u2} = \dfrac{\beta R_{C2}}{r_{be2}} = \dfrac{40 \times 5.6}{1.3} \approx 172$$

所以电路总的电压放大倍数为：

$$\dot{A}_u = \dot{A}_{u1}\dot{A}_{u2} = 0.38 \times 172 = 65.4$$

由于共集电极电路和共基极电路都为同相放大，所以放大电路总的放大倍数也为同相放大，即放大倍数为大于零的数。

2) 输入电阻输出电阻计算：

$$R_i = R_{B1} // [r_{be1}+(1+\beta_1)R'_{L1}] = R_{B1} // \left[r_{be1}+(1+\beta_1)\dfrac{r_{be2}}{1+\beta_2}\right] = R_{B1} // (r_{be1}+r_{be2})$$

$\approx r_{be1} + r_{be2} = 2.1 + 1.3 = 3.4 \text{ k}\Omega$

$R_o = R_{C2} = 5.6 \text{ k}\Omega$

题 5.26 如题 5.26 图所示的组合放大电路，所有电容对于交流信号可视为短路；设各三极管参数相同：$\beta=80$、$r_{bb'}=200 \text{ }\Omega$、$U_{BE}=0.7 \text{ V}$。1) VT_2、VT_3 构成的复合管导电性质，并求复合管的等效 β 值与输入电阻。2) 求静态工作点。3) 求电压放大倍数 A_u、输入电阻 R_i、输出电阻 R_o。

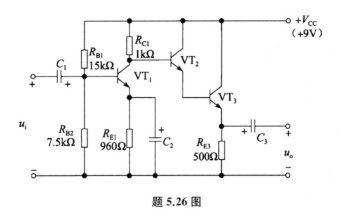

题 5.26 图

分析：本题为一直接耦合放大电路。第一级为分压式偏置共发射极放大电路。第二级由 VT_2、VT_3 构成复合管，以共集电极组态构成电压跟随器输出。

解：1) 由复合管构成原则与特性分析可知，VT_2 和 VT_3 是两个 NPN 管复合，构成的复合管特性由第一个三极管决定，所以复合后的三极管特性还是一个 NPN 型三极管，其等效的 β 值为两个复合管 β 值的乘积，即：

$$\beta = \beta_2 \cdot \beta_3 = 80 \times 80 = 6\,400$$

复合管等效的输入电阻为：

$$r_{be} = r_{be2} + (1+\beta_2) r_{be3}$$

2) 静态计算在直流通路上进行，电路如题 5.26 解图(a) 所示。

$$\because U_{B1} = \frac{R_{B2}}{R_{B1}+R_{B2}} V_{CC} = \frac{7.5}{15+7.5} \times 9 = 3 \text{ V}$$

$$\therefore I_{C1Q} \approx I_{E1Q} = \frac{U_{B1}-U_{BE1}}{R_{E1}} = \frac{3-0.7}{0.96} \approx 2.4 \text{ mA}$$

$$U_{C1} = V_{CC} - I_{C1} R_{C1} = 9 - 2.4 \times 1 = 6.6 \text{ V}$$

$$U_{E1} = U_{B1} - U_{BE1} = 3 - 0.7 = 2.3 \text{ V}$$

$$U_{CE1} = U_{C1} - U_{E1} = 6.6 - 2.3 = 4.3 \text{ V}$$

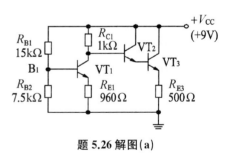

题 5.26 解图(a)

$$I_{C3Q} \approx I_{E3Q} = \frac{U_{C1}-U_{BE2}-U_{BE3}}{R_E} = \frac{6.6-0.7-0.7}{0.5 \text{ k}\Omega} = 10.4 \text{ mA}$$

$$I_{C2Q} \approx I_{E2Q} = I_{B3Q} = \frac{I_{C3Q}}{\beta_3} = 0.13 \text{ mA} = 130 \text{ }\mu\text{A}$$

$$U_{CE2} = V_{CC} - (U_{C1}-U_{BE2}) = 9 - (6.6-0.7) = 3.1 \text{ V}$$

$$U_{CE3} = V_{CC} - (U_{C1}-U_{BE2}-U_{BE3}) = 9 - (6.6-0.7-0.7) = 3.8 \text{ V}$$

3) 交流通路如题 5.26 解图(b) 所示，微变等效电路如题 5.26 解图(c) 所示：

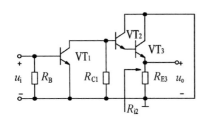 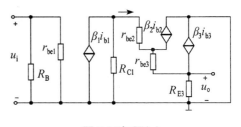

题 5.26 解图(b)　　　　　　题 5.26 解图(c)

$\because R_{i2} = r_{be2} + (1+\beta_2)[r_{be3} + (1+\beta_3)R_{E3}]$

或利用复合管特性：

$R_{i2} = r_{be} + (1+\beta)R_{E3}$

$\because R_{i2} \gg R_{C1}$

$\therefore \dot{A}_{u1} = -\beta_1 \dfrac{R_{C1} // R_{i2}}{r_{be1}} \approx -\beta_1 \dfrac{R_{C1}}{r_{be1}}$

$r_{be1} = r_{bb'} + (1+\beta_1)\dfrac{26}{I_{E1Q}} = 200 + (1+80) \times \dfrac{26}{2.4} = 1\,078\ \Omega \approx 1.1\ \text{k}\Omega$

$\therefore \dot{A}_{u1} = -80 \times \dfrac{1}{1.1} \approx -73$

$\dot{A}_{u2} \approx 1$

$\therefore \dot{A}_u = \dot{A}_{u1} \cdot \dot{A}_{u2} = -73$

电路的输入电阻为：

$\because R_i = R_B // r_{be1}$

$R_B = R_{B1} // R_{B2} = 15 // 7.5 = 5\ \text{k}\Omega$

$r_{be1} = 1.1\ \text{k}\Omega$

$\therefore R_i \approx 0.9\ \text{k}\Omega$

输出电阻计算：由 VT_2 发射极看进去的输出电阻为：

$R_{o2} = \dfrac{r_{be2} + R_{C1}}{1+\beta_2}$

$\therefore R_o = R_{E3} // \dfrac{r_{be3} + R_{o2}}{1+\beta_3} = R_{E3} // \dfrac{r_{be3} + \dfrac{r_{be2} + R_{C1}}{1+\beta_2}}{1+\beta_3}$

$\because r_{be3} = r_{bb'} + (1+\beta_3)\dfrac{26}{I_{E3Q}} = 200 + (1+80) \times \dfrac{26}{10.4} = 403\ \Omega$

$r_{be2} = r_{bb'} + (1+\beta_2)\dfrac{26}{I_{E2Q}} = 200 + (1+80) \times \dfrac{26}{0.13} = 16.4\ \text{k}\Omega$

$\therefore R_o = R_{E3} // \dfrac{r_{be3} + \dfrac{r_{be2} + R_{C1}}{1+\beta_2}}{1+\beta_3} \approx 7\ \Omega$

如果将 VT_2，VT_3 做复合管处理，

$$\beta = \beta_2 \times \beta_3 = 6\,400$$
$$r_{be} = r_{be2} + (1+\beta_2)r_{be3} = 16.4 + (1+80) \times 0.403 \approx 49 \text{ k}\Omega$$
$$\therefore R_o = R_{E3} \mathbin{/\mkern-6mu/} \frac{r_{be}+R_{C1}}{1+\beta} \approx 7 \text{ }\Omega,\text{与前面计算的结果一致。}$$

题 5.27 如题 5.27 图所示的放大电路中，所有电容对于交流信号而言都可视为短路，场效应管的 $g_m = 3$ mS，$r_{ds} = 100$ kΩ，三极管的 $\beta = 80$、$r_{be} = 1$ kΩ、r_{ce} 为无穷大。1) 画出放大电路的微变等效电路。2) 计算放大电路的中频电压增益、输入电阻和输出电阻。

分析：本题为共源组态放大电路与共基组态放大电路的组合。二级放大电路之间采用了直接耦合的方式。由于第一级的漏极电流与第二级的射极电流相同，所以在电阻 R_{C2} 中流过的电流近似为场效应管的漏极电流，这和一个单级共源组态放大电路很相似。所以这一电路的电压放大倍数与单级共源组态放大电路的放大倍数应近似相同。

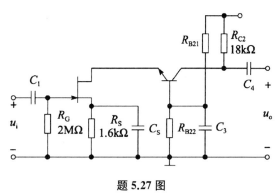

题 5.27 图

解：1) 其交流通路如题 5.27 解图(a) 所示，微变等效电路如题 5.27 解图(b) 所示：

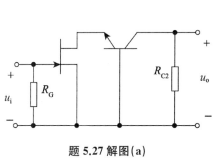

题 5.27 解图(a)　　　　题 5.27 解图(b)

2) 解法一：
$$u_o = -\beta i_b R_{C2}$$
$$\because r_{ds} \gg r_{be}$$
$$\therefore g_m u_{gs} \approx (1+\beta) i_b$$
$$\therefore u_o = -\beta \frac{g_m u_{gs}}{1+\beta} R_{C2} \approx -g_m u_{gs} R_{C2}$$
$$\because u_{gs} = u_i$$
$$\therefore \dot{A}_u = \frac{u_o}{u_i} = \frac{-g_m u_{gs} R_{C2}}{u_{gs}} = -g_m R_{C2} = -3 \times 18 = -54$$

$R_i = R_G = 2$ MΩ

$R_o = R_{C2} = 18$ kΩ

解法二：如果以两级放大电路分开求解，第一级为共源放大电路，则：
$$\dot{A}_{u1} = -g_m R_L' = -g_m(r_{ds} \mathbin{/\mkern-6mu/} R_{i2})$$

$$R_{i2} = \frac{r_{be}}{1+\beta}$$

$$\because r_{ds} \gg R_{i2}$$

$$\therefore \dot{A}_{u1} \approx -g_m R_{i2} = -\frac{g_m r_{be}}{1+\beta}$$

第二级共基电路：

$$\dot{A}_{u2} = \frac{\beta R_{C2}}{r_{be}}$$

总的放大倍数为：

$$\dot{A}_u = \dot{A}_{u1} \cdot \dot{A}_{u2} = -\frac{g_m r_{be}}{1+\beta} \cdot \frac{\beta R_{C2}}{r_{be}} \approx -g_m R_{C2}$$

与上述分析结果一致。

题 5.28 某放大电路的电压增益函数的幅频响应波特图如题 5.28 图所示。1) 写出电压增益函数的表达式。2) 若将两个具有如题 5.28 图所示的幅频响应的放大电路进行级联，试求级联放大电路的 3 dB 上限截止频率 f_H 和下限截止频率 f_L。

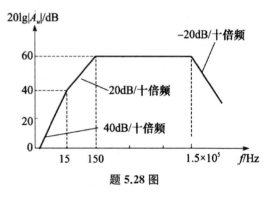

题 5.28 图

分析：由图可知，该放大电路的中频电压增益为 60 dB，即 1 000 倍，上限截止频率为 1.5×10^5 Hz，下限有两个转折点频率，对应的分别为 150 Hz 和 15 Hz。由于两个转折频率相差有 10 倍，所以其下限频率为 150 Hz。

解：1) 电压增益表达式

由放大电路幅频特性分析可得：

$$\because \dot{A}_u = \dot{A}_{uM} \times \frac{1}{1-j\frac{f_{L1}}{f}} \times \frac{1}{1-j\frac{f_{L2}}{f}} \times \frac{1}{1+j\frac{f}{f_H}}$$

$$\therefore \dot{A}_u = 1\,000 \times \frac{1}{1-j\frac{150}{f}} \times \frac{1}{1-j\frac{15}{f}} \times \frac{1}{1+j\frac{f}{1.5 \times 10^5}}$$

2) 当同样的二级电路级联后，由教材公式(5.4.34)可得：

$$f_{Htotal} = \sqrt{2^{\frac{1}{n}} - 1} \times f_H = 0.64 \times 1.5 \times 10^5 = 9.6 \times 10^4 \text{ Hz}$$

类似：

$$f_{Ltotal} = \frac{1}{\sqrt{2^{\frac{1}{n}} - 1}} \times f_L = 1.55 \times 150 = 232.5 \text{ Hz}$$

当有两个下限截止频率时,可以将归一化低频特性表示为:

$$\dot{A} = \frac{1}{\left(1-\mathrm{j}\dfrac{f_{L1}}{f}\right)\left(1-\mathrm{j}\dfrac{f_{L2}}{f}\right)} = \frac{1}{1-\left(\mathrm{j}\dfrac{f_{L1}}{f}+\mathrm{j}\dfrac{f_{L2}}{f}\right)-\dfrac{f_{L1}f_{L2}}{f^2}}$$

根据截止频率的概念,令 $|\dot{A}| = \dfrac{1}{\sqrt{2}}$

即:

$$\left(1-\frac{f_{L1}f_{L2}}{f^2}\right)^2 + \left(\frac{f_{L1}}{f}+\frac{f_{L2}}{f}\right)^2 = 2$$

$$1 - 2\frac{f_{L1}f_{L2}}{f^2} + \frac{f_{L1}^2 f_{L2}^2}{f^4} + \frac{f_{L1}^2}{f^2} + 2\frac{f_{L1}f_{L2}}{f^2} + \frac{f_{L2}^2}{f^2} = 2$$

$$\frac{f_{L1}^2 f_{L2}^2}{f^4} + \frac{f_{L1}^2}{f^2} + \frac{f_{L2}^2}{f^2} - 1 = 0$$

$$f^4 - (f_{L1}^2 + f_{L2}^2)f^2 - f_{L1}^2 f_{L2}^2 = 0$$

$$\therefore f^2 = \frac{(f_{L1}^2 + f_{L2}^2) \pm \sqrt{(f_{L1}^2 + f_{L2}^2)^2 + 4f_{L1}^2 f_{L2}^2}}{2}$$

$$\therefore f = \sqrt{\frac{(f_{L1}^2 + f_{L2}^2) + \sqrt{(f_{L1}^2 + f_{L2}^2)^2 + 4f_{L1}^2 f_{L2}^2}}{2}}$$

当 $f_{L1} = f_{L2}$ 时:

$$f = \sqrt{\frac{2f_{L1}^2 + \sqrt{4f_{L1}^4 + 4f_{L1}^4}}{2}} = \sqrt{1+\sqrt{2}}\, f_{L1} = 1.55 f_{L1}$$

题 5.29 某放大电路的幅频特性如题 5.29 图所示。1) 试说明该电路的耦合方式,并判断是单级放大电路还是多级放大电路? 2) 当 $f = 10^4$ Hz 时,附加相移为多少? 当 $f = 10^5$ Hz 时,附加相移又约为多少? 并近似估算该电路的上限频率 f_H。3) 写出该电路电压放大倍数的表达式。

解: 1) 放大电路的幅频特性表示了一个放大电路的放大倍数(增益)在不同的频率下的取值,由图示幅频特性可知,该放大电路的下限截止频率为零,表示该放大电路可以放大直流信号,所以它的耦合方式为直流耦合。 而在上限截止频率

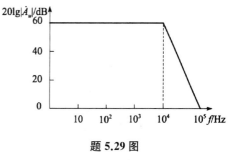

题 5.29 图

10^4 Hz 后衰减速率达到每十倍频程 60 dB,所以应该为多级放大器接连后的结果。

2) 按照每一个独立的 RC 回路有一个截止频率,对应的幅频特性衰减速率为每十倍频程 20 dB,图示幅频特性为每十倍频程 60 dB,所以应该为有 3 个独立 RC 回路构成的放大器,由幅频特性和相频特性的对应关系,在每个截止频率处有 45°的附加相移,所以当 $f = 10^4$ Hz

时,附加相移为 135°,而当 $f=10^5$ Hz 时,附加相移约为 270°。电路的上限截止频率为 10^4 Hz。

3）该电路的放大电路表达式为：

$$\dot{A}_\mathrm{u}=10^3\times\left(\frac{1}{1+\mathrm{j}\dfrac{f}{f_\mathrm{H1}}}\right)^3$$

因为：$f_\mathrm{H}=\sqrt{2^{\frac{1}{n}}-1}\times f_\mathrm{H1}$

所以：$f_\mathrm{H1}=\dfrac{1}{\sqrt{2^{\frac{1}{3}}-1}}f_\mathrm{H}=\dfrac{1}{\sqrt{2^{\frac{1}{3}}-1}}\times 10^4=1.96\times 10^4$ Hz

题 5.30 题 5.30 图所示是直接耦合共射-共基宽带放大电路的交流通路,设 VT_1 和 VT_2 的 $\beta=80$,$r_\mathrm{bb'1}=r_\mathrm{bb'2}=200\ \Omega$,$r_\mathrm{b'e1}=10\ \mathrm{k}\Omega$,$C_\mathrm{b'e1}=3\ \mathrm{pF}$,$C_\mathrm{b'e2}=6\ \mathrm{pF}$,$r_\mathrm{b'e2}=5\ \mathrm{k}\Omega$,$C_\mathrm{b'c1}=C_\mathrm{b'c2}=1\ \mathrm{pF}$,$g_\mathrm{m1}=8\ \mathrm{mS}$,$g_\mathrm{m2}=15\ \mathrm{mS}$,$R_\mathrm{s}=1\ \mathrm{k}\Omega$,$R_\mathrm{E1}=50\ \Omega$,$R'_\mathrm{L}=2\ \mathrm{k}\Omega$。1）画出高频微变等效电路。2）试求 A_usm。3）试用开路时间常数法估算其带宽 BW。

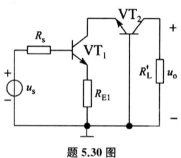

题 5.30 图

解：1）高频微变等效电路如题 5.30 解图(a)所示（忽略了 VT_2 管的 $r_\mathrm{bb'}$）

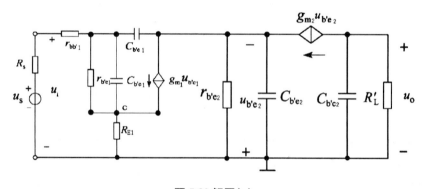

题 5.30 解图(a)

2）方法一：电路有共发射极和共基极接连构成,可以看成是两级放大器,用共射和共基电路放大倍数计算方式分别算出两个单级的放大倍数,总的放大倍数为两个单级放大倍数的乘积。

第一级共发射极放大器：

因为：

$$\dot{A}_\mathrm{us1}=-\dfrac{\beta_1 R'_\mathrm{L1}}{r_\mathrm{be1}+(1+\beta_1)R_\mathrm{E1}}\times\dfrac{r_\mathrm{be1}+(1+\beta_1)R_\mathrm{E1}}{R_\mathrm{s}+r_\mathrm{be1}+(1+\beta_1)R_\mathrm{E1}}$$

$$=-\dfrac{\beta_1 R'_\mathrm{L1}}{R_\mathrm{s}+r_\mathrm{be1}+(1+\beta_1)R_\mathrm{E1}}$$

其中：$R'_{L1} = \dfrac{r_{be2}}{(1+\beta_2)}$

$$\dot{A}_{u2} = \dfrac{\beta_2 R'_L}{r_{be2}}$$

所以：

$$\begin{aligned}
\dot{A}_{us} &= -\dfrac{\beta_1 \dfrac{r_{be2}}{(1+\beta_2)}}{R_s + r_{be1} + (1+\beta_1)R_{E1}} \times \dfrac{\beta_2 R'_L}{r_{be2}} \\
&= -\dfrac{\beta_1 R'_L}{R_s + r_{be1} + (1+\beta_1)R_{E1}} \\
&= -\dfrac{80 \times 2}{1 + 10.2 + (1+80) \times 0.05} \\
&= -10.5
\end{aligned}$$

方法二：由于 VT_2 的发射极电流就是 VT_1 的集电极电流，所以 VT_2 的集电极电流和 VT_1 的集电极电流近似相等，即 VT_2 的负载相当于是 VT_1 的集电极电阻，可以等效为一级共发射极放大器，即：

$$\begin{aligned}
\dot{A}_{us} &= -\dfrac{\beta_1 R'_L}{R_s + r_{be1} + (1+\beta_1)R_{E1}} \\
&= -\dfrac{80 \times 2}{1 + 10.2 + (1+80) \times 0.05} \\
&= -10.5
\end{aligned}$$

与方法一结论一致。

3) 电路带宽估算：参考教材对共发射极和共基极高频特性的分析讨论，将原高频等效电路做简化后如题 5.30 解图(b)所示。

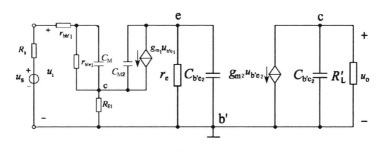

题 5.30 解图(b)

其中：$C_M = C_{b'e1} + C_{M1}$，$C_{M1} = g_{m1} R'_{L1} C_{b'c1}$，$C_{M2} = C_{b'c1}$，$R'_{L1} = r_e = \dfrac{r_{b'e2}}{1+\beta}$

上限频率主要由电容 C_M 所在的回路所决定。

C_M 所在回路的等效电阻为：

$$R_1 = [R_s + r_{bb'1} + (1+\beta)R_{E1}] \mathbin{/\mkern-6mu/} r_{b'e1} = [10^3 + 200 + (1+80) \times 50] \mathbin{/\mkern-6mu/} 10 \times 10^3$$

$$\approx 3.4 \times 10^3 \ \Omega$$

$$C_M = C_{b'e1} + C_{M1} = C_{b'e1} + g_{m1} R'_{L1} C_{b'c1} = C_{b'e1} + g_{m1} \frac{r_{b'e2}}{1+\beta} C_{b'c1}$$

$$= 3 \times 10^{-12} + 8 \times 10^{-3} \times \frac{5 \times 10^3}{1+80} \times 10^{-12}$$

$$\approx 3.5 \times 10^{-12} \ F$$

利用开路时间常数法可得:

$$\tau_H = R_1 C_M = 3.4 \times 10^3 \times 3.5 \times 10^{-12} = 1.19 \times 10^{-10} \ S$$

$$f_H = \frac{1}{2\pi \tau_H} = \frac{1}{2\pi \times 1.19 \times 10^{-10}} \approx 1.34 \times 10^7 \ Hz$$

所以电路的带宽约为: $BW = 13.4 \ MHz$

其他几个电容对电路上限频率的影响也可以按照类似的方式计算。

题 5.31 电路如题 5.31 图所示,三极管为 2N2218。试用 EDA 软件分析该电路:1)频率响应。2)当输入 $u_s = 0.01\sin(240\pi t)$ V 时,分析三极管 B、E、C 端及负载端的响应特性,并计算其电压放大倍数。

解略

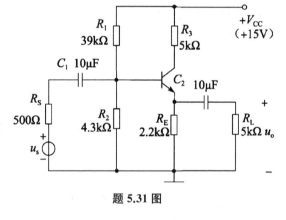

题 5.31 图

题 5.32 如题 5.32 图所示的 JFET 放大电路中,JFET 为 2N4391,$V_{DD} = 18$ V,$R_{G1} = 330 \ k\Omega$,$R_{G2} = 23 \ k\Omega$,$R_D = 16 \ k\Omega$,$R_S = 1 \ k\Omega$,$C_1 = C_2 = 1 \ \mu F$,$R_L = 120 \ k\Omega$,用 EDA 软件分析静态工作点、中频时的输入电阻 R_i、输出电阻 R_o 及频率响应。

解略

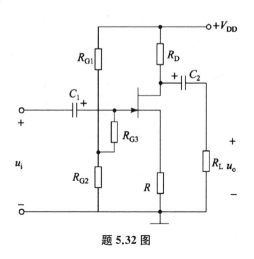

题 5.32 图

第6章 负反馈放大电路

一、本章内容

在电子电路中,反馈的应用极为普遍。反馈主要分为负反馈和正反馈两大类,其中负反馈在所有实用的放大电路中都要适当引入以改善放大电路的一些性能指标;而正反馈虽然会造成放大电路工作不稳定,但可用在波形产生及整形电路中。

本章首先介绍反馈的基本概念及负反馈放大电路的类型,分析负反馈对放大电路性能的影响,介绍深度负反馈放大电路的分析方法,讨论负反馈放大电路的稳定性问题,并介绍负反馈放大电路的设计案例。

二、本章重点

1. 反馈是指将放大电路输出信号的一部分或全部通过反馈网络,以某种方式返回到输入回路,进而影响放大电路性能的过程。

2. 反馈放大电路是由反馈网络与基本放大电路构成的一个闭合环路,基本放大电路只实现信号从输入到输出的正向传输;而反馈网络只实现信号从输出到输入的反向传输。

3. 判断反馈类型的方法

(1) 有无反馈的判断:观察放大电路的输出回路与输入回路之间是否存在反馈网络,若有则存在反馈,否则就不存在反馈。

(2) 交、直流反馈的判断:只存在于放大电路交流通路中的反馈为交流反馈,只存在于直流通路中的反馈为直流反馈。

(3) 反馈极性的判断:瞬时极性法,即假设输入信号在某瞬时的极性为(+),再根据各类放大电路输出信号与输入信号间的相位关系,逐级标出电路中各有关点电位的瞬时极性或各有关支路电流的瞬时流向,最后看反馈信号是削弱还是增强了净输入信号,若是削弱了净输入信号,称为负反馈;反之则称为正反馈。

(4) 电压、电流反馈的判断:输出短路法,假设$R_L=0$,若反馈信号不存在了,则是电压反馈;若反馈信号仍然存在,则为电流反馈。

(5) 串联、并联反馈的判断:根据反馈信号与基本放大电路的输入信号在放大电路输入回路中的求和方式判断,若以电压形式求和,则为串联反馈;若以电流形式求和,则为并联反馈。

4. 负反馈放大电路有四种类型:电压串联负反馈、电压并联负反馈、电流串联负反馈及电流并联负反馈。

5. 引入负反馈后放大电路的闭环增益为:$\dot{A}_f = \dfrac{\dot{A}}{1+\dot{A}\dot{F}}$,并且对放大电路的性能存在影响：

(1) 改善放大电路的性能：提高放大电路增益的稳定性，展宽放大电路的带宽，减小非线性失真，抑制干扰和噪声。

(2) 影响放大电路的输入电阻与输出电阻：串联负反馈提高输入电阻，并联负反馈降低输入电阻；电压负反馈降低输出电阻，电流负反馈提高输出电阻。

(3) 稳定输出信号：电压负反馈能稳定输出电压，电流负反馈能稳定输出电流。

(4) 引起放大电路的不稳定：由于放大电路中存在电抗性元件，阻抗随信号频率而变化，因而使环路增益 $\dot{A}\dot{F}$ 的大小和相位都随频率而变化，当满足相位条件 $\varphi_A + \varphi_F = (2n+1) \times 180°$ 及幅值条件 $|\dot{A}\dot{F}| \geqslant 1$ 时，电路产生自激振荡。通常需用频率补偿法来消除自激振荡，频率补偿法主要有滞后补偿法与超前补偿法。

6. 在工程中大多采用深度负反馈近似估算放大电路的放大倍数，即：$\dot{A}_f \approx \dfrac{1}{\dot{F}}$。

7. 设计负反馈放大电路时，首先要选择反馈类型，然后确定反馈系数的大小，再选择反馈网络中的电阻阻值，最后通过仿真检验设计效果。

三、本章公式

1. 反馈的一般表达式

(1) 闭环增益表达式

$$\dot{A}_f = \frac{\dot{A}}{1 + \dot{A}\dot{F}}$$

(2) 反馈深度：$1 + \dot{A}\dot{F}$

(3) 环路增益：$\dot{A}\dot{F}$

2. 负反馈放大器性能计算

反馈类型 性能	电压串联	电流并联	电压并联	电流串联
输出信号 x_o	电压 u	电流 i	电压 u	电流 i
输入端 x_i、x_f、x_{id}	电压 u	电流 i	电流 i	电压 u
开环增益 $\dot{A} = \dfrac{x_o}{x_{id}}$	$\dot{A}_u = \dfrac{u_o}{u_{id}}$	$\dot{A}_i = \dfrac{i_o}{i_{id}}$	$\dot{A}_r = \dfrac{u_o}{i_{id}}$	$\dot{A}_g = \dfrac{i_o}{u_{id}}$
反馈系数 $\dot{F} = \dfrac{x_f}{x_o}$	$\dot{F}_u = \dfrac{u_f}{u_o}$	$\dot{F}_i = \dfrac{i_f}{i_o}$	$\dot{F}_g = \dfrac{i_f}{u_o}$	$\dot{F}_r = \dfrac{u_f}{i_o}$
闭环增益 $\dot{A}_f = \dfrac{x_o}{x_i} = \dfrac{\dot{A}}{1+\dot{A}\dot{F}}$	$\dot{A}_{uf} = \dfrac{\dot{A}_u}{1+\dot{A}_u\dot{F}_u}$	$\dot{A}_{if} = \dfrac{\dot{A}_i}{1+\dot{A}_i\dot{F}_i}$	$\dot{A}_{rf} = \dfrac{\dot{A}_r}{1+\dot{A}_r\dot{F}_g}$	$\dot{A}_{gf} = \dfrac{\dot{A}_g}{1+\dot{A}_g\dot{F}_r}$
输入电阻 R_{if}	$(1+\dot{A}_u\dot{F}_u)R_i$	$\dfrac{1}{1+\dot{A}_i\dot{F}_i}R_i$	$\dfrac{1}{1+\dot{A}_r\dot{F}_g}R_i$	$(1+\dot{A}_g\dot{F}_r)R_i$

(续表)

反馈类型 性能	电压串联	电流并联	电压并联	电流串联
输出电阻 R_{of}	$\dfrac{1}{1+\dot{A}'_u\dot{F}_u}R_o$	$(1+\dot{A}'_i\dot{F}_i)\cdot R_o$	$\dfrac{1}{1+\dot{A}'_r\dot{F}_g}R_o$	$(1+\dot{A}'_g\dot{F}_r)\cdot R_o$
深度负反馈增益 $\dot{A}_f=\dfrac{x_o}{x_i}\approx\dfrac{1}{\dot{F}}$	$\dot{A}_{uf}=\dfrac{1}{\dot{F}_u}$	$\dot{A}_{if}=\dfrac{1}{\dot{F}_i}$	$\dot{A}_{rf}=\dfrac{1}{\dot{F}_g}$	$\dot{A}_{gf}=\dfrac{1}{\dot{F}_r}$

四、习题解析

题 6.1 如题 6.1 图所示的放大电路中,试找出各电路中的反馈元件,并说明是直流反馈还是交流反馈以及反馈极性。

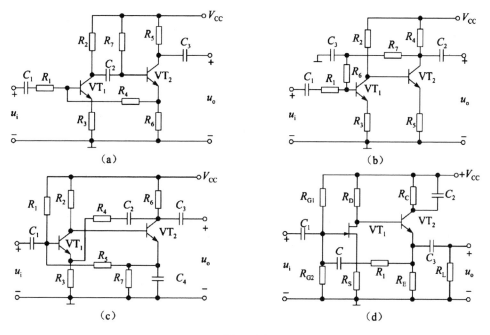

题 6.1 图

分析:(1) 判断电路是否存在反馈,只需要分析电路中的信号流,如果除了经过各放大器的输入到输出外,还存在其他通路连接输入到输出,则电路存在反馈。

(2) 交直流反馈取决于电路中的反馈是对交流还是直流起作用,如果仅仅是对交(直)流起作用,则引入的是交(直)流反馈,如对交直流都起作用则为交直流反馈。

(3) 利用瞬时极性法判断正、负反馈,即假设输入端为某一瞬时极性,经过放大、反馈后,使原来的输入信号是加强还是削弱,前者为正反馈,后者为负反馈。或者是在放大、反馈的闭环回路中假设任一点的瞬时极性,经过闭环极性判断至原假设点时,结果与原假设极性相同为正反馈,相反则为负反馈。在瞬时极性判断过程中需要注意的是,共射与共源组态为反相,其他组态均为同相。无源网络没有通过接地点是不会改变极性的。

(4) 一般情况下,负反馈放大电路中的局部反馈可以不予分析。

解:(a)图,由电阻 R_4 构成交直流负反馈;

(b)图,由电阻 R_6、R_7 构成直流正反馈(电容 C_3 起隔直通交作用,交流信号被短路);

(c)图,由电阻 R_3、R_4 构成交流负反馈(电容 C_2 起隔直通交作用),电阻 R_5、R_7 构成直流负反馈(电容 C_4 起隔直通交作用);

(d)图,由电阻 R_1、R_{G1}、R_{G2} 构成交流负反馈(电容 C 起隔直通交作用)。

题 6.2 试判断题 6.2 图所示各电路的级间交流反馈的极性和类型。

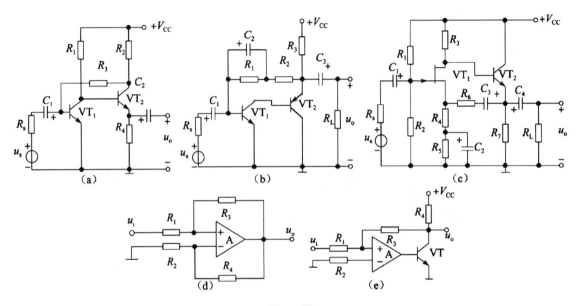

题 6.2 图

分析:反馈类型分析,即判断输出是电压采样还是电流采样,输入是电压(串联)还是电流(并联)比较。可以采用开路短路法,也可以直接分析输出和采样、输入和反馈之间的连接方式来判断:如题 6.2 解图(a)所示,如输出与采样在同一个端点或者同一个电极则为电压采样,否则为电流采样;如题 6.2 解图(b)所示,输入与反馈在同一端点或者电极进行比较,则为并联反馈,否则为串联反馈。

输出采样方式:

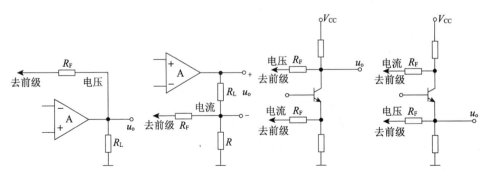

题 6.2 解图(a)

输入比较方式：

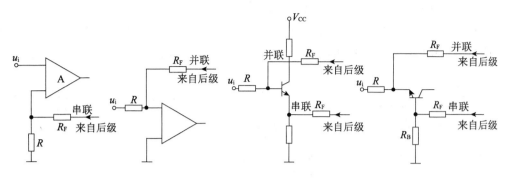

题 6.2 解图(b)

解：题 6.2 图(a)由电阻 R_3 构成电流并联正反馈。

(b)图由电阻 R_2 构成电压并联负反馈；电容 C_2 具有隔直通交作用，对交流而言，R_1 被短路不起作用。

(c)图由电阻 R_4、R_6 构成电压串联正反馈。电容 C_2、C_3 交流短路。

(d)图由电阻 R_1、R_3 构成电压并联正反馈；由电阻 R_2、R_4 构成电压串联负反馈。

(e)图由电阻 R_1、R_3 构成电压并联负反馈。

题 6.3 试判断题 6.3 图所示各电路的级间交流负反馈类型。

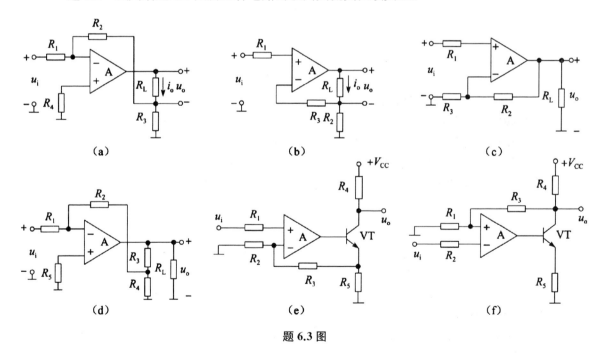

题 6.3 图

解：题 6.3 图(a)，电阻 R_1、R_2、R_3 构成电流并联负反馈；

(b)图，电阻 R_2、R_3 构成电流串联负反馈；

(c)图，电阻 R_2、R_3 构成电压串联负反馈；

(d)图，电阻 R_1、R_2、R_3、R_4 构成电压并联负反馈；

(e)图,电阻 R_2、R_3、R_5 构成电流串联负反馈;

(f)图,电阻 R_1、R_3 构成电压串联负反馈。

题 6.4 设题 6.4 图所示电路中的运放是理想的,试问:1)放大通路由哪些元器件组成? 2)反馈通路由哪些组成?反馈极性与类型是什么?3)推导出电压放大倍数 u_o/u_i 的表达式。

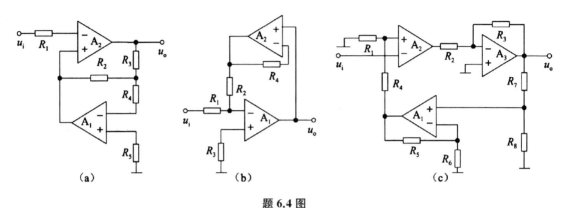

题 6.4 图

解:题 6.4 图(a)中 R_1、A_2 组成放大通路;R_2、R_3、R_4、R_5 和 A_1 组成反馈通路。电路为电压串联负反馈。

若 A_1、A_2 为理想运放,则反馈为深度负反馈。

$$\dot{F}_u = \frac{u_f}{u_o} = -\frac{R_2}{R_3}$$

$$\dot{A}_{uf} = \frac{1}{\dot{F}_u} = -\frac{R_3}{R_2}$$

(b)图中 R_1、R_3、A_1 组成放大通路;R_2、R_4 和 A_2 组成反馈通路。

采用瞬时极性法判断反馈极性,$u_i \uparrow \to u_o \downarrow \to u_{2+} \downarrow \to u_{2o} \downarrow \to u_{1-} \downarrow \to u_o \uparrow$

所以该反馈为负反馈,运放 A_2 构成的是电压跟随器。

根据输入输出和反馈的连接来分析组态,容易得到,(b)图属于电压并联负反馈。

若 A_1、A_2 为理想运放,则反馈为深度负反馈。

$$\dot{F}_g = \frac{i_f}{u_o} = -\frac{i_f}{i_f \cdot R_2} = -\frac{1}{R_2}$$

$$\dot{A}_{uf} = \frac{u_o}{u_i} = \frac{u_o}{i_f \cdot R_1} = \frac{1}{\dot{F}_g} \cdot \frac{1}{R_1} = -\frac{R_2}{R_1} \quad (i_f \approx i_i)$$

(c)图中 R_1、R_2、R_3 和 A_2、A_3 组成放大通路;R_4、R_5、R_6、R_7、R_8 和 A_1 组成反馈通路,电路形成了电压串联负反馈。

反馈通路是由 A_1 为主构成的同相比例放大电路,输出先由 R_7、R_8 分压给 A_1 的同相端放大,输出再经过 R_1、R_4 分压形成反馈电压,所以其反馈系数为:

$$\dot{F}_u = \frac{u_f}{u_o} = -\frac{R_8}{R_7 + R_7}\left(1 + \frac{R_5}{R_6}\right)\frac{R_1}{R_1 + R_4}$$

$$\dot{A}_{uf} = \frac{1}{\dot{F}_u}$$

题 6.5 有两个放大电路 A_1、A_2，工作在线性区，其传输特性分别如题 6.5 图(a)、(b)所示，对 A_1、A_2 两个放大电路分别加如题 6.5 图(c)、(d)中框图所示的反馈。1)试判别四种组合的反馈极性。2)假设采用两种方案实现闭环增益相同的负反馈放大电路，方案一是将二级由 A_1 构成的负反馈放大电路进行级联；方案二是二级放大电路 A_1 级联后再构成负反馈放大电路。现定义增益变化灵敏度 $S = \dfrac{dA_f}{A_f} \Big/ \dfrac{dA}{A}$ 以评价负反馈放大电路增益稳定性，试求解这两种方案的 S 值的表达式，若要获得比较高的增益稳定度，应选用哪种方案。

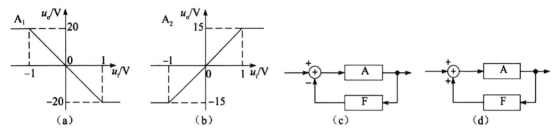

题 6.5 图

解： 1) 由图(a)可知，在线性区域内 $|u_i| < 1\,\text{V}$，输出电压 u_o 与输入电压 u_i 之间为反相放大，且放大倍数 $\dot{A}_{u1} = -20$。

同理，图(b)表示放大电路为同相放大，且 $\dot{A}_{u2} = 15$。

对于图(c)、(d)，由于反馈到输入端的极性不同，所以导致图(c)的反馈系数 F 为负值，图(d)的反馈系数为正值。

由反馈的一般表达式

$$\dot{A}_f = \frac{\dot{A}}{1 + \dot{A}\dot{F}}$$

可知：当 $\dot{A}\dot{F} > 0$ 时，$|\dot{A}_f| < A$ 为负反馈；当 $\dot{A}\dot{F} < 0$ 时，$|\dot{A}_f| > A$ 为正反馈。所以：

图(a)和图(c)的组合构成的放大电路为负反馈放大电路；
图(a)和图(d)的组合构成的放大电路为正反馈放大电路；
图(b)和图(c)的组合构成的放大电路为正反馈放大电路；
图(b)和图(d)的组合构成的放大电路为负反馈放大电路。

2) 按照题意，分别形成方案一和方案二。

方案一：如题 6.5 解图(a)所示

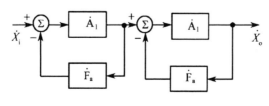

题 6.5 解图(a)

$$A_{f1} = \frac{A^2}{(1+AF_a)^2}$$

考虑 $\dfrac{\mathrm{d}A_f}{\mathrm{d}A}$

$$\frac{\mathrm{d}A_{f1}}{\mathrm{d}A} = \frac{2A}{(1+AF_a)^2} - \frac{2A^2 F_a}{(1+AF_a)^3} = \frac{2A}{(1+AF_a)^3} = \frac{A^2}{(1+AF_a)^2} \cdot \frac{2}{(1+AF_a)A}$$

$$= \frac{A_{f1}}{A} \cdot \frac{2}{1+AF_a}$$

$$S_1 = \frac{\mathrm{d}A_{f1}}{A_{f1}} \bigg/ \frac{\mathrm{d}A}{A} = \frac{\mathrm{d}A_{f1}}{\mathrm{d}A} \bigg/ \frac{A_{f1}}{A} = \frac{2}{1+AF_a}$$

方案二：如题 6.5 解图(b)所示

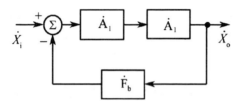

题 6.5 解图(b)

$$A_{f2} = \frac{A^2}{1+A^2 F_b}$$

则：

$$\frac{\mathrm{d}A_{f2}}{\mathrm{d}A} = \frac{2A}{1+A^2 F_b} - \frac{2A^2 F_b}{(1+A^2 F_b)^2} = \frac{2A}{(1+A^2 F_b)^2} = \frac{A^2}{1+A^2 F_b} \cdot \frac{2}{(1+A^2 F_b)A}$$

$$= \frac{A_{f2}}{A} \cdot \frac{2}{1+A^2 F_b}$$

$$S_2 = \frac{\mathrm{d}A_{f2}}{A_{f2}} \bigg/ \frac{\mathrm{d}A}{A} = \frac{\mathrm{d}A_{f2}}{\mathrm{d}A} \bigg/ \frac{A_{f2}}{A} = \frac{2}{1+A^2 F_b}$$

由于 $A_{f1} = A_{f2}$，即

$$(1+AF_a)^2 = 1+A^2 F_b$$

$$\Rightarrow 1+2AF_a + A^2 F_a^2 = 1 + A^2 F_b$$

$$\Rightarrow A^2 F_b = A^2 F_a^2 + 2AF_a > AF_a$$

$$\therefore S_1 > S_2$$

所以要获得较大的增益稳定度，应该选择方案二。

题 6.6 题 6.6 图所示放大电路中，试分析电路中有哪些级间的直流和交流反馈，并判断它们的反馈正、负极性。如是交流负反馈，它们属于哪种反馈类型，对输入电阻、输出电阻有何影响？

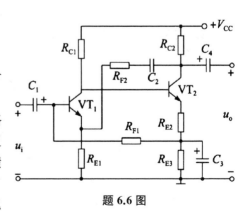

题 6.6 图

解： 由 R_{F1}、R_{E3} 构成直流电流并联负反馈，电

容 C_3 起隔直通交作用；

由 R_{F2}、R_{E1} 构成交流电压串联负反馈，电容 C_2 起隔直通交作用；

只有交流反馈才会对电路的输入输出电阻有影响，由于是电压串联负反馈，所以使放大电路的输入电阻增加，输出电阻减小。

题 6.7 某负反馈放大电路的开环电压放大倍数 $A_u=100$，反馈系数 $F_u=0.01$。试计算：1）反馈深度。2）环路增益。3）闭环电压放大倍数。

解：（1）反馈深度：$1+A_uF_u=1+100\times0.01=2$

（2）环路增益：$A_uF_u=100\times0.01=1$

（3）闭环电压放大倍数：

$$A_{uf}=\frac{1}{1+A_uF_u}=\frac{100}{1+100\times0.01}=50$$

题 6.8 电路如题 6.8 图所示，请按要求引入负反馈。1）使题 6.8 图(a)所示电路的 i_o 稳定。2）使题 6.8 图(b)所示电路的 u_o 稳定。3）使题 6.8 图(a)所示电路的输入电阻提高。4）使题 6.8 图(b)所示电路的输入电阻降低。

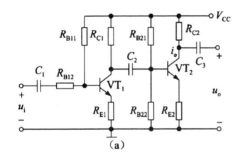 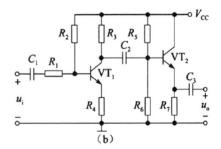

题 6.8 图

解：1）题 6.8 图(a)中要使输出电流稳定，需要增大输出电阻，输出端应该引入电流负反馈，所以输出端采样点应该在 VT_2 的发射极；再利用瞬时极性法，保证引入的为负反馈，所以输入端应该连接到 VT_1 的基极。为了不影响电路的直流工作点，可以在 VT_2 发射极与 VT_1 基极之间用电阻电容串联。

2）题 6.8 图(b)中要使输出电压稳定，需要减小输出电阻，输出端应该引入电压负反馈，所以输出端采样点应该在 VT_2 的发射极；再利用瞬时极性法，保证引入的为负反馈，所以输入端应该连接到 VT_1 的基极。为了不影响电路的直流工作点，可以在 VT_2 发射极与 VT_1 基极之间用电阻电容串联。

3）题 6.8 图(a)中要加大输入电阻，输入端应该引入串联负反馈，即反馈信号应该引入到 VT_1 的发射极，由瞬时极性法可知，输出端只能在 VT_2 的集电极，同样也可以用电阻和电容的串联。

4）题 6.8 图(b)中要降低输入电阻，输入端应该引入并联负反馈，即反馈信号应该引入到 VT_1 的基极，由瞬时极性法可知，输出端只能在 VT_2 的发射极，同样也可以用电阻和电容的串联。

题 6.9 采用负反馈可以抑制放大电路内部产生的输出噪声电压，假设放大电路在引入反馈前的电压放大倍数为 $A_u=-900$，现要求将放大电路输出噪声电压降低 100 倍。1）求引入负反馈的反馈深度、反馈系数以及闭环电压放大倍数。2)如果在降低输出噪声电压的同时,还要求提高输入电阻和降低输出电阻,说明应引入负反馈类型。3)为了使电路的信噪比提高 20 dB,如果通过增大输入电压的方式,则输入电压 u_i 应增大为反馈前的多少倍? 4)如果输入信号大小不变的同时使电路的信噪比提高 20 dB,应如何设计负反馈放大电路?确定电路反馈系数 $\dot{F}$、闭环放大倍数 A_f。

解:1) 由题意可知,该电路的开环电压放大倍数为 $\dot{A}_u = -900$,要求将放大电路输出噪声电压降低 100 倍,也同时将信号输出降低了 100 倍,即放大倍数为 $\dot{A}_{uf} = -9$ 倍。

由:$\dot{A}_{uf} = \dfrac{\dot{A}_u}{1 + \dot{A}_u \dot{F}_u} = \dfrac{-900}{1 - 900 \times \dot{F}_u} = -9$

可以得到反馈深度:$1 + \dot{A}_u \dot{F}_u = 100$

反馈系数:$\dot{F}_u = -0.11$

闭环增益为:$\dot{A}_{uf} = -9$

2) 要求提高输入电阻和降低输出电阻,根据不同类型的负反馈对放大电路输入输出电阻的影响可知,应该引入电压串联负反馈。

3) 如果想使信噪比提高 20 dB,则需要将输入信号提高为原输入信号的 10 倍。

4) 如果输入信号大小不变的同时使电路的信噪比提高 20 dB,应该增加一个前级低噪声放大电路 A_0,其增益为 20 dB,如题 6.9 解图所示:

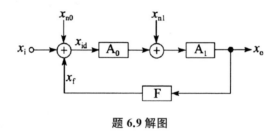

题 6.9 解图

其中:等效输入干扰与噪声量为 x_{n1},前置低噪声放大电路等效输入干扰与噪声量为 x_{n0},可以得到:

$$x_o = A_1(x_{n1} + A_0 x_{id}) = A_1 x_{n1} + A_1 A_0 (x_i + x_{n0} - x_f)$$
$$= A_1 x_{n1} + A_1 A_0 (x_i + x_{n0} - F x_o)$$

可以求解得到:

$$x_o = \dfrac{A_1 A_0}{1 + A_1 A_0 F} \left(x_i + x_{n0} + \dfrac{1}{A_0} x_{n1} \right)$$

由此可以看出:在这种负反馈放大电路的输出中,x_i、x_{n0} 引起了同样的衰减,而 x_{n1} 却受到了比 x_i 多 A_0 倍的衰减。如果 x_{n0} 很小可以忽略不计,则该电路可以实现对应同样的输入信号 x_i,放大电路的噪声 x_{n1} 在输出端被衰减了 A_0 倍,即放大电路的信噪比提高了 A_0(20 dB)倍,前提是要求前置放大电路为低噪声放大电路。

与原电路的放大倍数对比:

$$\dot{A}_{uf} = \frac{\dot{A}_u}{1+\dot{A}_u \dot{F}_u} = \frac{\dot{A}_1 \dot{A}_0}{1+\dot{A}_1 \dot{A}_0 \dot{F}} = -9$$

$$\dot{F} = -0.111$$

题 6.10 当负反馈放大电路的开环放大倍数 $|\dot{A}|$ 变化 25% 时,若要求闭环放大倍数 $|\dot{A}_f|$ 为 100,且其变化不超过 1%,问 $|\dot{A}|$ 至少应选多大?这时反馈系数 $|\dot{F}|$ 又应选多大?如果由于制造误差其开环增益减小为 10^3,则此时的闭环增益变为多少?相应的闭环增益的相对变化量 $\Delta A_f/A_f$ 是多少?

解: 由负反馈放大电路的放大倍数一般表达式(假设 A,F 都大于零,只讨论其模值)

$$A_f = \frac{A}{1+AF}$$

可得:$\dfrac{\mathrm{d}A_f}{A_f} = \dfrac{1}{1+AF} \cdot \dfrac{\mathrm{d}A}{A}$

$\therefore 1+AF = \dfrac{\mathrm{d}A}{A} \bigg/ \dfrac{\mathrm{d}A_f}{A_f} = \dfrac{25\%}{1\%} = 25$

$\therefore A = (1+AF) \cdot A_f = 25 \times 100 = 2\,500$

$\because 1+AF = 25$

$\therefore F = \dfrac{25-1}{A} = \dfrac{24}{2\,500} = 0.009\,6$

如果 $A = 10^3$

$$A_f = \frac{A}{1+AF} = \frac{10^3}{1+10^3 \times 0.009\,6} = 94.3$$

$$\frac{\Delta A_f}{A_f} = \frac{1}{1+AF} \frac{\Delta A}{A} = \frac{1}{1+10^3 \times 0.009\,6} \times 25\% = 2.4\%$$

题 6.11 现有直流增益 $A=10^3$、上限频率 $f_{H1}=100\,\text{kHz}$ 的单级基本放大电路若干个,要求施加负反馈后组成单级负反馈放大电路,然后级联组成一个增益为 10^3,上限频率 $f_H = 5\,\text{MHz}$ 的多级放大器。问至少需要几级单级负反馈放大电路级联才能实现上述要求?每一级负反馈放大电路的闭环增益及反馈系数是多少?

分析: 根据负反馈放大电路的特性可知,负反馈的引入,使得闭环放大倍数下降 $(1+AF)$ 倍,同时其上限频率将提升 $(1+AF)$ 倍,其增益带宽积不变。而多级放大器的增益为各个单级增益的乘积,其上限频率也随着级联的数目增加而下降。

解: 按照题意可以构成电路结构如题 6.11 解图所示。

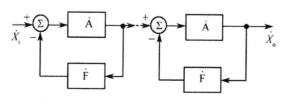

题 6.11 解图

对每个单级负反馈放大电路有基本公式:

$$A_{\mathrm{fl}} = \frac{A}{1+AF}$$

$$f_{\mathrm{Hfl}} = (1+AF)f_{\mathrm{H1}}$$

对于级数为 n 的多级放大电路有基本公式:

$$A_{\mathrm{f}} = A_{\mathrm{fl}}^n$$

$$f_{\mathrm{Hf}} = \sqrt{2^{\frac{1}{n}}-1}\,f_{\mathrm{H1}}$$

$n=2$, $f_{\mathrm{Hf}} \approx 0.64 f_{\mathrm{H1}}$; $n=3$, $f_{\mathrm{Hf}} \approx 0.51 f_{\mathrm{H1}}$; $n=4$, $f_{\mathrm{Hf}} \approx 0.43 f_{\mathrm{H1}}$

按题目要求:

已知: $A=10^3$, $f_{\mathrm{H1}}=100\,\mathrm{kHz}$

要求: $A_{\mathrm{f}}=10^3$, $f_{\mathrm{Hf}}=5\,\mathrm{MHz}$

确定: n

题 6.11 解表

放大器级数 n	2	3	4
要求每级上限频率 f_{Hfl}(MHz)	$f_{\mathrm{H1}}=\dfrac{5}{0.64}=7.81$	$f_{\mathrm{H1}}=\dfrac{5}{0.51}=9.8$	$f_{\mathrm{H1}}=\dfrac{5}{0.43}=11.63$
按上限频率对应的反馈深度 $(1+AF)=\dfrac{f_{\mathrm{Hfl}}}{f_{\mathrm{H1}}}$	78.1	98.1	116.3
每级闭环增益 $A_{\mathrm{fl}}=\dfrac{A}{1+AF}$	12.8	10.2	8.6
每级反馈系数 F	0.077 1	0.097 1	0.115 3
n 级放大倍数 $A_{\mathrm{f}}=A_{\mathrm{fl}}^n$	163.8	1 061	5 470
是否满足要求	否	是	是

由此可知,要满足题目要求,最少要 3 级同样的单级负反馈放大电路级联。

题 6.12 某放大电路的频率特性如题 6.12 图所示。1)试求中频电压增益 A_{um}、上限频率 f_{H}、下限频率 f_{L}。2)若希望通过电压串联负反馈使通频带展宽为 $1\,\mathrm{Hz} \sim 4\,\mathrm{MHz}$,试求所需的反馈深度、反馈系数以及中频闭环电压增益?

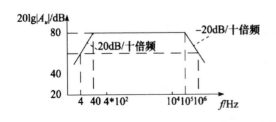
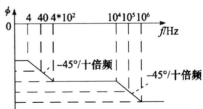

题 6.12 图

解: 1) 由图可以看出:$A_{um}=80$ dB(10^4 倍);$f_L=40$ Hz;$f_H=10^5$ Hz$=0.1$ MHz

2) 由负反馈特性可知:

$$f_{Lf}=\frac{1}{1+A_mF}f_L$$

$$f_{Hf}=(1+A_mF)f_H$$

而要求 $f_{Lf}=1$ Hz,$f_{Hf}=4$ MHz,即反馈深度为:$1+A_mF=40$

已知 $A_m=10^4$(80 dB)

得到:

$$F=\frac{40-1}{A_m}=\frac{39}{10^4}=3.9\times10^{-3}$$

$$A_{umf}=\frac{A_{um}}{1+A_{um}F}=\frac{10^4}{40}=250$$

题 6.13 如题 6.13 图所示的放大电路中,为了减小放大电路向信号源索取电流,同时还要求降低电路的输出电阻。1) 应引入什么类型的负反馈,并在图中画出。2) 若引入负反馈的反馈深度足够大,并要求反馈放大电路的闭环电压放大倍数为 100 时,求接入的反馈元器件的参数。

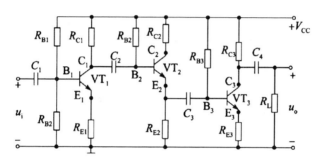

题 6.13 图

解: 1) 引入电压串联负反馈,增大 R_i,降低 R_o,考虑到直流工作点相互不受影响,可以在 VT$_3$ 管的集电极 C$_3$ 点接入电阻 R_F 与电容串联,再接到 VT$_1$ 发射极 E$_1$ 点。

2) $A_f\approx\frac{1}{F}=100\Rightarrow F=\frac{1}{100}=\frac{R_{E1}}{R_{E1}+R_F}\Rightarrow R_F=99R_{E1}$

题 6.14 在题 6.14 图中,各电路均存在深度交流负反馈,电容对于交流信号而言视为短路。1) 找出引入级间交流(或交、直流)反馈的元件,判断反馈类型;分析对输入及输出电阻的影响。2) 利用公式 $A_f\approx\frac{1}{F}$,求出各电路 A_{uf} 的表达式。

解:(a)由 R_F、R_{E1}、R_{E3} 构成交直流电流串联负反馈,R_i 增加,R_o 增加

$$F_r=\frac{u_f}{i_o}$$

$$F_r=-\frac{R_{E3}}{R_{E1}+R_F+R_{E3}}\times R_{E1}$$

$$A_{gf}=\frac{i_o}{u_i}=\frac{1}{F_r}=-\frac{R_{E1}+R_F+R_{E3}}{R_{E1}R_{E3}}$$

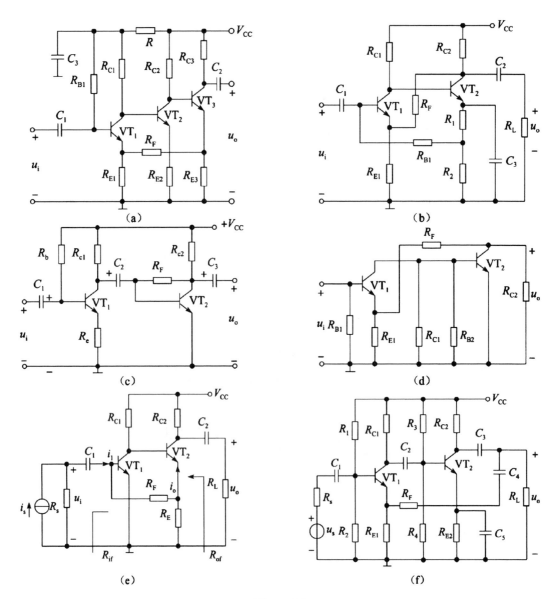

题 6.14 图

$$A_{uf} = \frac{u_o}{u_i} = \frac{i_o \times R_{C3}}{u_i} = -\left(\frac{R_{E1} + R_F + R_{E3}}{R_{E1}R_{E3}}\right)R_{C3}$$

(b) R_F、R_{E1} 构成交直流电压串联负反馈，R_i 增加，R_o 减小；R_1、R_2、R_{B1} 构成直流电流并联负反馈，对输入输出电阻没有影响。

$$F_u = \frac{R_{E1}}{R_{E1} + R_F} \Rightarrow A_{uf} = \frac{1}{F_u} = 1 + \frac{R_F}{R_{E1}}$$

(c) 由于 R_F 为第二级局部电压并联负反馈，使 R_o 减小，R_i 没有变化，增益无法估算。

(d) 由 R_F 构成电压串联负反馈，R_i 增加，R_o 减小，

$$F_u = \frac{R_{E1}}{R_{E1} + R_F} \Rightarrow A_{uf} = 1 + \frac{R_F}{R_{E1}}$$

(e) 由 R_E、R_F 构成交直流电流并联负反馈,R_i 减小,R_o 增加,

$$F_i = \frac{i_f}{i_o} = \frac{R_E}{R_E + R_F}$$

$$A_{if} = \frac{i_o}{i_i} = \frac{1}{F_i} = 1 + \frac{R_F}{R_E}$$

$$A_{uf} = \frac{u_o}{u_i} = \frac{i_o R'_L}{i_i R_s} = \left(1 + \frac{R_F}{R_E}\right) \frac{R_{C2} /\!/ R_L}{R_s}$$

(f) 由 R_F、R_{E1} 构成交流电压串联负反馈,R_i 增加,R_o 减小

$$F_u = \frac{R_{E1}}{R_{E1} + R_F} \Rightarrow A_{uf} = 1 + \frac{R_F}{R_{E1}}$$

题 6.15 如题 6.15 图所示的 MOS 反馈放大电路中,假设 MOS 管的跨导分别为 g_{m1} 和 g_{m2}。1) 判断电路的反馈组态和反馈极性。2) 写出开环增益的表达式。3) 写出闭环电压增益表达式。

解:(1) 电阻 R_F 引入电压串联负反馈。

(2) 开环增益计算时,需要考虑反馈电阻对输入端、输出端的影响

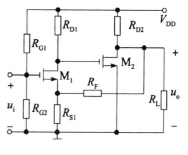

题 6.15 图

$$\dot{A}_{u1} = \frac{-g_{m1} R_{D1}}{1 + g_{m1} R_{S1} /\!/ R_F}$$

$$\dot{A}_{u2} = -g_{m2} [R_{D2} /\!/ R_L /\!/ (R_F + R_{S1})]$$

$$\dot{A}_u = \dot{A}_{u1} \dot{A}_{u2}$$

(3) 闭环增益表达式

$$\dot{F}_u = \frac{R_{S1}}{R_{S1} + R_F}$$

$$\dot{A}_{uf} = \frac{\dot{A}_u}{1 + \dot{A}_u \dot{F}_u}$$

当满足深度负反馈时,其闭环增益为:

$$\dot{A}_{uf} \approx \frac{1}{\dot{F}_u} = 1 + \frac{R_F}{R_{S1}}$$

题 6.16 一个负反馈放大电路的反馈系数 $F = 0.1$,开环电压增益为:

$$\dot{A}_u(jf) = \frac{10^4}{\left(1 + \frac{jf}{10^5}\right)\left(1 + \frac{jf}{10^7}\right)\left(1 + \frac{jf}{10^8}\right)}$$

试判断该放大电路是否稳定。

解:由电压增益表达式可知,该放大电路的频率响应如题 6.16 解图所示:

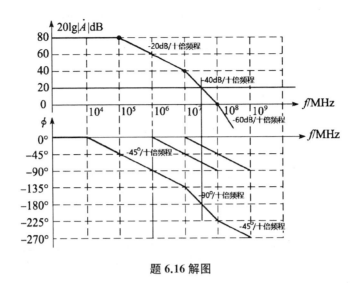

题 6.16 解图

当 $F=0.1$ 时，由图上可以看出，其附加相位为 $-180°$，满足了自激的条件，所以电路不稳定。

题 6.17 某负反馈放大电路的反馈系数是与频率无关的常数，而其基本放大电路的电压放大倍数表达式为 $\dot{A}_u = \dfrac{10^3}{\left(1+\dfrac{\mathrm{j}f}{10^4}\right)^3}$ （f 单位为 Hz）。1) 回路增益 $\dot{A}_u \dot{F}_u$ 产生 $-180°$ 相移时，所对应的频率 f 为多少？2) 电路能稳定工作所对应的反馈系数 $|\dot{F}_u|$ 的最大值为多少？

解：由增益表达式可以画出该放大电路的波特图如题 6.17 解图所示：

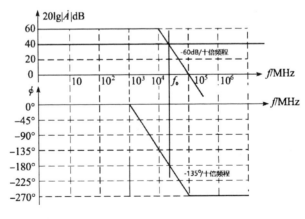

题 6.17 解图

1) 因为放大电路的反馈系数是与频率无关的常数，由图可以得出，回路增益 $\dot{A}_u \dot{F}_u$ 产生 $-180°$ 相移时，所对应的频率 f 约为 $f_o = 3 \times 10^4$ Hz。

2) 电路能稳定工作所对应的反馈系数最大值为 $|\dot{F}_u|_{\max} = 10^{-2} = 0.01$。

题 6.18 一个反馈放大电路的回路增益波特图如题 6.18 图所示。1) 在负反馈系数 $\dot{F} = -0.1$ 时，写出其开环放大倍数 $\dot{A}$ 的表达式。2) 在上述条件下，该负反馈放大电路是否

一定稳定？3）为使该负反馈放大电路能稳定工作，应如何限制反馈系数 $|\dot{F}|$ 的大小？4）为保证电路引入负反馈后不产生自激振荡，并且还有 $45°$ 的相位裕度，$|\dot{F}|$ 应为多大？

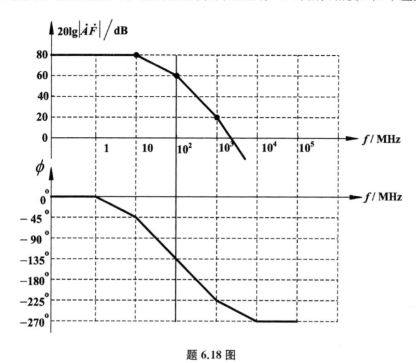

题 6.18 图

解：1）由负反馈特性可知：

$\because AF = 80$ dB(10^4)

而 $F = 0.1$

$\therefore A_m = 10^5$

由波特图可以看出有三个极点：

$f_{H1} = 10 \times 10^6$ Hz，$f_{H2} = 10^2 \times 10^6$ Hz，$f_{H3} = 10^3 \times 10^6$ Hz

其开环放大倍数为

$$\dot{A} = \frac{A_m}{\left(1 + j\dfrac{f}{f_{H1}}\right)\left(1 + j\dfrac{f}{f_{H2}}\right)\left(1 + j\dfrac{f}{f_{H3}}\right)} = \frac{10^5}{\left(1 + j\dfrac{f}{10^7}\right)\left(1 + j\dfrac{f}{10^8}\right)\left(1 + j\dfrac{f}{10^9}\right)}$$

2）由波特图可以看出：

$$\varphi = -180° \quad AF \approx 40 \text{ dB} = 10^2 > 1$$

所以电路处于不稳定状态。

3）为了保证该负反馈放大电路能稳定工作，必须使环路增益降低 40 dB：

$$\varphi = -180° \quad AF < 1$$

$$\therefore F < \frac{0.1}{10^2} = 0.001$$

4）如果需要有 $45°$ 相位裕度，环路增益还需要进一步下降，由波特图可以看出，当相位

为 $-135°$ 时,对应的环路增益为 60 dB,所以原反馈系数需要降低到 0.000 1。

题 6.19 在如题 6.19 图所示的负反馈放大电路中,VT_1、VT_2 为 2N2218。1) 用 EDA 软件分析电路的电压放大倍数 A_u、源电压放大倍数 A_{us}、输入电阻 R_i 及输出电阻 R_o。2) 如断开 R_F,重求题(1)中的内容,并比较有无反馈时的结果。

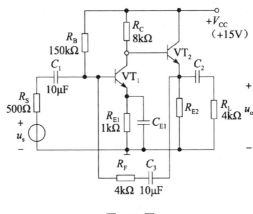

题 6.19 图

解略。

题 6.20 如题 6.20 图(a)所示电路在低频时的电压放大倍数为 -10。1) 假设运算放大器是理想的,求电阻 R_1 的值。2) 运放的电压放大倍数的幅频特性如题 6.25 图(b)所示,如果通过 R_3、C 组成的校正环节使电流具有大约 $45°$ 的相位裕度而稳定工作,画出校正后的幅频特性,并求出电阻 R_1、C 值。

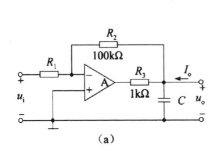
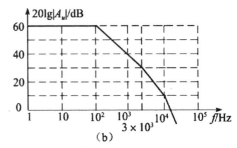

题 6.20 图

解: 1) A 为理想特性时,低频放大倍数为 $A = \dfrac{u_o}{u_i} = -\dfrac{R_2}{R_1} = -10$,所以 $R_1 = \dfrac{R_2}{10} = 10\text{ k}\Omega$。

2) 画出幅频特性和相频特性图如题 6.20 解图所示(其中相频特性为附加相移,反相放大没有画出):

3) 由运放的幅频特性图中可以看出,该运放有 3 个极点,分别为:

$$f_{p1} = 10^2 \text{ Hz}, \quad f_{p2} = 3 \times 10^3 \text{ Hz}, \quad f_{p3} = 10^4 \text{ Hz}$$

由电容补偿原理:在次极点 $f_{p2} = 3 \times 10^3$ Hz 处按 -20dB/十倍频程作一条直线与幅频特性平坦部分相交于 $f = 3$Hz,如题 5.20 解图中②所示。

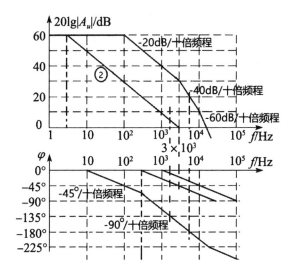

题 6.20 解图

$$f = \frac{1}{2\pi R_3 C_\varphi} = 3 \text{ Hz}$$

$$C_\varphi = \frac{1}{2\pi R_3 f} = \frac{1}{2\pi \times 10^3 \times 3} = 0.053 \times 10^{-3} \text{F} = 53 \ \mu\text{F}$$

为保证有大约 45°的相位裕度，即附加相位为 $-135°$，此时对应的增益应该大于 5 dB，$A = \frac{R_F}{R_1} = 5 \text{ dB} = 1.8$，$R_1 = \frac{R_F}{1.8} = 56 \text{ k}\Omega$。

即 $R_1 < 56 \text{ k}\Omega$ 都能满足电路稳定的要求。

加上补偿电路后对应的截止频率为

$$f_H = 3 \text{ Hz}$$

题 6.21 一个直流开环增益为 10^4 的集成运放存在三个极点，其频率分别为 $f_{p1} = 100 \text{ kHz}$，$f_{p2} = 1 \text{ MHz}$，$f_{p3} = 10 \text{ MHz}$，已知产生第一个极点频率 f_{p1} 电路的等效输出电阻 $R_1 = 20 \text{ k}\Omega$。采用电容滞后补偿技术保证放大电路稳定工作，要求在闭环增益分别为 10 与 100 时放大电路能稳定工作，则补偿电容 C_φ 最小分别为多大。

解：根据题意可以画出对应的幅频特性波特图，图题 6.21 解图所示：

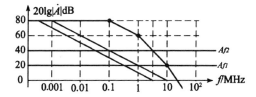

题 6.21 解图

由运放的幅频特性图可以看出,该运放有 3 个极点,分别为:
$$f_{p1}=0.1\,\mathrm{MHz},\ f_{p2}=1\,\mathrm{MHz},\ f_{p3}=10\,\mathrm{MHz}$$

由主极点可知原电路中的等效电容为:
$$f_{p1}=\frac{1}{2\pi R_1 C_0}=0.1\,\mathrm{MHz}=10^5\,\mathrm{Hz}$$
$$C_0=\frac{1}{2\pi R_1 f_{p1}}=\frac{1}{2\pi\times 20\times 10^3\times 10^5}\approx 7.96\times 10^{-11}\,\mathrm{F}=79.6\,\mathrm{pF}$$

当要求闭环增益为 10 时,对应的是 A_{f1} 的反馈线,画出补偿线,对应的补偿后主极点频率为:
$$f_{p1\varphi}=\frac{1}{2\pi R_1 C}=0.001\,\mathrm{MHz}=1\,000\,\mathrm{Hz}$$
$$C_1=\frac{1}{2\pi R_1 f_{p1\varphi}}=\frac{1}{2\pi\times 20\times 10^3\times 10^3}\approx 7.96\times 10^{-9}\,\mathrm{F}$$
$$C_{\varphi 1}=C_1-C_0=7.96\times 10^{-9}-7.96\times 10^{-11}=7.88\times 10^{-9}\,\mathrm{F}$$

当要求闭环增益为 100 时,对应的是 A_{f2} 的反馈线,画出补偿线,对应的补偿后主极点频率为:
$$f_{p2\varphi}=\frac{1}{2\pi R_1 C_2}\approx 600\,\mathrm{Hz}$$
$$C_2=\frac{1}{2\pi R_1 f_{p2\varphi}}=\frac{1}{2\pi\times 20\times 10^3\times 600}\approx 13.3\times 10^{-9}\,\mathrm{F}$$
$$C_{\varphi 2}=C_2-C_0=13.3\times 10^{-9}-7.96\times 10^{-11}\approx 13.2\times 10^{-9}\,\mathrm{F}$$

题 6.22 采用 NPN 管或 PNP 管设计一个开环电压放大倍数为 60 dB 的两级放大电路,并要求加入负反馈,使得其闭环增益为 10 倍,同时达到增大输入电阻与减小输出电阻的目的。采用 EDA 软件进行验证,同时基于波特图分析负反馈放大电路的稳定性。

解略。

第7章 集成运算放大器

一、本章内容

本章从模拟集成电路入手,分析其中的一个主要功能单元——集成运算放大器:首先讨论集成运算放大器的构成、集成运算放大器中BJT或FET构成的多种电流源。接着分析由BJT或FET构成的差分放大电路,重点讨论其工作原理和主要技术指标的计算;介绍集成运算放大器中的典型电路。最后介绍集成运算放大器的参数及模型,分析两种集成运放的实际电路。

二、本章重点

1. 电流源电路是模拟集成电路的基本单元电路,其特点是直流电阻小,动态输出电阻很大,并且有温度补偿作用。常用作放大电路的有源负载和决定放大电路各级Q点的偏置电流。

2. 差分放大电路是模拟集成电路的重要组成单元,特别是作为集成运放的输入级,它既能放大直流信号,又能放大交流信号;它对差模信号具有很强的放大能力,而对共模信号却有很强的抑制能力。由于电路输入、输出方式的不同组成,共有四种典型电路。

3. 差分式放大电路要得到高的K_{CMR},在电路结构上要求两边电路对称;偏置电流源电路要有高值的动态输出电阻。

4. 差分放大电路可由BJT、JFET、CMOSFET或BiCMOS组成。在相同偏置条件下,BJT的增益比FET大,但输入电阻小,而FET的输入电阻很大。由BiCMOS技术组成的差分放大电路,可得到极高的输入电阻和高的增益。目前BiCMOS在模拟集成电路中得到越来越广泛的应用。

5. 由BJT差分放大电路的传输特性可知:$-U_T < u_{id} < +U_T$时,差分放大电路工作在小信号线性放大区;$|u_{id}| > 4U_T$时,差分放大电路工作在限幅区。由MOS管差分放大电路的传输特性可知:当$-\sqrt{\dfrac{I_S}{K_N}} < u_{id} < \sqrt{\dfrac{I_S}{K_N}}$时,差分放大电路工作于小信号线性放大区;当$|u_{id}| > \sqrt{\dfrac{I_S}{K_N}}$时,差分放大电路工作于限幅区。

6. 集成运算放大器是用集成工艺制成的、具有高增益的直接耦合多级放大电路。一般由输入级、中间级、输出级和偏置电路四部分组成。为了抑制温漂和提高共模抑制比,常采用差分放大电路作输入级,中间为电压增益级,互补对称电压跟随电路常用作输出级;电流源电路构成偏置电路和有源负载电路。

7. 集成运放是模拟集成电路的典型组件,要了解其内部电路构成及工作原理的分析。

8. 实际集成运放的参数是非理想的,这些都给运放电路的输出带来误差,因此需要了解非理想运放参数对电路的影响,做到合理选择运放和电路元件,使电路输出误差减至最小。

三、本章公式

1. 电流源

(1) 基本镜像电流源,如图 7.1 所示

$$I_{C2} = I_{C1} = I_{REF} - 2I_B = \frac{1}{1+2/\beta}I_{REF} = \left(1 - \frac{2}{\beta+2}\right)I_{REF}$$

$$I_{C2} \approx I_{REF} = \frac{V_{CC} - U_{BE1}}{R}, \beta \gg 2$$

电流源输出电阻:$R_o = r_{ce2}$

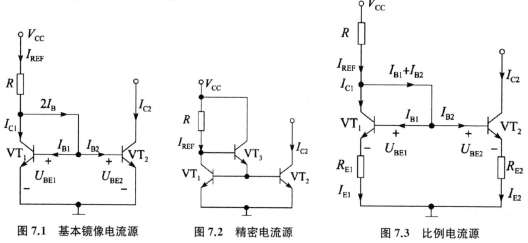

图 7.1 基本镜像电流源   图 7.2 精密电流源   图 7.3 比例电流源

(2) 精密电流源,如图 7.2 所示

$$I_{C2} = I_{C1} = \frac{1}{1+2/(\beta^2+\beta)}I_{REF} = \left(1 - \frac{2}{\beta^2+\beta+2}\right)I_{REF}$$

$$I_{C2} \approx I_{REF} = \frac{V_{CC} - U_{BE1}}{R}$$

电流源输出电阻:$R_o = r_{ce2}$

(3) 比例电流源,如图 7.3 所示

$$I_{C2} = \frac{R_{E1}}{R_{E2}}I_{C1} \approx \frac{R_{E1}}{R_{E2}}I_{REF}$$

其中:$I_{REF} \approx \frac{V_{CC} - U_{BE1}}{R + R_{E1}} \approx \frac{V_{CC}}{R + R_{E1}}$

电流源输出电阻:$R_o \approx r_{ce2}\left(1 + \frac{\beta R_{E2}}{r_{be2} + R'_{E1} + R_{E2}}\right)$

其中:$R'_{E1} = R \mathbin{/\mkern-6mu/} \left(R_{E1} + \frac{r_{be1}}{1+\beta}\right) \approx R \mathbin{/\mkern-6mu/} R_{E1}$

(4) 高输出阻抗镜像电流源,如图 7.4 所示

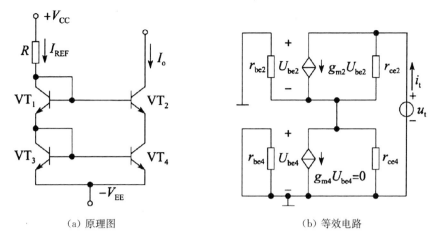

(a) 原理图　　　　　　　　　(b) 等效电路

图 7.4　高输出阻抗镜像电流源

$$I_o = I_{C2} = \frac{\beta}{\beta+2} I_{REF} = \left(1 - \frac{2}{\beta+2}\right) I_{REF}$$

$$I_o \approx I_{REF} = \frac{V_{CC} - 2U_{BE1}}{R}, \beta \gg 2$$

电流源输出电阻：$R_o \approx r_{ce2}(1+\beta) + r_{be2} \approx \beta r_{ce2}$

(5) 微电流源，如图 7.5 所示

$$I_{C2} \approx \frac{U_T}{R_E} \ln \frac{I_{C1}}{I_{C2}}$$

电流源输出电阻：$R_o \approx r_{ce2}\left(1 + \frac{\beta R_{E2}}{r_{be2} + R_{E2}}\right)$

(6) 威尔逊(Wilson)电流镜，如图 7.6 所示

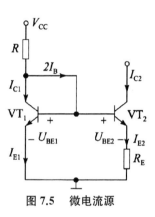

图 7.5　微电流源

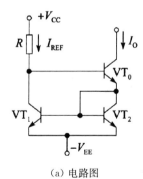
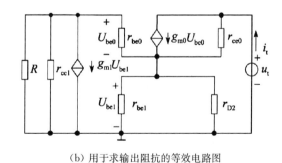

(a) 电路图　　　　　　(b) 用于求输出阻抗的等效电路图

图 7.6　威尔逊电流源

$$I_o = \left(1 - \frac{2}{\beta^2 + 2\beta + 2}\right) I_{REF}$$

其中：$I_{REF} = \dfrac{V_{CC} - 2U_{BE}}{R}$

电流源输出电阻：$R_o \approx \dfrac{\beta_0 + 1}{2} r_{ce0}$

(7) 多电流源，如图 7.7 所示

每一路输出电流为：

$$I_{C2} = I_{C3} = \frac{\beta}{\beta + n + 1} I_{REF}$$

其中：$I_{REF} = \dfrac{V_{CC} - U_{BE}}{R}$

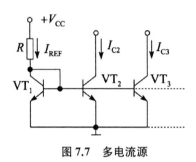

图 7.7 多电流源

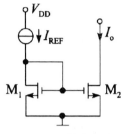

图 7.8 FET 镜像电流源

(8) FET 镜像电流源，如图 7.8 所示

$$I_o = I_{D2} = \frac{(W/L)_2}{(W/L)_1} \cdot \frac{(1 + \lambda U_{DS2})}{(1 + \lambda U_{DS1})} I_{D1}$$

$$= \frac{(W/L)_2}{(W/L)_1} \cdot \frac{(1 + \lambda U_{DS2})}{(1 + \lambda U_{DS1})} I_{REF}$$

电流源输出电阻：$R_o = r_{ds2}$

(9) 高阻抗 MOS 电流源，如图 7.9 所示

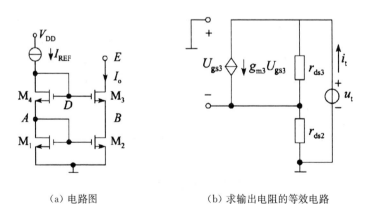

(a) 电路图 (b) 求输出电阻的等效电路

图 7.9 高阻抗 MOS 电流源

$I_o = I_{REF}$

电流源输出电阻：$R_o = \dfrac{u_t}{i_t} = r_{ds2} + r_{ds3} + g_{m3} r_{ds3} r_{ds2} \approx g_{m3} r_{ds3} r_{ds2}$

(10) FET 构成的威尔逊(Wilson)电流源，如图 7.10 所示

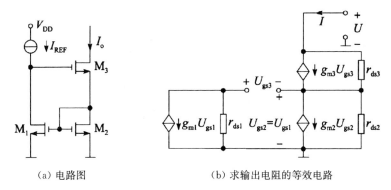

(a) 电路图　　　　　　(b) 求输出电阻的等效电路

图 7.10　FET 构成的威尔逊电流源

$$I_o = \frac{(W/L)_2}{(W/L)_1} \cdot \frac{(1+\lambda U_{DS2})}{(1+\lambda U_{DS1})} I_{REF}$$

电流源输出电阻：$R_o = \frac{1}{g_{m2}} + r_{ds3}\left(1 + \frac{g_{m3}}{g_{m2}} g_{m1} r_{ds1}\right) \approx r_{ds3} g_{m1} r_{ds1}$

其中，$g_{m1} r_{ds1} \gg 1$，$g_{m1} = g_{m2} = g_{m3}$

（11）FET 多路电流源，如图 7.11 所示

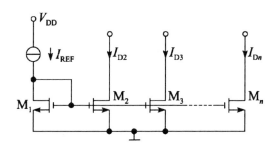

图 7.11　FET 多路电流源

$$I_{Di} = \frac{(W/L)_i}{(W/L)_1} I_{REF} \quad i = 2, 3, \cdots, n$$

其中：$I_{REF} = I_{D1} = K_{n1}(U_{GS1} - U_{GS(th)1})^2$

每一路电流源输出电阻：$R_{oi} = r_{dsi}$

2. 差分放大电路，如图 7.12 所示

（1）基本特性

差模信号：$u_{id} = u_{i1} - u_{i2}$

共模信号：$u_{ic} = (u_{i1} + u_{i2})/2$

任意信号：$\begin{cases} u_{i1} = u_{ic} + \dfrac{u_{id}}{2} \\ u_{i2} = u_{ic} - \dfrac{u_{id}}{2} \end{cases}$

差模增益：$\dot{A}_{ud} = \dfrac{u_{od}}{u_{id}}$

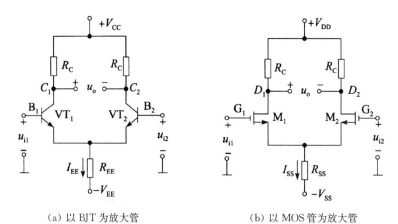

(a) 以 BJT 为放大管　　(b) 以 MOS 管为放大管

图 7.12　基本差分放大电路

共模增益：$\dot{A}_{uc} = \dfrac{u_{oc}}{u_{ic}}$

输出信号：$u_o = \dot{A}_{ud} u_{id} + \dot{A}_{uc} u_{ic}$

共模抑制比：$K_{CMR} = \dfrac{A_{ud}}{A_{uc}}$

(2) BJT 差分放大电路静态工作点计算

$$\begin{cases} U_{B1Q} = U_{B2Q} = 0 \\ I_{EE} = \dfrac{U_{B1Q} - U_{BEQ1} - (-V_{EE})}{R_{EE}} = \dfrac{V_{EE} - U_{BEQ}}{R_{EE}} \\ I_{C1Q} = I_{C2Q} \approx \dfrac{I_{EE}}{2} = \dfrac{1}{2} \cdot \dfrac{V_{EE} - U_{BEQ}}{R_{EE}} \\ I_{B1Q} = I_{B2Q} = \dfrac{I_{C2Q}}{\beta} \\ U_{CE1Q} = U_{CE2Q} = V_{CC} - I_{C2Q} R_C - (-U_{BE2Q}) = V_{CC} + U_{BE2Q} - I_{C2Q} R_C \end{cases}$$

(3) 输入为差模信号

① 双端输出，如图 7.13 所示

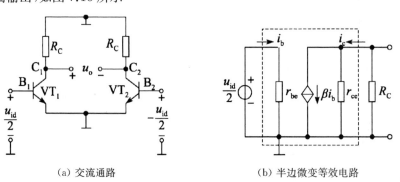

(a) 交流通路　　(b) 半边微变等效电路

图 7.13　双端输入、双端输出时差模放大电路

差模放大倍数：$\dot{A}_{ud}=\dfrac{u_{od}}{u_{id}}=\dfrac{u_{o1}-u_{o2}}{u_{i1}-u_{i2}}=\dfrac{2u_{o1}}{u_{id}}=\dfrac{u_{o1}}{u_{id}/2}$

$\qquad\qquad\qquad =-\dfrac{\beta R'_L}{r_{be}},\ R'_L=R_C\ //\ \dfrac{R_L}{2}$

输入电阻：$R_i=2r_{be}$

输出电阻：$R_o=2R_C$

② 单端输出，如图 7.14 所示

差模放大倍数：$\dot{A}_{ud1}=\dfrac{u_{o1}}{u_{id}}=\dfrac{u_{o1}}{u_{i1}-u_{i2}}=\dfrac{u_{o1}}{u_{id}}=\dfrac{u_{o1}/2}{u_{id}/2}$

$\qquad\qquad\qquad =-\dfrac{\beta R'_L}{2r_{be}},\ R'_L=R_C\ //\ R_L$

输入电阻：$R_i=2r_{be}$

输出电阻：$R_o=R_C$

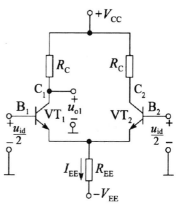

图 7.14 双端输入、单端输出时差模放大电路

（4）输入为共模信号，如图 7.15 所示

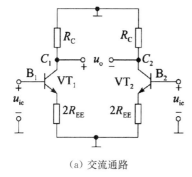 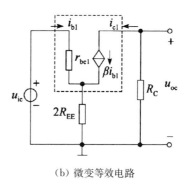

（a）交流通路　　　　　　　　（b）微变等效电路

图 7.15 共模输入差分放大电路

① 双端输出

共模放大倍数：$\dot{A}_{uc}=0$

输入电阻：$R_i=\dfrac{1}{2}[r_{be}+(1+\beta)\times 2R_{EE}]$

输出电阻：$R_o=2R_C$

② 单端输出

共模放大倍数：

$\dot{A}_{uc1}=\dfrac{u_{o1}}{u_{ic}}=-\dfrac{\beta R'_L}{R_s+r_{be1}+(1+\beta)2R_{EE}}$

$\qquad\approx -\dfrac{R'_L}{2R_{EE}},\ R'_L=R_C\ //\ R_L$

输入电阻：$R_i=\dfrac{1}{2}[r_{be}+(1+\beta)\times 2R_{EE}]$

输出电阻：$R_o=R_C$

3. FET 差分放大电路，如图 7.16 所示

（1）静态工作点计算

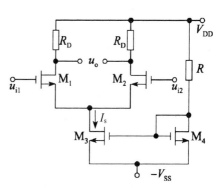

图 7.16 FET 差分放大电路

$$\begin{cases} U_{G1Q} = U_{G2Q} = 0 \\ I_S = \dfrac{V_{DD} - U_{GS4} - (-V_{SS})}{R} = \dfrac{V_{DD} + V_{SS} - U_{GS4}}{R} \approx \dfrac{V_{DD} + V_{SS}}{R} \\ I_{D1Q} = I_{D2Q} = \dfrac{1}{2} I_S \\ U_{GS1Q} = U_{GS2Q} = U_{GS(th)} \left(\sqrt{\dfrac{I_{D1Q}}{I_{DO}}} - 1 \right), \left[I_{DQ} = I_{DO} \left[\dfrac{U_{GSQ}}{U_{GS(th)}} - 1 \right]^2 \right] \\ U_{DS1Q} = U_{DS2Q} = V_{DD} - I_{D2Q}R_D - (-U_{GS2Q}) = V_{DD} + U_{GS2Q} - I_{D2Q}R_D \end{cases}$$

(2) 差模输入

① 双端输出

差模放大倍数：$\dot{A}_{ud} = \dfrac{u_{od}}{u_{id}} = -g_m R'_L$，$R'_L = R_D // \dfrac{R_L}{2}$

输入电阻：$R_i = \infty$

输出电阻：$R_o = 2R_D$

② 单端输出

差模放大倍数：$\dot{A}_{ud1} = \dfrac{u_{o1}}{u_{id}} = -\dfrac{1}{2} g_m R'_L$，$R'_L = R_D // R_L$

输入电阻：$R_i = \infty$

输出电阻：$R_o = R_D$

(3) 共模输入

① 双端输出

共模放大倍数：$\dot{A}_{uc} = 0$

输入电阻：$R_i = \infty$

输出电阻：$R_o = 2R_D$

② 单端输出

共模放大倍数：$\dot{A}_{uc1} = \dfrac{u_{o1}}{u_{ic}} = \dfrac{-g_m R'_L}{1 + 2g_m r_{ds3}}$，$R'_L = R_D // R_L$

输入电阻：$R_i = \infty$

输出电阻：$R_o = R_D$

四、习题解析

题 7.1 在题 7.1 图中，假设电阻 $R = 10$ kΩ，$V_{CC} = 12$ V，$V_{CC1} = 9$ V，三极管的 $U_{BE1} = U_{BE2} = 0.6$ V，$\beta_1 = \beta_2 = 50$，$r_{ce1} = r_{ce2} = 100$ kΩ。1) 假如是理想的电流镜，求其输出电阻及输出电流 I_o。2) 如果 $R_L = 10$ kΩ，试求其输出电流 I_o。3) 如果 $R_L = 100$ kΩ，试求其输出电流 I_o。

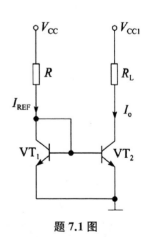

题 7.1 图

解： 1) 理想镜像电流源

$$I_{REF} = \dfrac{V_{CC} - U_{BE1}}{R} = \dfrac{12 - 0.6}{10 \times 10^3} = 1.14 \text{ mA}$$

$$I_{o}=I_{C2}=I_{C1}=I_{REF}-2I_{B}=I_{REF}-2\left(\frac{I_{C1}}{\beta}\right)$$

$$I_{o}=\frac{1}{1+\frac{2}{\beta}}I_{REF}=\left(1-\frac{2}{\beta+2}\right)I_{REF}$$

当 $\beta \gg 2$ 时

$$I_{o}\approx I_{REF}=1.14\ \text{mA}$$
$$R_{o}=r_{ce}=100\ \text{k}\Omega$$

2) 因为 $V_{CC1}=9\ \text{V}$，最大输出电流受到限制，所以 VT_2 管饱和，假设 VT_2 管的饱和压降为 $U_{CES}=0.3\ \text{V}$，

$$R_L=10\ \text{k}\Omega$$
$$I_o=\frac{V_{CC}-U_{CES}}{R_L}=\frac{9-0.3}{10\times 10^3}=0.87\ \text{mA}$$

3) 与 2) 一样，VT_2 管饱和

$$R_L=100\ \text{k}\Omega$$
$$I_o=\frac{V_{CC}-U_{CES}}{R_L}=\frac{9-0.3}{100\times 10^3}=0.087\ \text{mA}$$

题 7.2 在题 7.2 图中，假设电阻 $R=10\ \text{k}\Omega$，$V_{CC}=12\ \text{V}$，$V_{CC1}=9\ \text{V}$，三极管的 $U_{BE1}=U_{BE2}=0.6\ \text{V}$，$\beta_1=\beta_2=50$，$r_{ce1}=r_{ce2}=100\ \text{k}\Omega$。1) 假如是理想的电流镜，求其输出电阻及输出电流 I_o。2) 如果 $R_L=10\ \text{k}\Omega$，试求其输出电流 I_o。3) 如果 $R_L=100\ \text{k}\Omega$，试求其输出电流 I_o。

解：1) 该电路为高输出阻抗镜像电流源。

$$I_o=I_{C2}=I_{C1}=I_{REF}-2I_B=I_{REF}-\frac{2I_{C2}}{\beta}$$

$$I_o=\frac{\beta}{\beta+2}I_{REF}=\left(1-\frac{2}{\beta+2}\right)I_{REF}$$

$$I_{REF}=\frac{V_{CC}-2U_{BE}}{R}=\frac{12-2\times 0.6}{10\times 10^3}=1.08\ \text{mA}$$

$\because \beta=50$

$$\therefore I_o=\left(1-\frac{2}{50+2}\right)\times 1.08=1.04\ \text{mA}$$

或：$I_o\approx I_{REF}=1.08\ \text{mA}$

求输出电阻，可以画出其交流等效电路如题 7.2 解图所示：

$$u_{be2}=-i_t(r_{ce4}\ //\ r_{be2})$$

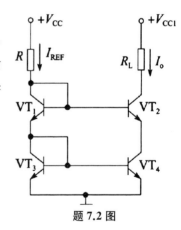

题 7.2 图

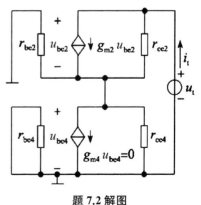

题 7.2 解图

$$i_t = g_{m2}u_{be2} + \left[\frac{u_t - i_t(r_{ce4} // r_{be2})}{r_{ce2}}\right] = -\frac{\beta}{r_{be2}}i_t(r_{ce4} // r_{be2}) + \left[\frac{u_t - i_t(r_{ce4} // r_{be2})}{r_{ce2}}\right]$$

$$R_o = \frac{u_t}{i_t} \approx r_{ce2}(1+\beta) + r_{be2} \approx \beta r_{ce2} = 50 \times 100 \text{ k}\Omega = 5 \text{ M}\Omega$$

2) 三极管 VT_2、VT_4 饱和,没有恒流特性

$\because V_{CC1} = 9 \text{ V}, R_L = 10 \text{ k}\Omega$

$\therefore I_o = \dfrac{V_{CC} - 2U_{CES}}{R_L} = \dfrac{9 - 2 \times 0.3}{10 \times 10^3} = 0.84 \text{ mA}$

3) 三极管 VT_2、VT_4 饱和,没有恒流特性

$\because V_{CC1} = 9 \text{ V}, R_L = 100 \text{ k}\Omega$

$\therefore I_o = \dfrac{V_{CC} - 2U_{CES}}{R_L} = \dfrac{9 - 2 \times 0.3}{100 \times 10^3} = 0.084 \text{ mA}$

题 7.3 如题 7.3 图所示的多路输出电流源电路中,$R = 5.7 \text{ k}\Omega$,$V_{CC} = 12 \text{ V}$,$U_T = 26 \text{ mV}$,各晶体管的 β 值相等且足够大,三极管 VT 的 $U_{BE} = 0.6 \text{ V}$,输出电流 $I_{o1} = 100 \text{ }\mu\text{A}$,$I_{o2} = 10 \text{ }\mu\text{A}$。试分别求 R_{E1} 和 R_{E2} 的值。

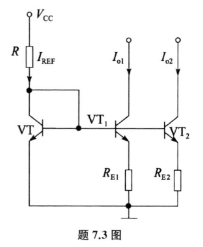

题 7.3 图

解: 该电路以 VT 支路为参考,VT_1、VT_2 分别构成了微电流源。

以 VT_1 支路为例计算:

$U_{BE} = U_{BE1} + I_{E1}R_{E1}$

$I_{E1}R_{E1} = U_{BE} - U_{BE1} = \Delta U_{BE1}$

$I_{o1} = I_{C1} \approx I_{E1} = \Delta U_{BE1}/R_{E1}$

$I_C \approx I_{REF} = \dfrac{V_{CC} - U_{BE}}{R} = \dfrac{12 - 0.6}{5.7 \times 10^3} = 2 \text{ mA}$

由三极管特性可知: $I_C = I_S(e^{\frac{U_{BE}}{U_T}} - 1) \approx I_S e^{\frac{U_{BE}}{U_T}}$

$U_{BE} = U_T \ln \dfrac{I_C}{I_S}$

所以: $\Delta U_{BE1} = U_{BE} - U_{BE1} = U_T \left(\ln \dfrac{I_C}{I_S} - \ln \dfrac{I_{o1}}{I_{S1}}\right)$

假设: $I_{S1} = I_S$,则: $\Delta U_{BE1} = U_T \ln \dfrac{I_C}{I_{o1}}$

所以: $R_{E1} = \dfrac{U_T}{I_{E1}} \cdot \ln \dfrac{I_C}{I_{o1}} \approx \dfrac{U_T}{I_{o1}} \cdot \ln \dfrac{I_{REF}}{I_{o1}}$

已知: $U_T = 26 \text{ mV}$,$I_{REF} = 2 \text{ mA}$,$I_{o1} = 100 \text{ }\mu\text{A} = 0.1 \text{ mA}$,$I_{o2} = 10 \text{ }\mu\text{A} = 0.01 \text{ mA}$

可得: $R_{E1} = \dfrac{26 \text{ mV}}{0.1 \text{ mA}} \cdot \ln \dfrac{2}{0.1} \approx 779 \text{ }\Omega$

同理: $R_{E2} = \dfrac{U_T}{I_{o2}} \cdot \ln \dfrac{I_{REF}}{I_{o2}} = \dfrac{26}{0.01} \cdot \ln \dfrac{2}{0.01} \approx 13\,776\,\Omega \approx 13.8 \text{ k}\Omega$

题 7.4 在如题 7.4(a)、(b)图所示的电路中,NMOS 晶体管的参数为 $U_{thn} = +0.7 \text{ V}$,

$\mu_\mathrm{n}C_\mathrm{ox}/2=40~\mu\mathrm{A/V^2}$；PMOS 晶体管的参数为 $U_\mathrm{thp}=-0.7~\mathrm{V}$，$\mu_\mathrm{p}C_\mathrm{ox}/2=25\mu\mathrm{A/V^2}$，忽略二阶效应。1) 对于(a)图，假设 $R=200~\mathrm{k\Omega}$，试求 I_REF、I_1、I_2、I_3 和 I_4。2) 对于(b)图，假设 $I_\mathrm{REF}=100~\mu\mathrm{A}$，试求 I_D2、I_o。

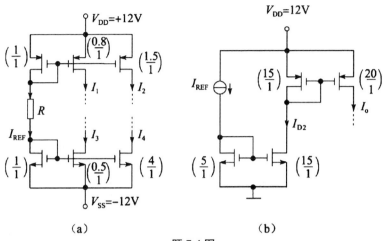

题 7.4 图

解：1) 对(a)图所示电路，设参考支路中 PMOS 管为 VT_1，NMOS 管为 VT_2。

由饱和萨氏方程（忽略二阶效应）：

$$\begin{cases} I_\mathrm{D1}=\dfrac{1}{2}\mu_\mathrm{p}C_\mathrm{ox}(W/L)_1(|U_\mathrm{GS1}|-U_\mathrm{GS(th)1})^2 \\ I_\mathrm{D2}=\dfrac{1}{2}\mu_\mathrm{n}C_\mathrm{ox}(W/L)_2(U_\mathrm{GS2}-U_\mathrm{GS(th)2})^2 \\ I_\mathrm{D1}=I_\mathrm{D2}=I_\mathrm{REF} \\ |U_\mathrm{GS1}|+U_\mathrm{GS2}+I_\mathrm{REF}R=24 \end{cases}$$

代入参数可以得到：

$$\begin{cases} I_\mathrm{REF}=25\times 10^{-6}(|U_\mathrm{GS1}|-0.7)^2 \\ I_\mathrm{REF}=40\times 10^{-6}(U_\mathrm{GS2}-0.7)^2 \\ |U_\mathrm{GS1}|+U_\mathrm{GS2}+200\times 10^3 I_\mathrm{REF}=24 \end{cases}$$

解方程可以得到：

$$I_\mathrm{REF}\approx 95.5~\mu\mathrm{A}$$

由 PMOS 构成的电流源：

$$I_1=\dfrac{(W/L)_1}{(W/L)}I_\mathrm{REF}=\dfrac{0.8/1}{1/1}\times 95.5=76.4~\mu\mathrm{A}$$

$$I_2=\dfrac{(W/L)_2}{(W/L)}I_\mathrm{REF}=\dfrac{1.5/1}{1/1}\times 95.5=143.25~\mu\mathrm{A}$$

由 NMOS 构成的电流源：

$$I_3=\dfrac{(W/L)_3}{(W/L)}I_\mathrm{REF}=\dfrac{0.5/1}{1/1}\times 95.5=47.75~\mu\mathrm{A}$$

$$I_4 = \frac{(W/L)_4}{(W/L)} I_{REF} = \frac{4/1}{1/1} \times 95.5 = 382 \ \mu A$$

2) 对(b)图所示电路

$$I_{D2} = \frac{15/1}{5/1} \times I_{REF} = 3 \times 100 = 300 \ \mu A$$

$$I_o = \frac{20/1}{15/1} \times I_{D2} = \frac{4}{3} \times 300 = 400 \ \mu A$$

题 7.5 如题 7.5 图所示的放大电路。设所有三极管 $\beta = 50$，$U_{BE} = 0.6$ V，$r_{ce} = 100$ kΩ，同时要求输入为零时输出为零。1) 求 R_4 阻值。2) 放大电路的静态工作点。3) 求放大电路的源电压放大倍数、输入电阻及输出电阻。

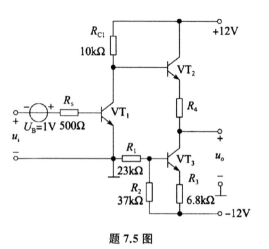

题 7.5 图

分析：本题为 VT_1 构成的共射极组态与 VT_2 构成的共集组态二级直接耦合放大电路。而 VT_3 为电流源电路，作为 VT_2 管的发射极电阻的一部分，与电阻 R_4 构成了电平移位电路，以保证在输入信号 $u_i = 0$ 时，通过合理选择 R_4，使 $u_o = 0$。同时电流源的高输出电阻不至于降低 VT_2 共集电路的跟随特性。

解：1) R_4 阻值的选取：(电路中 R_s 值偏小，以下以 $R_s = 20$ kΩ 计算)

要求静态时，保证在输入信号 $u_i = 0$ 时，使 $u_o = 0$。

$$\because I_{B1Q} = \frac{U_B - U_{BE1}}{R_s} = \frac{1 - 0.6}{20} = 0.02 \ \text{mA}$$

$$\therefore I_{C1Q} = \beta_1 I_{B1Q} = 50 \times 0.02 = 1 \ \text{mA}$$

$$U_{B2Q} = U_{C1Q} = V_{CC} - I_{C1Q} \cdot R_{C1} = 12 - 1 \times 10 = 2 \ \text{V}$$

$$U_{E2Q} = U_{B3Q} - U_{BE2} = 2 - 0.6 = 1.4 \ \text{V}$$

又 $\because I_{E2} \approx I_{E3} = \dfrac{\dfrac{R_2}{R_1 + R_2} \times V_{EE} - U_{BE3}}{R_3} = \dfrac{\dfrac{37}{23+37} \times 12 - 0.6}{6.8} = 1 \ \text{mA}$

$$\therefore R_4 = \frac{U_{E2Q} - u_o}{I_{E2}} = \frac{1.4 - 0}{1} = 1.4 \ \text{k}\Omega$$

2) 静态工作点分别为：

VT_1：$I_{C1Q} = 1$ mA

$U_{CE1Q} = U_{C1Q} - 0 = 2$ V

VT_2：$I_{C2Q} = 1$ mA

$U_{CE2Q} = V_{CC} - U_{E2Q} = 12 - 1.4 = 10.6$ V

VT_3：$I_{C3Q} = 1$ mA

$U_{CE3Q} = 0 - U_{E3Q} = 0 - (I_{E3Q}R_3 - V_{EE}) = 5.2$ V

3) 放大电路的源电压放大倍数、输入电阻及输出电阻：

由于 $R_{i2} = r_{be2} + (1+\beta_2)(R_4 + R_{o3}) \gg R_{C1}$

$$\dot{A}_{u1} = -\beta_1 \frac{R_{C1} /\!/ R_{i2}}{r_{be1}} \approx -\beta_1 \frac{R_{C1}}{r_{be1}}$$

$$\dot{A}_{u2} = \frac{(1+\beta_2)(R_4 + R_{o3})}{r_{be2} + (1+\beta_2)(R_4 + R_{o3})}$$

∵ $R_{o3} \gg r_{be2}$

∴ $\dot{A}_{u2} \approx 1$

$$r_{be1} = r_{bb'} + (1+\beta)\frac{26}{I_{E1}} = 200 + (1+50)\frac{26}{1} = 1\,526\,\Omega = 1.53\,\text{k}\Omega$$

$$r_{be2} = r_{bb'} + (1+\beta)\frac{26}{I_{E2}} = 200 + (1+50)\frac{26}{1} = 1\,526\,\Omega = 1.53\,\text{k}\Omega$$

$$\dot{A}_{us} = \frac{r_{be1}}{R_s + r_{be1}} \cdot \frac{-\beta_1 \cdot R_{C1} /\!/ R_{i2}}{r_{be1}} \times 1 \approx -\frac{\beta_1 R_{C1}}{R_s + r_{be1}} = -\frac{50 \times 10}{20 + 1.53} = -23.2$$

$$R_i = R_s + r_{be1} = 20 + 1.53 = 21.53\,\text{k}\Omega$$

$$R_o = R_{o3} /\!/ \left(R_4 + \frac{r_{be2} + R_{C1}}{1+\beta_2}\right)$$

$$R_{o3} = r_{ce3}\left[1 + \frac{\beta_3 R_3}{r_{be3} + r_s' + R_3}\right] > r_{ce3} = 100\,\text{k}\Omega$$

$$\therefore R_o \approx R_4 + \frac{r_{be2} + R_{C1}}{1+\beta_2} = 1.4 + \frac{1.53 + 10}{1+50} = 1.6\,\text{k}\Omega$$

题 7.6 如题 7.6 图所示的 JFET 放大电路中,假设 VT_1 的 $I_{DSS} = 7.5\,\text{mA}$, $U_{GS(off)} = -5\,\text{V}$, VT_2 的 $I_{DSS} = 4.8\,\text{mA}$, $U_{GS(off)} = -3\,\text{V}$, r_{ds1}、r_{ds2} 可视为无穷大,VT_1 的 $I_{D1Q} = 1.2\,\text{mA}$, $U_{DS1Q} = 8\,\text{V}$; 已知 $V_{DD} = 18\,\text{V}$, $V_{SS} = -18\,\text{V}$, $R_G = 1\text{M}\Omega$, 并且所有电容足够大,对于交流信号而言可视为短路。1) 求 R_S、R_D 的值。2) 求电压放大倍数 $A_u = u_o/u_i$。

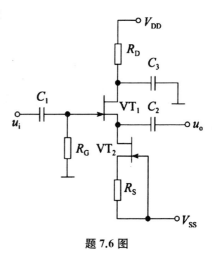

题 7.6 图

分析:该电路为由 JFET 管 VT_1 构成的共漏放大电路,VT_2 管构成的恒流源作为 VT_1 管的源极电阻,其较大的交流电阻可以提高 VT_1 管共漏电路的电压跟随特性,直流又能使电路工作在较合适的状态,为 VT_1 提供静态工作电流。

解:1) 对于 JFET,其转移特性表达式为:

$$I_{DQ} = I_{DSS}\left(1 - \frac{U_{GSQ}}{U_{GS(off)}}\right)^2$$

对于 VT_1 管有:

$$U_{GS1Q} = U_{GS1(off)}\left(1 - \sqrt{\frac{I_{D1Q}}{I_{DSS1}}}\right) = -5 \times \left(1 - \sqrt{\frac{1.2}{7.5}}\right) = -3\,\text{V}$$

∵ $U_{G1Q} = 0$ V ∴ $U_{S1Q} = 3$ V

∵ $U_{DS1Q} = 8$ V ∴ $U_{D1Q} = 11$ V

∴ $R_D = \dfrac{V_{DD} - U_{D1Q}}{I_{D1Q}} = \dfrac{18-11}{1.2} = 5.83$ kΩ

对于 VT_2 管有：

$I_{D2Q} = I_{D1Q}$

$U_{GS2Q} = U_{GS2(off)}\left(1 - \sqrt{\dfrac{I_{D2Q}}{I_{DSS2}}}\right)$

$= -3 \times \left(1 - \sqrt{\dfrac{1.2}{4.8}}\right) = -1.5$ V

∵ $U_{G2Q} = -18$ V ∴ $U_{S2Q} = -16.5$ V

∵ $I_{S2Q} = I_{D2Q} = I_{D1Q} = 1.2$ mA

∴ $R_S = \dfrac{U_{S2Q} - V_{SS}}{I_{S2Q}} = \dfrac{-16.5 + 18}{1.2} = 1.25$ kΩ

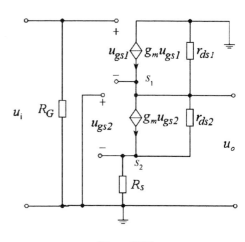

题 7.6 解图

2) 电路的电压放大倍数可以利用微变等效电路求得，如题7.6解图所示，由于 r_{ds1} 和 r_{ds2} 都为无穷大，即 VT_1 所带的源极电阻 R 为无穷大，所以 VT_1 构成的共漏放大电路的电压放大倍数为：

$$A_u = \dfrac{g_m R}{1 + g_m R} = 1$$

题 7.7 差动放大器如题 7.7 图所示，假设电路完全对称，差分放大对管的 $\beta = 40$，$r_{bb'} = 200\,\Omega$，$U_{BEQ} = 0.6$ V；$V_{CC} = V_{EE} = 15$ V，$R_B = 2$ kΩ，$R_C = R_L = 10$ kΩ，$R_{EE} = 100$ kΩ。求：1) 放大电路的静态工作点。2) 双端输出差模电压放大倍数，双端输出共模电压放大倍数及共模抑制比 K_{CMR}。3) 差模输入电阻及输出电阻。

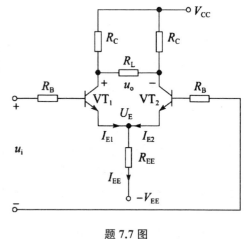

题 7.7 图

解：1) 静态工作点

$I_{EE} = \dfrac{U_{B1} - U_{BEQ1} - (-V_{EE})}{R_{EE}}$

$= \dfrac{0 - 0.6 - (-15)}{100 \times 10^3} = 0.144$ mA

$I_{C1} = I_{C2} = \dfrac{1}{2} I_{EE} = 72\,\mu\text{A}$

$I_{B1} = I_{B2} = \dfrac{I_{C2}}{\beta} = 1.8\,\mu\text{A}$

$U_{CE1Q} = U_{CE2Q} = V_{CC} - I_{C2} R_C - U_E = 15 - 0.072 \times 10 + 0.6 = 14.88$ V

2) $r_{be} = r_{bb'} + (1+\beta)\dfrac{26}{I_E} = 200 + (1+40)\dfrac{26}{0.072} = 15\,005\,\Omega = 15$ kΩ

$$R'_L = R_C \mathbin{/\mkern-6mu/} \frac{1}{2}R_L = 10 \mathbin{/\mkern-6mu/} \frac{10}{2} = 3.33 \text{ k}\Omega$$

$$\dot{A}_{ud} = -\frac{\beta R'_L}{r_{be} + R_B} = -\frac{40 \times 3.33}{15 + 2} = -7.84$$

$$\dot{A}_{uc} = 0$$

$$K_{CMR} = \frac{A_{ud}}{A_{uc}} = \infty$$

3) $R_{id} = 2(R_B + r_{be}) = 2 \times (2 + 15) = 34 \text{ k}\Omega$

$R_o = 2R_C = 20 \text{ k}\Omega$

题 7.8 如题 7.8 图所示的差动放大电路中，$V_{CC} = V_{EE} = 12$ V，$R_B = 5$ kΩ，$R_C = 56$ kΩ，$R_E = 33$ kΩ，$R_1 = 100$ Ω，$R_2 = 3.3$ kΩ，$R_W = 200$ Ω，其滑动端调在中点，稳压管的稳定电压为 9 V，各晶体管的 β 值均为 50，$r_{bb'} = 200$ Ω，$U_{BE} = 0.6$ V。试求：1) 各晶体管的静态工作点。2) 差模电压放大倍数 A_{ud} 和差模输入电阻 R_{id}（不计 R_1 的影响）。

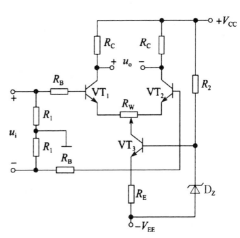

题 7.8 图

解： 1) 各晶体管的静态工作点

$$I_{C3Q} = I_{E3Q} = \frac{U_Z - U_{BE3Q}}{R_E} = \frac{9 - 0.6}{33 \times 10^3} = 0.25 \text{ mA}$$

$$I_{C1Q} = I_{C2Q} = \frac{1}{2}I_{C3Q} = \frac{1}{2} \times 0.25 = 0.125 \text{ mA}$$

$$U_{C1Q} = U_{C2Q} = V_{CC} - I_{C1Q} \times R_{C1} = 12 - 0.125 \times 56 = 5 \text{ V}$$

$$U_{E1Q} = U_{E2Q} = -0.6 \text{ V}$$

$$\therefore U_{CE1Q} = U_{CE2Q} = U_{C1} - U_{E1Q} = 5.6 \text{ V}$$

$$\because U_{C3Q} = U_{E1Q} - I_{C1Q} \times \frac{1}{2}R_p = -0.6 - 0.125 \times 0.5 \times 0.2 \approx -0.61 \text{ V}$$

$$U_{E3Q} = -U_{BE3} + U_{Dz} - V_{EE} = -0.6 + 9 - 12 = -3.6 \text{ V}$$

$$\therefore U_{CE3Q} = U_{C3Q} - U_{E3Q} = -0.61 + 3.6 = 3 \text{ V}$$

2) 差模电压放大倍数 A_{ud} 和差模输入电阻 R_{id}（不计 R_1 的影响）

因为电路对称，双端输入双端输出

$$r_{be1} = r_{bb'} + (1+\beta) \times \frac{26}{I_{E1Q}} = 200 + (1+50) \times \frac{26}{0.125} = 10\,808 \text{ } \Omega = 10.8 \text{ k}\Omega$$

$$R_{id} = 2\left[R_B + r_{be1} + (1+\beta)\frac{R_W}{2}\right] = 2 \times \left[5 + 10.8 + (1+50) \times \frac{0.2}{2}\right] = 41.8 \text{ k}\Omega$$

$$\dot{A}_{ud} = \frac{u_o}{u_i} = \frac{-\beta R_C}{R_B + r_{be1} + (1+\beta)\frac{R_W}{2}} = \frac{-50 \times 56}{5 + 10.8 + (1+50) \times 0.1} = -134$$

题7.9 如题7.9图所示的单入单出差分放大电路中,电路完全对称,三极管的$\beta=80$,$r_{be}=1\ \text{k}\Omega$,电阻$R_C=R_L=10\ \text{k}\Omega$,$R_E=20\ \text{k}\Omega$,$R_W=100\ \Omega$,$V_{CC}=V_{EE}=12\ \text{V}$。1) 求电路的静态工作点。2) 画出差模等效电路并计算差模电压放大倍数、差模输入电阻和输出电阻。3) 画出共模等效电路并计算共模电压放大倍数和共模输入电阻。4) 求共模抑制比K_{CMR}。

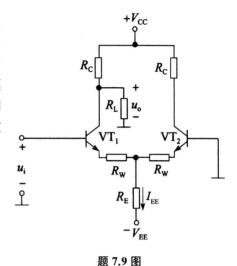

题7.9图

解: 1) 静态工作点,设$U_{BE1Q}=U_{BE2Q}=0.6\ \text{V}$

$$I_{EE}=\frac{U_{B1}-U_{BE1Q}-(-V_{EE})}{\frac{R_W}{2}+R_E}$$

$$=\frac{0-0.6-(-12)}{\left(\frac{0.1}{2}+20\right)\times 10^3}\approx 0.57\ \text{mA}$$

$$I_{C1}=I_{C2}=\frac{1}{2}I_{EE}=0.28\ \text{mA}$$

$$I_{B1}=I_{B2}=\frac{I_C}{\beta}=3.5\ \mu\text{A}$$

$$\because I_{C1}+\frac{U_{C1Q}}{R_L}=\frac{V_{CC}-U_{C1Q}}{R_C}$$

$$\therefore U_{C1Q}=\frac{\frac{V_{CC}}{R_C}-I_{C1}}{\frac{1}{R_C}+\frac{1}{R_L}}=\frac{\frac{12}{10}-0.28}{\frac{1}{10}+\frac{1}{10}}=\frac{1.2-0.28}{0.1+0.1}=4.6\ \text{V}$$

$$U_{CE1Q}=U_{C1Q}-(-U_{BE1Q})=4.6+0.6=5.2\ \text{V}$$

$$U_{CE2Q}=V_{CC}-I_{C2}R_C-(-U_{BE2Q})=12-0.28\times 10-(-0.6)=9.8\ \text{V}$$

2) 单端输入模式可表示为双端输入,即:

$$u_{i1}=\frac{1}{2}u_i+\frac{1}{2}u_i$$

$$u_{i2}=\frac{1}{2}u_i-\frac{1}{2}u_i$$

差模等效电路为题7.9解图(a)。
单端输出

$$\dot{A}_{ud1}=-\frac{\beta(R_C\ //\ R_L)}{2[r_{be}+(1+\beta)R_W]}$$

$$=-\frac{80\times(10\ //\ 10)}{2[1+(1+80)\times 0.1]}=-21.98$$

$$R_{id}=2[r_{be}+(1+\beta)R_W]=18.2\ \text{k}\Omega$$

$$R_o=R_C=10\ \text{k}\Omega$$

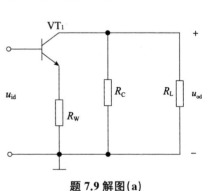

题7.9解图(a)

3) 共模等效电路如题 7.9 解图(b)所示，

$$\dot{A}_{uc1} = -\frac{\beta R'_L}{r_{be} + (1+\beta)(R_W + 2R_E)}$$

$$= -\frac{80 \times 5}{1 + 81 \times 40.1} = -0.123$$

$$R_{ic} = \frac{1}{2}[r_{be} + (1+\beta)(R_W + 2R_E)]$$

$$= 1.62 \text{ M}\Omega$$

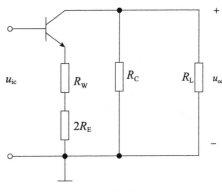

题 **7.9** 解图(b)

4) $K_{CMR} = \left|\frac{A_{ud1}}{A_{uc1}}\right| = \left|\frac{21.98}{0.123}\right| = 178.7$

题 7.10 如题 7.10 图所示的差分放大电路中，$\beta_1 = \beta_2 = \beta_3 = \beta_4 = 80$，$r_{bb'1} = r_{bb'2} = 100$，$U_{BE} = 0.6$ V，$r_{ce3} = r_{ce4} = 100$ kΩ；$V_{CC} = V_{EE} = 12$ V，$R_B = 1$ kΩ，$R_C = 27$ kΩ，$R_{REF} = 47$ kΩ。1) 求直流工作点(零输入)。2) 求差模增益 $A_{ud} = u_o/(u_{i1} - u_{i2})$、共模抑制比 K_{CMR} 和输入电阻。

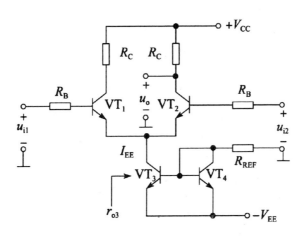

题 **7.10** 图

解：1) 静态分析

VT_3、VT_4 和 R_{REF} 构成了镜像电流源

$$I_{C3} = I_{C4} \approx \frac{V_{EE} - U_{BEQ}}{R_{REF}} = \frac{12 - 0.6}{47 \times 10^3} = 0.24 \text{ mA}$$

$$I_{E1} = I_{E2} = \frac{I_{C3}}{2} = 0.12 \text{ mA}$$

$I_{C1} \approx I_{E1} = 0.12$ mA

$I_{C2} \approx I_{E2} = 0.12$ mA

$U_{CE1Q} = U_{CE2Q} = V_{CC} - I_{C2}R_C - (-U_{BE1Q}) = 12 - 0.12 \times 27 + 0.6 = 9.36$ V

$U_{CE3Q} = -U_{BE} - (-V_{EE}) = -0.6 + 12 = 11.4$ V

2) $r_{be1} = r_{be2} = r_{bb'} + (1+\beta)\frac{26}{I_{E2}} = 100 + (1+80)\frac{26}{0.12} = 17\,650\ \Omega = 17.65$ kΩ

单端输出差模增益为：

$$\dot{A}_{ud} = \frac{u_o}{u_{i1}-u_{i2}} = \frac{-\beta R_C}{2(R_B+r_{be1})} = \frac{-80\times 27}{2(1+17.65)} = -57.9$$

单端输出的共模增益为：

$$\dot{A}_{uc} = \frac{u_o}{u_{ic}} = \frac{-\beta R_C}{R_B+r_{be1}+(1+\beta)\cdot 2r_{ce3}} = \frac{-80\times 27}{1+17.65+(1+80)(2\times 100)} = -0.13$$

共模抑制比为：

$$K_{CMR} = \left|\frac{\dot{A}_{ud}}{\dot{A}_{uc}}\right| = \frac{57.9}{0.13} = 445.4$$

差模输入电阻为：

$$R_{id} = 2(R_B+r_{be}) = 2(1+17.65) = 37.3 \text{ k}\Omega$$

共模输入电阻为：

$$R_{ic} = \frac{1}{2}[R_B+r_{be}+(1+\beta)\cdot 2r_{ce3}] = \frac{1}{2}[1+17.65+(1+80)(2\times 100)] \approx 8\,109 \text{ k}\Omega$$

题 7.11 放大电路如题 7.11 图所示。已知 $R_{B31}=150$ kΩ，$R_{B32}=51$ kΩ，$R_{C1}=10$ kΩ，$R_{E4}=3$ kΩ，$R_s=500$ Ω，$R_{E1}=R_{E2}=100$ Ω，$V_{CC}=V_{EE}=12$ V；假设各晶体管的 $\beta=40$，$U_{BE}=0.6$ V，$r_{bb'}=100\Omega$。1) 若要求静态时，即 $u_i=0$ V 时，$u_o=0$ V，求电阻 R_{E3}。2) 求电压放大倍数。3) 若要在 VT$_4$ 管的输入端得到最大不失真幅度，则输入信号 u_i 的有效值是多少？

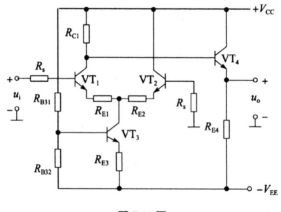

题 7.11 图

解：1) 静态时，即 $u_i=0$，$u_o=0$，

$$I_{E4} = \frac{0-(-V_{EE})}{R_{E4}} = \frac{12}{3\times 10^3} = 4 \text{ mA}$$

$$I_{B4} = \frac{I_{E4}}{\beta} = \frac{4 \text{ mA}}{40} = 0.1 \text{ mA}$$

$$U_{C1} = U_{B4} = 0.6 \text{ V}$$

$$I_{C1} = \frac{V_{CC}-U_{C1}}{R_{C1}} = \frac{12-0.6}{10\times 10^3} = 1.14 \text{ mA}$$

$$I_{E3} = 2I_{C1} = 2.28 \text{ mA}$$

$$U_{RB32} = \frac{R_{B32}}{R_{B32}+R_{B31}}[V_{CC}-(-V_{EE})] = \frac{51}{51+150}\times[12+12] = 6.09 \text{ V}$$

$$R_{E3} = \frac{U_{RB32Q} - 0.6}{I_{E3}} = \frac{6.09 - 0.6}{2.28} = 2.4 \text{ k}\Omega$$

2) 求电压放大倍数：

电路由第一级单端输入单端输出差分放大电路，与第二级共集电极电路构成。

$$r_{be1} = r_{bb'} + (1+\beta)\frac{26}{I_{E1}} = 100 + (1+40)\frac{26}{1.14} = 1\,035\,\Omega \approx 1.04 \text{ k}\Omega$$

$$R'_{L1} = R_{C1} \mathbin{/\mkern-6mu/} R_{i2} = R_{C1} \mathbin{/\mkern-6mu/} [r_{be4} + (1+\beta)R_{E4}] \approx R_{C1} = 10 \text{ k}\Omega$$

$$\dot{A}_{u1} = -\frac{\beta R'_{L1}}{2\times[R_s + r_{be1} + (1+\beta)R_{E1}]} = -\frac{40 \times 10}{2\times[0.5 + 1.04 + (1+40)\times 0.1]}$$
$$= -35.5$$

$$\dot{A}_{u2} = \frac{(1+\beta)R_{E4}}{r_{be4} + (1+\beta)R_{E4}} \approx 1$$

$$\dot{A}_u = \dot{A}_{u1} \cdot \dot{A}_{u2} = -35.5$$

3) 分析 VT_1 管的集电极由静态工作点变化到最大和最小的电位之间的差值，最大不失真电压由较小的值确定。

$U_{C1} = 0.6$ V

U_{C1} 电位最大可以到 $+V_{CC}$，即 I_{C1} 由 1.14 mA 减小到 0 mA。对应的 VT_1 集电极变化范围为：$U_{C1max} = V_{CC} - 0.6 = 11.4$ V

U_{C1} 电位最低可以降到 VT_1、VT_3 饱和(假设饱和压降为 0.3 V)，忽略 R_{E1} 的压降，R_{E3} 压降不变，此时 U_{C1} 变化至 U'_{C1}：

$$U'_{C1} = 0.3 + 0.3 + (6.09 - 0.6) - 12 = -5.91 \text{ V}$$

U_{C1} 的变化范围为：$U'_{C1max} = 0.6 - (-5.91) = 6.51$ V

$$U'_{C1max} < U_{C1max}$$

U'_{C1max} 即为 VT_1 管集电极最大输出幅度

$$\therefore U_{imax} = \frac{U'_{C1max}}{A_u} = \frac{6.51}{35.5} = 0.183 \text{ V} = 183 \text{ mV}$$

对应的有效值为：$U_i = \dfrac{U_{imax}}{\sqrt{2}} = \dfrac{183}{\sqrt{2}} \approx 129$ mV

题 7.12 如题 7.12 图所示为两级差动放大电路直接耦合的组合放大电路，已知差动放大电路的差模增益为 60 dB，共模抑制比 K_{CMR} 为 60 dB。当输入电压为 $u_{i1} = 6$ mV，$u_{i2} = 4$ mV 时，求其输出电压 u_o。

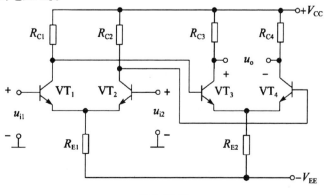

题 7.12 图

分析：电路由两级差动放大电路级联构成，输出电压应该包含差模电压和共模电压两部分，是输入差模电压和输入共模电压分别作用后在输出端的叠加。

解：已知：$K_{CMR} = \dfrac{A_{ud}}{A_{uc}} = 60 \text{ dB}(10^3 \text{ 倍})$ $A_{ud} = 60 \text{ dB}(10^3 \text{ 倍})$

所以：$A_{uc} = 0 \text{ dB}(1 \text{ 倍})$

已知：$u_{i1} = 6 \text{ mV}$，$u_{i2} = 4 \text{ mV}$

所以：$u_{id} = u_{i1} - u_{i2} = 2 \text{ mV}$，$u_{ic} = \dfrac{u_{i1} + u_{i2}}{2} = 5 \text{ mV}$

因此：$u_o = A_{ud} u_{id} + A_{uc} u_{ic} = 10^3 \times 2 + 1 \times 5 = 2\,005 \text{ mV}$

题 7.13 如题 7.13 图所示的 JFET 差动放大电路。已知 VT_1、VT_2 特性相同，即 $U_{GS(off)} = -2 \text{ V}$，$I_{DSS} = 1 \text{ mA}$，稳压管 $U_Z = 6 \text{ V}$，三极管 VT_3 的 $\beta = 80$，$U_{BE} = 0.6 \text{ V}$；$V_{DD} = V_{EE} = 12 \text{ V}$，$R_{EE} = 5.4 \text{ k}\Omega$，$R_D = 20 \text{ k}\Omega$，$R_L = 68 \text{ k}\Omega$。1) 求 VT_1、VT_2 的静态工作点。2) 求差模电压放大倍数 A_{ud}。3) 当 $u_{i1} = 10 \text{ mV}$、$u_{i2} = 4 \text{ mV}$ 时，求输出 u_o。

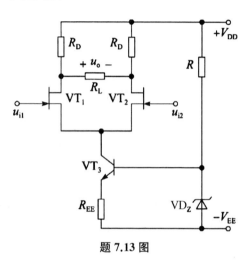

题 7.13 图

分析：由 JFET 管 VT_1 和 VT_2 构成了双端输入双端输出的差动放大电路，VT_3 管构成的电流源电路作为差动放大电路的公共源极电阻，可以降低电路对共模信号的放大能力，提高该差动放大电路的共模抑制比，电流源电路由稳压管 VD_Z 提供稳定的偏置电压。

解：1) 静态工作点的计算：

$$I_{E3Q} = \dfrac{U_Z - U_{BE3}}{R_{EE}} = \dfrac{6 - 0.6}{5.4} = 1 \text{ mA}$$

$I_{C3Q} \approx I_{E3Q} = 1 \text{ mA}$

$U_{E3Q} = I_{E3Q} R_{EE} - V_{EE} = 1 \times 5.4 - 12 = -6.6 \text{ V}$

对于 JFET 管，其电压控制特性为：

$$I_{DQ} = I_{DSS}\left(1 - \dfrac{U_{GSQ}}{U_{GS(off)}}\right)^2$$

由差动放大电路特性可知：

$$I_{D1Q} = I_{D2Q} = I_{DQ} = \dfrac{1}{2} I_{C3Q} = 0.5 \text{ mA}$$

$$U_{GS1Q} = U_{GS1Q} = U_{GS(off)}\left(1 - \sqrt{\dfrac{I_{DQ}}{I_{DSS}}}\right) = -2 \times \left(1 - \sqrt{\dfrac{0.5}{1}}\right) \approx -0.59 \text{ V}$$

$\because U_{G1Q} = U_{G1Q} = 0 \text{ V}$ $\therefore U_{S1Q} = U_{S1Q} = 0.59 \text{ V}$

$\because U_{D1Q} = U_{D2Q} = V_{DD} - I_{DQ} R_D = 12 - 0.5 \times 20 = 2 \text{ V}$

$$\therefore U_{DS1Q}=U_{DS2Q}=2-0.59=1.41 \text{ V}$$

$$\therefore U_{CE3Q}=U_{C3Q}-U_{E3Q}=U_{S1Q}-U_{E3Q}=0.59+6.6=7.19 \text{ V}$$

2) 求差模电压放大倍数,电路为双端输入双端输出对称结构:

$$g_m=-\frac{2}{U_{GS(off)}}\sqrt{I_{DQ}I_{DSS}}=\frac{2}{2}\sqrt{0.5\times 1}\approx 0.71 \text{ mS}$$

$$\dot{A}_{ud}=-g_m\left(R_D \text{ // } \frac{R_L}{2}\right)=-0.71\times\frac{20\times 34}{20+34}\approx -8.94$$

3) 由于电路完全对称,输出只有差模信号,没有共模输出电压

$$\because u_{i1}=10 \text{ mV} \quad u_{i2}=4 \text{ mV}$$

$$u_{id}=u_{i1}-u_{i2}=6 \text{ mV}$$

$$u_o=\dot{A}_{ud}u_{id}=-8.94\times 6=-53.64 \text{ mV}$$

题 7.14 如题 7.14 图所示的电路中,设所有三极管的 $\beta=80$,$U_{BEQ}=0.6$ V,$I_{C7}=I_{C6}$,$I_{C8}=1.25I_{C6}$,求:1) 在静态时,即 $u_{s1}=u_{s2}=0$ 时,要求 $u_o=0$,求 R_5 的值。2) 求总的电压放大倍数 $A_{ud}=u_o/(u_{s1}-u_{s2})$。3) 求电路的差模输入电阻和输出电阻。

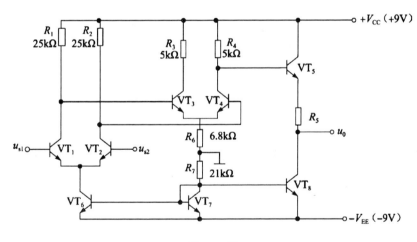

题 7.14 图

分析:该电路有以下几部分组成:

① VT_1、VT_2 构成了双端输入双端输出差分电路,作为输入级,以 VT_6 恒流源作为公共发射极电阻,来提高共模抑制比;

② 第二级为由 VT_3、VT_4 构成的双端输入单端输出的差分电路;

③ VT_5、VT_8 和 R_5 构成电平移位电路,通过 R_5 的合理选取,可使电路在零输入时零输出,同时又不降低电路的放大倍数;

④ VT_6、VT_7、VT_8 构成镜像电流源,其中 R_7、VT_7 支路形成参考电流。

解:(1) $I_{C7}=\dfrac{0-U_{BE7}-(-V_{EE})}{R_7}=\dfrac{9-0.6}{21\times 10^3}=0.4 \text{ mA}$

$$I_{C1}=I_{C2}=\frac{1}{2}I_{C6}=\frac{1}{2}I_{C7}=0.2\text{ mA}$$

$$U_{C1}=U_{C2}=V_{CC}-R_1I_{C1}=9-25\times10^3\times0.2\times10^{-3}=4\text{ V}$$

$$U_{E3}=U_{B3}-U_{BEQ}=U_{C1}-U_{BEQ}=4-0.6=3.4\text{ V}$$

$$I_{E3}=I_{E4}=\frac{1}{2}\frac{U_{E3}-0}{R_6}=\frac{1}{2}\times\frac{3.4}{6.8\times10^3}=0.25\text{ mA}$$

$$U_{B5}=U_{C4}=V_{CC}-R_4I_{E4}=9-5\times10^3\times0.25\times10^{-3}=7.75\text{ V}$$

$$I_{C8}=1.25I_{C6}=0.5\text{ mA}$$

$$R_5=\frac{U_{B5}-U_{BEQ}}{I_{C8}}=\frac{7.75-0.6}{0.5\times10^{-3}}=14.3\text{ k}\Omega$$

(2) 假设 $r_{bb'}=100\ \Omega$，$r_{ce8}=\infty$

$$R_{i3}=r_{be3}=r_{bb'}+(1+\beta)\frac{26\text{ mV}}{I_{E3}}=100+(1+80)\frac{26\text{ mV}}{0.25\text{mA}}=8.524\text{ k}\Omega$$

$$R_{i5}=r_{be5}+(1+\beta)(R_5+r_{ce8})=\infty$$

$$r_{be1}=r_{bb'}+(1+\beta)\frac{26\text{ mV}}{I_{E1}}=100+(1+80)\frac{26\text{ mV}}{0.2\text{ mA}}=10.63\text{ k}\Omega$$

$$\dot{A}_{ud1}=\frac{u_{c1}-u_{c2}}{u_{s1}-u_{s2}}=-\frac{\beta R'_{L1}}{r_{be1}}=-\frac{\beta(R_1\mathbin{/\mkern-5mu/} R_{i3})}{r_{be1}}=-\frac{80(25\mathbin{/\mkern-5mu/} 8.524)}{10.63}=-47.84$$

$$\dot{A}_{ud2}=\frac{u_{c4}}{u_{c1}-u_{c2}}=\frac{\beta R'_{L4}}{2r_{be3}}=\frac{\beta(R_4\mathbin{/\mkern-5mu/} R_{i5})}{2r_{be3}}=\frac{80\times5\times10^3}{2\times8.524\times10^3}=23.46$$

$$\dot{A}_{ud3}=\frac{u_o}{u_{c4}}=1$$

$$\dot{A}_{ud}=\frac{u_o}{u_{s1}-u_{s2}}=\dot{A}_{ud1}\cdot\dot{A}_{ud2}\cdot\dot{A}_{ud3}=-47.84\times23.46\times1=-1\,122.3$$

(3) $R_{id}=2r_{be1}=2\times10.63\times10^3=21.26\text{ k}\Omega$

$$R_o=\left(R_5+\frac{r_{be5}+R_4}{1+\beta}\right)\mathbin{/\mkern-5mu/} r_{ce8}$$

$$=R_5+\frac{r_{bb'}+(1+\beta)\dfrac{26\text{ mV}}{I_{E5}}+R_4}{1+\beta}$$

$$=14.3\times10^3+\frac{100+5\times10^3}{1+80}+\frac{26\text{ mV}}{0.5\text{mA}}$$

$$\approx14\,414\ \Omega\approx14.4\text{ k}\Omega$$

题 7.15 反馈放大电路如题 7.15 图所示。1) 判断图中级间反馈的极性和类型。2) 若满足深负反馈条件,则 $A_{uf}=u_o/u_i$ 为多少?

解:(1)由电阻 R_F 和 R_{B2} 构成了电压串联负反馈;

(2) 反馈系数为:

$$F_u=\frac{R_{B2}}{R_{B2}+R_F}=\frac{1}{1+5.6}\approx0.15$$

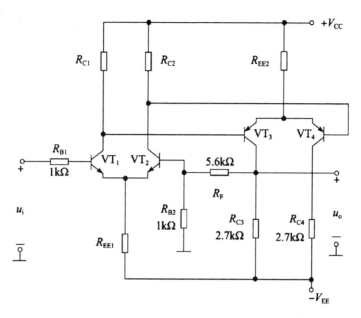

题 7.15 图

满足深度负反馈,所以:

$$A_{uf} \approx \frac{1}{F_u} = 1 + \frac{R_F}{R_{B2}} = 6.6$$

题 7.16 如题 7.16 图所示的放大电路中,假设三极管的参数为:$U_{BE1}=U_{BE2}=U_{BE4}=0.6\text{ V}$,$U_{BE3}=-0.3\text{ V}$,$\beta_1=\beta_2=\beta_4=100$,$\beta_3=80$。1) 设电阻 R_{B1} 和 R_{B2}(1 kΩ)上的压降可忽略,求静态($u_i=0$)时的 I_{C2} 的值。2) 设 $R_{C2}=6.8\text{ k}\Omega$,求 I_{C3} 的值。3) 求放大电路的闭环电压放大倍数,判断放大电路的同相端与反相端。4) 如果要求零输入时,输出也为零,求 R_{C2} 的值。5) 若要求输入电阻高、输出电阻低,图中的接线应如何变动?求其闭环电压放大倍数。

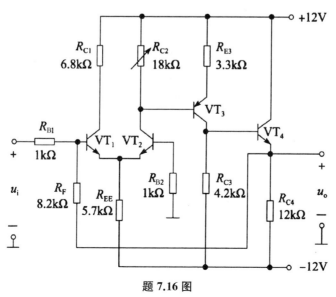

题 7.16 图

分析：VT_1 与 VT_2 构成了单端输入单端输出差分放大器，VT_3 构成了共发射极电路，VT_4 构成了共集电极电路，并由 R_F 与 R_{B1} 构成了电压并联负反馈。

解：1) $I_{C2} = I_{C1} = \dfrac{U_B - U_{BE1} - (-V_{EE})}{2R_{EE}} = \dfrac{0 - 0.6 + 12}{2 \times 5.7} = 1 \text{ mA}$

2) $\because R_{C2} = 6.8 \text{ k}\Omega$

$\therefore U_{C2} = U_{B3} = V_{CC} - I_{C2}R_{C2} = 12 - 1 \times 6.8 = 5.2 \text{ V}$

$U_{E3} = U_{B3} - U_{BE3} = 5.2 - (-0.3) = 5.5 \text{ V}$

$I_{C3} \approx I_{E3} = \dfrac{V_{CC} - U_{E3}}{R_{E3}} = \dfrac{12 - 5.5}{3.3} \approx 1.97 \text{ mA}$

3) 引入了电压并联负反馈

$\dot{F}_g = \dfrac{i_f}{u_o} = -\dfrac{\frac{u_o}{R_F}}{u_o} = -\dfrac{1}{R_F} = -\dfrac{1}{8.2}$

$\dot{A}_{uf} = \dfrac{1}{\dot{F}_G} \dfrac{1}{R_{B1}} = -8.2$

输出与输入反相，同相端为 VT_2 基极。

4) $\because u_o = 0 \Rightarrow U_{B4Q} = 0.6 \text{ V} = U_{C3}$

$\therefore I_{C3} = \dfrac{U_{C3} - (-V_{EE})}{R_{C3}} = \dfrac{0.6 - (-12)}{R_{C3}} = \dfrac{12 + 0.6}{4.2} = 3 \text{ mA} \approx I_{E3}$

$U_{E3} = V_{CC} - I_{E3}R_{E3} = 12 - 3 \times 3.3 = 2.1 \text{ V}$

$U_{BE3} = U_{B3} - U_{E3} = -0.3 \text{ V} \Rightarrow U_{B3} = U_{E3} - 0.3 = 2.1 - 0.3 = 1.8 \text{ V}$

$U_{B3} = U_{C2} = V_{CC} - I_{C2}R_{C2} \Rightarrow R_{C2} = \dfrac{V_{CC} - U_{C2}}{I_{C2}} = \dfrac{12 - 1.8}{1} = 10.2 \text{ k}\Omega$

5) 按题目要求，需要引入电压串联负反馈，应将 R_F 从 VT_4 的发射极引到 VT_2 的基极，同时将 VT_3 基极从原来的 VT_2 集电极改引到 VT_1 的集电极，以保证负反馈特性。

$\dot{F}_u = \dfrac{R_{B2}}{R_{B2} + R_F} = \dfrac{1}{1 + 8.2} = \dfrac{1}{9.2}$

$\dot{A}_{uf} = \dfrac{1}{\dot{F}_u} = 9.2$

题 7.17 如题 7.17 图所示电路中，假设 $\beta_1 = \beta_2 = 80$，$U_{BE1Q} = U_{BE2Q} = 0.6 \text{ V}$。1) 如 VT_3 的集电极 C_3 经 R_F 反馈连接到 B_2，如果要构成负反馈，试说明 B_3 应与 C_1 还是 C_2 相连。2) 假设处于深度负反馈，且要求 $\dot{A}_{uf} = 10$，求 R_F 的值。3) 如果想要减小放大电路的输出电阻与输入电阻，应该如何连接？

分析：电路由两部分构成，VT_1 与 VT_2 构成了差分放大电路，VT_3 构成了共发射极电路，并通过 R_F 引入反馈。

解：1) 按题目要求，应将 B_3 点与 C_1 相连，构成电压串联负反馈。

2) 满足深度负反馈，$\dot{A}_{uf} = 10 = \dfrac{1}{\dot{F}_u} \Rightarrow \dot{F}_u = 0.1$

$\dot{F}_u = \dfrac{R_{S2}}{R_{S2} + R_F} = \dfrac{1}{1 + R_F} = 0.1$

$\therefore R_F = 9 \text{ k}\Omega$

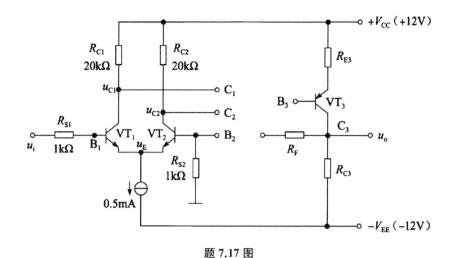

题 7.17 图

3) 根据题目要求,应该引入电压并联负反馈。将 R_F 连到 B_1,同时将 B_3 改为与 C_2 相连。

题 7.18 如题 7.18 图所示的电路中,假设 A 为理想的运放,三极管的 $U_{BE}=0.6$ V。1) 求放大电路的直流工作点(即 $u_i=0$)。2) 要使图中的电路为负反馈,标出运放 A 的同相端与反相端。3) 判断引入负反馈的类型,并求闭环电压放大倍数。4) 假如反馈电阻 R_F 的一端断开与节点 B_2 的连接并连接到节点 B_1 处,重求解 1)、2)、3)。

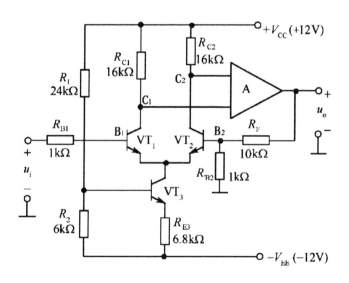

题 7.18 图

解: 1) $U_{B3} = \dfrac{R_2}{R_1+R_2}[V_{CC}-(-V_{EE})]-12 = -7.2$ V

$I_{E3} = \dfrac{U_{B3}-U_{BE3}-(-V_{EE})}{R_{E3}} = \dfrac{-7.2-0.6+12}{6.8\times 10^3} \approx 0.62$ mA

或：$U_{R2} = \dfrac{R_2}{R_1+R_2}(V_{CC}+V_{EE}) = 4.8\ \text{V}$

$$I_{E3} = \dfrac{U_{R2}-U_{BE3}}{U_{E3}} = \dfrac{4.8-0.6}{6.8} = 0.62\ \text{mA}$$

$$I_{E1} = I_{E2} = \dfrac{I_{E3}}{2} = 0.31\ \text{mA} \Rightarrow I_{C1} = I_{C2} = 0.31\ \text{mA}$$

$$U_{C1Q} = U_{C2Q} = V_{CC} - I_{C1}R_{C1} = 12 - 0.31 \times 16 = 7.04\ \text{V}$$

$$U_{CE1Q} = U_{CE2Q} = U_{C1Q} - U_{E1Q} = 7.04 + 0.6 = 7.64\ \text{V}$$

$$U_{CE3Q} = U_{C3Q} - U_{E3Q} = -0.6 - (U_{B3}-0.6) = -0.6+7.2+0.6 = 7.2\ \text{V}$$

2) 利用瞬时极性法可以判断：运放 A 与 C_1 相连的输入端为反相输入端（－），运放 A 与 C_2 相连的输入端为同相输入端（＋）。

3) 由 R_F 与 R_{B2} 引入了电压串联负反馈

$$\dot{A}_{uf} = \dfrac{1}{\dot{F}_u} = \dfrac{1}{\dfrac{R_{B2}}{R_{B2}+R_F}} = 1 + \dfrac{R_F}{R_{B2}} = 1 + \dfrac{10}{1} = 11$$

4) 当 R_F 接 B_1 时，电路的静态工作点不变，运放 A 与 C_1 相连的输入端为同相输入端（＋），运放 A 与 C_2 相连的输入端为反相输入端（－），引入的反馈为电压并联负反馈。

$$\dot{F}_g = -\dfrac{1}{R_F}$$

$$\dot{A}_{rf} = \dfrac{1}{\dot{F}_g} = -R_F$$

$$\dot{A}_{uf} = \dfrac{u_o}{u_i} = \dfrac{1}{R_{B1}} \cdot \dfrac{1}{\dot{F}_g} = -\dfrac{R_F}{R_{B1}} = -\dfrac{10}{1} = -10$$

题 7.19 宽带集成运放 F733 的内部电路原理图如题 7.19 图所示。1) 找出直流偏置电路，并分析其工作原理。2) 该电路主体电路有哪几级放大电路组成，每一级由哪些元器件构成？3) 试判断该运算放大电路的同相输入端与反相输入端（以 u_{o1} 为输出端讨论）。

解：(1) 该电路的直流偏置电路由 R_8、VT_8、R_{15} 支路为参考电流，VT_7 和 R_7、VT_9 和 R_{16}、VT_{10} 和 R_{13}、VT_{11} 和 R_{14} 与参考电流源之间构成了多路比例电流源结构，给电路提供直流偏置或作为恒流源负载。

(2) 电路主要由三级构成：

第一级为输入级，由 VT_1、VT_2 以及相关的电阻构成双端输入双端输出对称的差动放大电路，VT_7 电流源作为差动放大电路的共发射极电阻，用以提高共模抑制比；G_{1A} 与 G_{2A}、G_{1B} 与 G_{2B} 的不同连接可以改变运放的增益。

第二级为中间放大级，与第一级类似，由 VT_3、VT_4 以及相关的电阻构成双端输入双端输出（或单端输出）对称的差动放大电路，VT_9 电流源作为差动放大电路的共发射极电阻，用以提高共模抑制比。

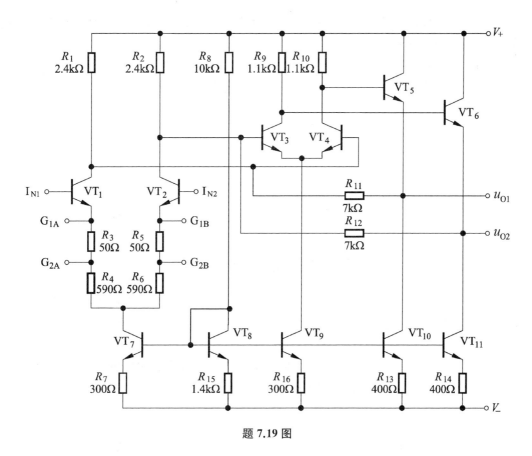

题 7.19 图

第三级为输出级,由 VT$_5$ 构成的共集电极放大电路,并以 VT$_{10}$ 作为该共集电极电路的发射极电阻,可以在保证合理的静态工作点的基础上,提高共集电极电路的电压跟随特性; VT$_6$ 和 VT$_{11}$ 构成的电路功能与 VT$_5$、VT$_{10}$ 功能一样,仅仅是输出了相位相反的两路信号。电阻 R_{11}、R_{12} 构成了内部负反馈,可以进一步提升电路的性能。

(3) u_{o1} 和 u_{o2} 输出了极性相反的信号,利用瞬时极性法:

$$I_{N1}(+) \to u_{C1}(-) \to u_{B4}(-)$$
$$\to u_{C4}(+) \to u_{B5}(+) \to u_{o1}(+)$$

所以对于 u_{o1} 输出端而言,输入端 I_{N1} 为同相输入端,I_{N2} 为反相输入端。

题 7.20 如题 7.20 图所示的一个放大电路中,假设 A 的增益为 100 V/V,VT$_1$、VT$_2$、VT$_3$、VT$_4$ 完全匹配,$U_{BE1} = U_{BE2} = U_{BE3} = -0.6$ V,$U_{BE4} = 0.6$ V,并且 r_{ce} 为无穷大;已知 $V_{CC} = V_{EE} = 12$ V,$R_{B1} = R_{B2} = 56$ kΩ,$R_{C1} = R_{C2} = 82$ kΩ,$R_{E3} = 15$ kΩ,$R_{E4} = 5.6$ kΩ。1)计算差分对的增益。

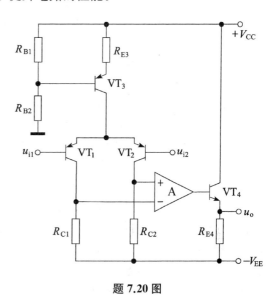

题 7.20 图

2) 为了达到直流零输入零输出的要求，估算运算放大器的输入补偿电压。3) 判断放大电路的同相输入端与反相输入端。

解：1) 计算差分对的增益

VT_1 和 VT_2 管构成了差分放大电路，由 VT_3 构成的电流源电路作为差分电路的公共发射极电阻，用于提高差分电路的共模抑制比。

$$U_{RE3} = \frac{R_{B1}}{R_{B1}+R_{B2}}V_{CC}-(-U_{BE3}) = \frac{56}{56+56}\times 12 - 0.6 = 5.4 \text{ V}$$

$$I_{E3Q} = \frac{U_{RE3}}{R_{E3}} = \frac{5.4}{15} = 0.36 \text{ mA}$$

$$I_{E1Q} = I_{E2Q} = \frac{1}{2}I_{E3Q} = 0.18 \text{ mA}$$

差分电路为双端输入双端输出，且运放输入电阻很大，所以：

$$r_{be1} = r_{be2} = r_{bb'}+(1+\beta)\frac{26}{I_{C2}} = 100+(1+\beta)\frac{26}{0.18} = 244.4+144.4\beta \approx 144.4\beta \text{ }\Omega$$

$$\dot{A}_{ud} = -\frac{\beta R_{C1}}{r_{be1}} = -\frac{\beta \times 82 \times 10^3}{144.4\beta} \approx -568$$

2) 为了达到直流零输入零输出的要求，静态时需要运放 A 输出电压值为 0.6 V，运放 A 的增益为 100 V/V，所以运算放大器的输入补偿电压大约为：

$$\frac{0.6}{100}\text{V} = 6 \text{ mV}$$

3) 利用瞬时极性法分析如下：

$$u_{i1}(+) \to u_{C1}(-) \to u_{A-}(-) \to u_{B4}(+) \to u_{E5}(+) \to u_o(+)$$

所以 u_{i1} 为同相输入端，u_{i2} 为反相输入端。

题 7.21 如题 7.21 图所示的电路中，晶体管 VT_1、VT_2 特性对称，运放 A 的正电源电压(⊕端对地电压)和负电源电压(⊖端对地电压)分别为 +12 V 和 -12 V，假设 $R_1 = R_2 = R_3 = R_4 = R$。1) 试说明电路的作用。2) 静态时，求 V_+ 与 V_- 的值。3) 在 V_+、V_- 为 2) 中求出的值不变的条件下，动态时，如输出信号电压 $u_o = 16$ V，运放 A 的正负电源电压又各是多少伏？

解：该电路的功能是扩大输出电压的范围。

运放的电源电压有最大值限制，当输出信号要求大于运放的电源电压时，输出将出现失真。用这个电路可以提高输出信号幅度，但运放的电源电压不用超出运放的最高电源电压。

如题 7.21 图所示，设运放的最大电源电压为 ±12 V，如果供电电压 V_+、V_- 为 ±24 V，由于满足 $R_1 = R_2 = R_3 = R_4 = R$，静态时 $u_o = 0$，$u_{B1} = 12$ V，$u_{B2} = -12$ V，忽略三极管 VT_1、VT_2 的发射结电压，则运放的电源电压近似为 ±12 V，满足运放的工作要求。

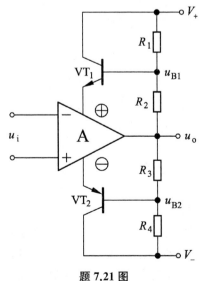

题 7.21 图

当有输出信号时,设输出电压为 U_o,则有:

$$U_\mathrm{B1} = \frac{1}{2}(V_+ - U_\mathrm{o}) + U_\mathrm{o} = \frac{V_+}{2} + \frac{U_\mathrm{o}}{2}$$

$$U_\mathrm{B2} = \frac{1}{2}(V_- - U_\mathrm{o}) + U_\mathrm{o} = \frac{V_-}{2} + \frac{U_\mathrm{o}}{2}$$

$$U_\mathrm{B1} - U_\mathrm{B2} = \frac{V_+}{2} - \frac{V_-}{2}$$

上式表明:当有输出信号时,运放的正负电源电压差没有变化,电源电压随着输出信号的变化而变化,当输出信号增大时,运放的正电源端电压提升,如输出信号电压 $U_\mathrm{o} = 16\ \mathrm{V}$ 时,运放的正电源端电压为 20 V,而运放的负电源端电源电压为 −4 V,既满足输出信号幅度的要求,也满足了运放工作时最大电源电压的要求,扩大了输出信号的动态范围。

题 7.22 试设计一个基于运放的电压增益可调的放大电路,并采用 EDA 软件进行仿真验证。

分析:在一定范围内,运算放大器增益主要取决于反馈电阻与输入端电阻的比值关系。改变增益一般可以通过改变反馈电阻的阻值来实现,如题 7.22 解图所示为常用的两种电路实现方式,分别为反相比例放大电路和同相比例放大电路。

改变反馈电阻可以利用电位器或开关的通断来完成,$S_1 \sim S_4$ 可以有以下几种实现方式:
(1) 直接利用连接线;
(2) 采用继电器切换反馈电阻;
(3) 采用模拟电子开关;
(4) 其他方式。

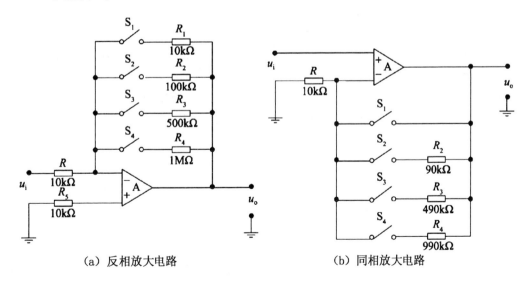

(a) 反相放大电路　　　　(b) 同相放大电路

题 7.22 解图

设计略。

第 8 章　正弦波产生电路

一、本章内容

正弦波产生电路，或称为正弦波发生器，常常作为信号源被广泛地应用于通信、测量、自动控制等系统中，其功能是产生单一频率、稳定的正弦波信号。

本章首先介绍正弦波振荡的条件，正弦波振荡电路的组成和分类。然后介绍几种常用的 RC 正弦波振荡电路、LC 正弦波振荡电路、石英晶体正弦波振荡电路的组成、工作原理、振荡频率和起振条件等。

二、本章重点

1. 正弦波振荡器由放大器、正反馈网络、选频网络和稳幅环节 4 个部分组成。振荡的幅度平衡条件为：$|\dot{A}\dot{F}|=1$；相位平衡条件为：$\varphi_A+\varphi_F=\pm 2n\pi$（$n$ 为整数）；能自行起振的幅度起振条件为：$|\dot{A}\dot{F}|>1$。

2. 按选频网络所用元件不同，正弦波振荡电路可分为 RC、LC 振荡器。

3. 判断正弦波振荡器能否振荡，应首先观察电路是否由放大、正反馈、选频、稳幅 4 个部分组成，进而检查放大电路是否能正常工作，然后利用相应的方法判断电路是否满足相位平衡条件，并由此确定振荡频率，必要时再判断电路是否满足幅度起振条件。

4. RC 振荡电路的振荡频率一般与 RC 的乘积成反比，这种振荡器可产生 1 Hz～1 MHz 的低频信号。常用的 RC 振荡电路有 RC 串并联振荡电路和移相式振荡电路。

5. LC 正弦波振荡电路的振荡频率较高，通常达几十千赫到几十兆赫，故一般其放大电路由分立元件构成。常用的 LC 振荡电路包括变压器反馈式、电感三点式和电容三点式，它们的振荡频率主要取决于 LC 谐振回路的谐振频率，即 $f_0 \approx \dfrac{1}{2\pi\sqrt{LC}}$，其中 L、C 分别为回路的等效总电感和等效总电容。对于三点式振荡器而言，其相位平衡条件用组成三点式的法则来判断较为方便。

6. 石英晶体振荡器相当于一个高 Q 值的 LC 电路，故其振荡频率非常稳定。在石英晶体的等效电路中，具有串联和并联两个谐振频率，分别为 f_s 和 f_p，且 f_s 与 f_p 的数值非常相近。石英晶体在 $f_s<f<f_p$ 极窄的频率范围内呈感性，在此区域外呈容性。此外 $f=f_s$ 时，石英晶体相当于一个数值很小的纯电阻。利用石英晶体的上述特性可构成串联型和并联型两种正弦波振荡器。

三、本章公式

1. RC 振荡电路

(1) RC 串并联特性

（如图 8.1、图 8.2 所示）

$$\dot{F} = \frac{\dot{U}_f}{\dot{U}_o} = \frac{1}{3 + j\left(\dfrac{\omega}{\omega_0} - \dfrac{\omega_0}{\omega}\right)}$$

当：$\omega = \omega_0 = \dfrac{1}{RC}$ 时：$\begin{cases} F_{\max} = \dfrac{1}{3} \\ \varphi_F = 0° \end{cases}$

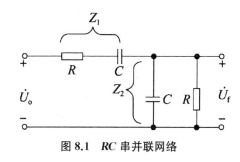

图 8.1 RC 串并联网络

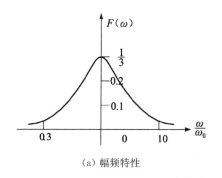

(a) 幅频特性

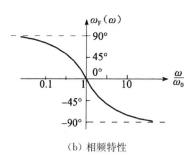

(b) 相频特性

图 8.2 RC 串并联网络的频率特性曲线

(2) RC 串并联振荡电路，如图 8.3 所示

振荡频率：$f_0 = \dfrac{1}{2\pi RC}$

平衡条件：$R_F = 2R_1$

起振条件：$R_F > 2R_1$

稳幅方式：采用负温度系数热敏电阻 R_F，或正温度系数热敏电阻 R_1。

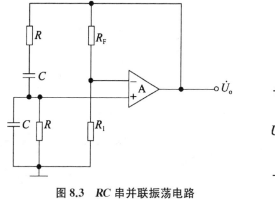

图 8.3 RC 串并联振荡电路

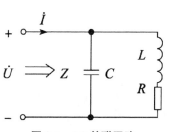

图 8.4 LC 并联回路

2. LC 振荡电路

(1) LC 并联谐振回路特性，如图 8.4、图 8.5 所示

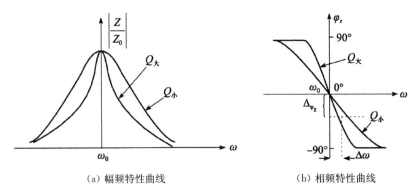

(a) 幅频特性曲线　　　　　(b) 相频特性曲线

图 8.5　LC 并联谐振回路的频率响应曲线

$$Z = \frac{\dfrac{L}{RC}}{1 + j\dfrac{\omega L}{R}\left(1 - \dfrac{1}{\omega^2 LC}\right)} \approx \frac{Z_0}{1 + jQ\left(1 - \dfrac{\omega_0^2}{\omega^2}\right)}$$

$$\omega_0 \approx \frac{1}{\sqrt{LC}} \quad Q = \omega_0 L / R$$

$$Z_0 = \frac{R^2 + (\omega_0 L)^2}{R} = R + Q\omega_0 L \approx Q\omega_0 L = \frac{L}{RC}$$

(2) 变压器反馈式振荡电路，如图 8.6 所示

振荡频率：$f_0 \approx \dfrac{1}{2\pi\sqrt{L_1 C}}$　　　平衡条件：$\beta = \dfrac{r_{be}}{\omega_0 MQ}$

起振条件：$\beta > \dfrac{r_{be}}{\omega_0 MQ}$

M 是 L_1 与 L_2 之间的互感系数，Q 为 $L_1 C$ 回路的品质因数。

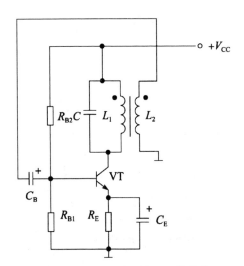

图 8.6　变压器反馈式振荡电路

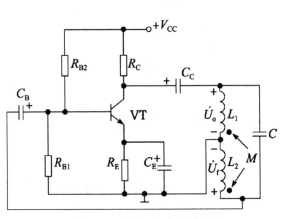

图 8.7　电感三点式振荡电路

(3) 电感三点式振荡电路,如图 8.7 所示

振荡频率：$f_0 \approx \dfrac{1}{2\pi\sqrt{(L_1+L_2+2M)C}}$

平衡条件：$\beta = \dfrac{L_1+M}{L_2+M} \cdot \dfrac{r_{be}}{R'}$

起振条件：$\beta > \dfrac{L_1+M}{L_2+M} \cdot \dfrac{r_{be}}{R'}$

M 是 L_1 与 L_2 之间的互感系数，R' 为折合到管子集电极和发射极间的并联等效电阻。

(4) 电容三点式振荡电路,如图 8.8 所示

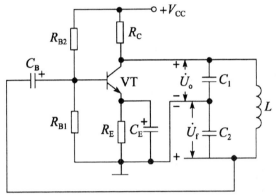

图 8.8 电容三点式振荡电路

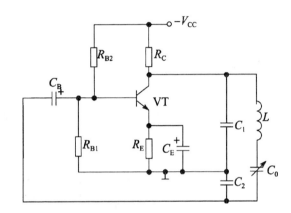

图 8.9 改进的电容三点式振荡电路

振荡频率：$f_0 \approx \dfrac{1}{2\pi\sqrt{L\dfrac{C_1 C_2}{C_1+C_2}}}$

平衡条件：$\beta = \dfrac{C_2}{C_1} \dfrac{r_{be}}{R'}$

起振条件：$\beta > \dfrac{C_2}{C_1} \dfrac{r_{be}}{R'}$

在电感支路中串入一个小电容,如图 8.9 所示,构成改进电路的振荡频率为：

$$f_0 \approx \dfrac{1}{2\pi\sqrt{LC_0}}, \quad C_0 \ll C_1,\ C_0 \ll C_2$$

四、习题解析

题 8.1 电路如题 8.1 图所示,试用相位平衡条件判断哪个电路可能振荡,哪个不能,说明理由。

解：(a) 图示电路中,放大电路由场效应管共漏组态($\varphi=0°$)和双极型三极管共射组态($\varphi=180°$)组合而成,所以放大电路的相移 $\varphi_A=180°$。反馈选频网络由 RC 串并联网络构成,相移范围是 $\varphi_F=-90°\sim 90°$。放大电路与反馈网络的相移相加不可能构成 $\varphi_A+\varphi_F=\pm 2n\pi$,不满足相位条件。所以图(a)电路不可能产生正弦波振荡。

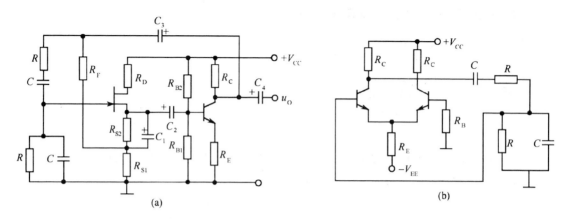

题 8.1 图

(b) 图示电路中,放大电路为差动电路,相移 $\varphi_A=180°$。反馈选频网络由 RC 串并联网络构成,相移范围是 $\varphi_F=-90°\sim 90°$。放大电路与反馈网络的相移相加不可能构成 $\varphi_A+\varphi_F=\pm 2n\pi$,不满足相位条件。所以图(b)电路不可能产生正弦波振荡。

题 8.2 电路如题 8.2 图所示。

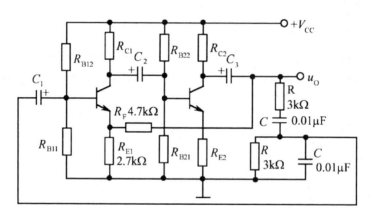

题 8.2 图

1) 判断电路是否满足相位平衡条件?
2) 分析电路参数能否满足起振条件?
3) 电路的振荡频率 $f_0=?$,如果希望改变 f_0 的大小,哪些参数可以调节?
4) 如果要求改善输出波形、减小非线性失真,应如何调整参数?

解: 1) 该电路中,放大部分由两级共射组态电路组合而成,总相移为 $\varphi_A=0°$(或 $\varphi_A=360°$)。反馈选频网络为 RC 串并联网络,在 $\omega=\dfrac{1}{RC}$ 时,相移角为 $\varphi_F=0°$。所以满足正弦波振荡的相位平衡条件,$\varphi_A+\varphi_F=\pm 2n\pi$。

2) 起振条件应为 $AF>1$。

因为 RC 串并联网络在 $\omega=\dfrac{1}{RC}$ 时,其传递系数为 $F=\dfrac{1}{3}$,达到最大。因此要求 $A>3$。

放大电路为电压串联负反馈电路,在深度负反馈的条件下,其放大倍数为:

$$A = 1 + \frac{R_F}{R_{E1}} = 1 + \frac{4.7}{2.7} = 2.74 < 3$$

所以该电路参数不能满足电路的起振条件,应增大 R_F 或者减小 R_{E1} 的值。

3) 振荡频率即为 RC 串并联网络的特征频率:

$$\omega_0 = \frac{1}{RC}$$

$$f_0 = \frac{\omega_0}{2\pi} = \frac{1}{2\pi RC} = \frac{1}{2 \times 3.14 \times 3 \times 10^3 \times 0.01 \times 10^{-6}} \approx 5.3 \times 10^3 \text{ Hz}$$

如果希望改变 f_0 的大小,只要同步调节 RC 串并联网络中的电阻 R 或电容 C。

4) 为了保证电路满足起振条件,应满足:

$$A = 1 + \frac{R_F}{R_{E1}} > 3$$

$$R_F > 2R_{E1}$$

从这个角度分析,$R_F > 2R_{E1}$,且 R_F 越大越好。但 R_F 过大,或 R_{E1} 过小,振荡波形的质量将会变差,会出现较大的非线性失真。所以一般可采用具有负温度系数的 R_F 或正温度系数的 R_{E1}。可以改善输出波形,减小非线性失真。

题 8.3 如把题 8.3(a)图所示的文氏电桥振荡器中 Z_1 改为由 R、L、C 串联支路组成,Z_2 改为电阻 R_3,电路如题 8.3(b)图所示,试分析:

1) 两种振荡器原理上有何异同?
2) 为保证图(b)电路起振,R_1/R_2 的比值应如何确定?
3) 求图(b)电路的振荡频率 f_0 的大小。

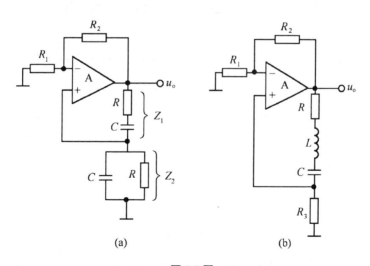

题 8.3 图

解: 1) 图(a)的振荡器是利用 RC 并联网络的选频特性,即当 $\omega = \frac{1}{RC}$ 时,传递函数为

$\frac{1}{3}$,并且输入输出同相;而(b)是利用 LC 串联电路的频率特性来实现相位平衡条件的,当 $\omega=\frac{1}{\sqrt{LC}}$ 时,LC 串联谐振,此时反馈网络的相移为 0,且反馈系数达到最大,与 RC 串并联网络有相似的特性。

2) 图(b)中反馈回路的电压传递函数为

$$\dot{F}(\omega)=\frac{\dot{U}_\mathrm{f}}{\dot{U}_\mathrm{o}}=\frac{R_3}{R+\mathrm{j}\omega L+\frac{1}{\mathrm{j}\omega C}+R_3}=\frac{R_3}{R+\mathrm{j}\left(\omega L-\frac{1}{\omega C}\right)+R_3}$$

由上式可知,当 $\omega L=\frac{1}{\omega C}$ 即 $\omega=\frac{1}{\sqrt{LC}}$ 时,反馈电压 $\dot{U}_\mathrm{f}$ 与 $\dot{U}_\mathrm{o}$ 同相,且 $\dot{F}(\omega)$ 达到最大,为 $\frac{R_3}{R+R_3}$,此时满足相位平衡条件。

基本放大器的增益为 $1+\frac{R_2}{R_1}$,为满足起振条件,要求 $|AF|\geqslant 1$

即有 $\left(1+\frac{R_2}{R_1}\right)\times\frac{R_3}{R+R_3}\geqslant 1$

所以要满足以下条件电路才能起振:$\frac{R_1}{R_2}\leqslant\frac{R_3}{R}$

3) 由 2)分析可知其振荡频率为:

$$f_0=\frac{1}{2\pi\sqrt{LC}}$$

题 8.4 由 RC 元件构成的一阶高通或低通网络的最大相移绝对值小于 90°。试用相位平衡条件判断题 8.4 图所示电路哪个可能振荡,哪个不能,说明理由。

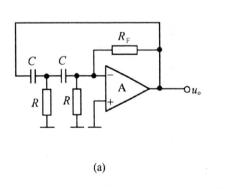 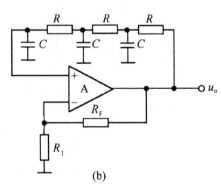

(a) (b)

题 8.4 图

分析:因为 RC 一阶高通或低通网络的最大相移绝对值小于 90°,所以在振荡电路中,如果放大部分有 180°相移,那么至少需要三级一阶 RC 反馈网络才能产生 180°的相移,使得 $\varphi_A+\varphi_F=\pm 2n\pi$。

解:1) 如图(a)所示,运放构成反相比例放大电路,相移 $\varphi_A=180°$,而只有两级一阶 RC

反馈网络,不可能在有效频率点上产生 180°的相移,所以该电路不满足振荡的相位平衡条件,即不满足 $\varphi_A+\varphi_B=\pm 2n\pi$,不能产生正弦波振荡。

2) 如图(b)所示,运放为同相比例放大电路,相移 $\varphi_A=0°$,反馈网络由三级 RC 低通网络构成,最大相移为 $-270°$。不满足 $\varphi_A+\varphi_F=2n\pi$,不能产生正弦波振荡。

题 8.5 判断下列电路是否可能产生正弦波振荡,若不能,请予修改,并说明属于哪一类振荡电路。

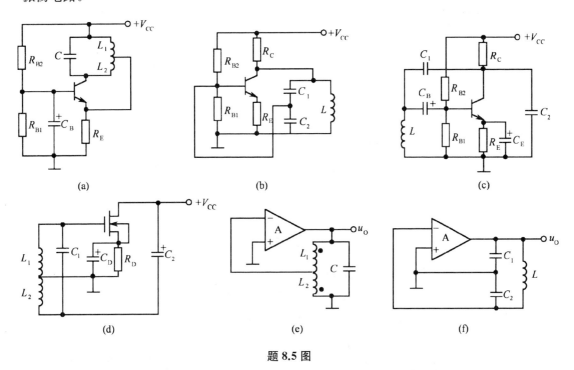

题 8.5 图

解:图(a),电路结构属于 LC 三点式振荡电路。与发射极相连的是两个电感,不与发射极相连的是电容,所以这是一个电感三点式振荡电路。但该电路中,电源 V_{CC} 通过电感 L_1 接至发射极,使该电路集电极和发射极直流电位相等,静态工作不正常。所以不能正常工作。可在电感中心抽头反馈到发射极之间串接一个隔直电容,就可以解决问题。

图(b),不满足相位条件,可将 C_1 和 L 位置互换,构成 LC 电容三点式振荡电路。为了保证放大电路静态工作点正常,可在电感支路中串联一个电容隔直。

图(c),不满足相位条件,可将 C_1 和 L 位置互换,构成电容三点式振荡电路。

图(d),满足相位条件,但是场效应管漏极直接接电源 $+V_{CC}$,相当于交流接地,漏极没有信号输出,放大状态不正常。可在电源 $+V_{CC}$ 和电容 C_2、漏极交点之间串接一个电阻或者高频扼流圈(电感),使漏极交流信号不被电源短路。

图(e),不满足相位条件,可将运放的同相端和反相端互换,就构成了电感三点式振荡电路。

图(f),满足相位条件,是电容三点式振荡电路,可产生正弦波振荡。

题 8.6 欲使题 8.6 图所示电路产生正弦波振荡,试标出变压器一次绕组、二次绕组的同名端。

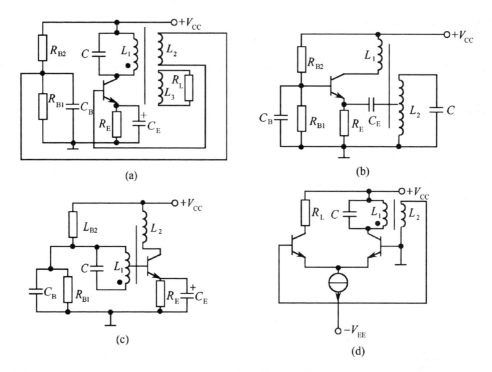

题 8.6 图

解：图(a)三极管为共射组态，由瞬时极性法，$u_b(+) \to u_c(-)$，即变压器初级同名端为（−），为了满足相位平衡条件，必须使得变压器耦合后的三极管基级极性为（＋），则变压器次级同名端必须在上端。如题 8.6 解图(a)所示。

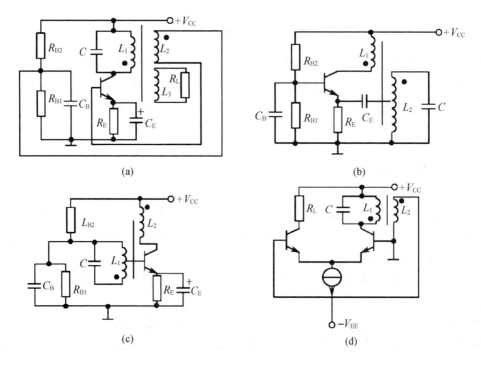

题 8.6 解图

图(b)三极管构成共基组态,$\varphi_A=0°$,为了满足相位平衡条件,变压器耦合所引入的附加相位也应该为 0,所以变压器同名端标注如 8.6 解图(b)所示。

图(c)三极管为共射组态,$\varphi_A=180°$,为了满足相位平衡条件,变压器耦合所引入的附加相位也应该为 $180°$,所以变压器同名端标注如 8.6 解图(c)所示。

图(d)为差分放大电路,不同侧的单端输入单端输出为同相位放大,所以变压器同名端标注如 8.6 解图(d)所示。

题 8.7 题 8.7 图表示收音机中常用的振荡器电路。
1) 说明三只电容 C_1、C_2、C_3 在电路中分别起什么作用?
2) 指出该振荡器所属的类型,标出振荡器线圈一次绕组、二次绕组的同名端。
3) 已知 $C_3=100$ pF,若要使振荡频率为 700 kHz,谐振回路的电感 L 应为多大?

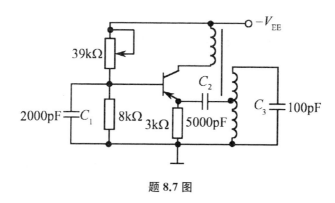

题 8.7 图

分析:该电路为变压器反馈式 LC 振荡电路。放大部分的三极管为共基极组态。变压器的原边是集电极负载,副边与 C_3 构成谐振选频网络。

解:1) C_1 是基极旁路电容,其作用是让基极交流接地,减小信号的损失,而保证直流电路正常工作。

C_2 是耦合电容,隔直通交,对谐振频率信号能通过 C_2 耦合给三极管发射极,构成共基级放大。

C_3 与变压器副边绕组构成谐振选频网络,以确定产生的是正弦波振荡频率。

2) 该电路为变压器反馈式正弦波振荡电路。利用瞬时极性法与振荡器的相位平衡条件可知,变压器的原边下端和副边上端为同名端。

3) 因为振荡频率为 LC 谐振回路的谐振频率,即 $f_0=\dfrac{1}{2\pi\sqrt{LC}}$。

所以 $L=\dfrac{1}{4\pi^2 f_0^2 C}=\dfrac{1}{4\pi^2\times(700\times10^3)^2\times100\times10^{-12}}=0.52\times10^{-3}$ H
$=0.52$ mH

题 8.8 在题 8.8 图中,1) 将其中左右两部分正确的连接起来,使之能够产生正弦波振荡。2) 估算振荡频率 f_0。3) 如果电容 C_0 短路,此时 $f_0=?$

解:1) 由右边的 LC 谐振回路结构可知,利用该网络构成的振荡电路是 LC 电容三点式振荡电路。根据三点式振荡电路构成规则,即与发射极相连的为同性质电抗(电容),与发

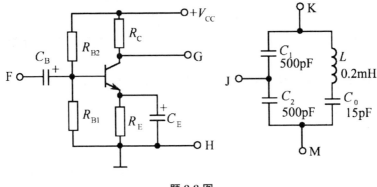

题 8.8 图

射极不相连的为异性质电抗(电感)。由此可知其连接方式为：

$$H\leftrightarrow J \quad G\leftrightarrow K \quad F\leftrightarrow M \quad 或 \quad H\leftrightarrow J \quad G\leftrightarrow M \quad F\leftrightarrow K$$

2) 振荡频率为 LC 谐振回路的谐振频率

即 $f_0 = \dfrac{1}{2\pi\sqrt{LC}}$

其中 $L = 0.2$ mH

$C = C_1 // C_2 // C_0$，因为 $C_0 \ll C_1$，$C_0 \ll C_2$，所以 $C = C_0 = 15$ pF

所以 $f_0 = \dfrac{1}{2\pi\times\sqrt{0.2\times 10^{-3}\times 15\times 10^{-12}}} \approx 2.9\times 10^6$ Hz $= 2.9$ MHz

3) 如果 C_0 短路，则 $C = \dfrac{C_1 \cdot C_2}{C_1 + C_2} = \dfrac{500\times 500}{500 + 500} = 250$ pF

所以 $f_0 = \dfrac{1}{2\pi\times\sqrt{0.2\times 10^{-3}\times 250\times 10^{-12}}} \approx 0.71\times 10^6$ Hz $= 0.71$ MHz

题 8.9 对于电容三点式和电感三点式两种振荡电路，哪一种输出的谐波成分小，输出波形好？为什么？

解： 三点式振荡电路的电路结构如题 8.9 解图所示，当 Z_1、Z_2 为容抗，Z_3 为感抗时，构成电容三点式；当 Z_1、Z_2 为感抗，Z_3 为容抗时，构成电感三点式。

由于电容三点式振荡器的反馈电压取自电容 Z_2 (C_2)，对高次谐波分量具有滤波的作用，使反馈电压的谐波分量被抑制，因此，振荡波形失真小，输出波形好。电感三点式由于反馈电压取自电感 Z_2 (L_2)，而电感对高次谐波的阻抗较高，反馈量变大，因此输出波形中高次谐波分量较多，使输出波形变差。

题 8.10 判断下列电路中石英晶体起何作用，处于串联谐振还是并联谐振状态？

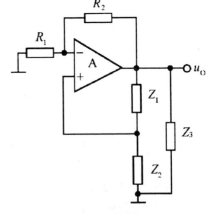

题 8.9 解图

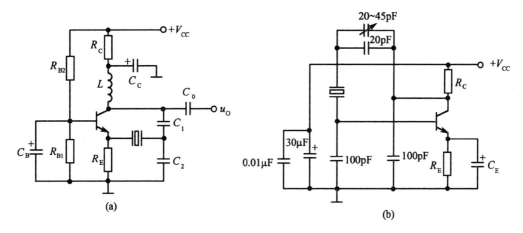

题 8.10 图

分析：在并联型振荡电路中，石英晶体工作在 f_s 与 f_p 之间，其作用相当于一个大电感；在串联型振荡电路中，晶体工作在串联谐振频率 f_s 处，利用阻抗最小且为纯阻的特性，构成振荡电路。

解：图(a)中晶体相当于一个数值很小的纯电阻，处于串联型谐振状态。

图(b)中晶体相当于一个电感，处于并联谐振状态。（电容三点式振荡电路）

题 8.11 试利用运放、电阻、电容设计一个 RC 串并联正弦波振荡器，要求输出的正弦波频率为 1 kHz，画出电路图，确定各元器件参数，并用仿真软件验证设计的正确性。

解略

题 8.12 请用运放、电感、电容设计一个 5 MHz 的电容三点式正弦波振荡器，给出各元器件的参数，并用仿真软件进行仿真。

解略

第 9 章 功 率 电 路

一、本章内容

在一些电路应用中,往往需要驱动较大功率的负载,对其输出功率有较高的要求,通常称之为功率电路,本章将重点分析功率放大电路以及直流稳压电源两类常见的功率电路。

在功率放大电路中,主要分析其输出功率、效率和非线性失真等指标,以互补对称功率放大电路为重点进行较详细的分析与计算,最后介绍集成功率放大器的原理与应用。

在直流稳压电源中,首先讨论整流、滤波电路的工作原理与计算方法,然后介绍稳压电路的性能指标,对线性稳压电源和开关稳压电源的工作原理进行分析,最后介绍三端集成稳压器和开关电源芯片的基本工作原理与相关应用。

二、本章重点

1. 功率放大电路

(1) 功率放大电路的主要要求是能向负载提供足够大的输出功率,同时应有较小的非线性失真。常用的功率放大电路有 OCL 和 OTL 互补对称放大电路。

(2) OCL 互补对称放大电路省去了输出端的大电容,改善了放大电路的低频特性,并有利于实现集成化,但需用正、负两路直流电源供电才能工作。

(3) OTL 互补对称放大电路省去了输出变压器,电路工作时只需一路直流电源供电,但输出端需要接一个大电容。

(4) OCL 和 OTL 互补对称功放电路均可工作在乙类状态或甲乙类状态。当工作在乙类状态时,功放管的静态电流等于零,故效率较高。其主要缺点是输出波形的交越失真比较严重。为了改善输出波形,减小交越失真,常使电路工作在甲乙类状态。

(5) 集成功放具有许多突出的优点,目前已经在工程中得到了广泛的应用。

2. 直流稳压电路

(1) 电子设备中的直流电源,通常是由交流电经整流、滤波和稳压以后得到的。直流电源的主要要求是:输出电压的幅值稳定、平滑,变换效率高。

(2) 由二极管构成的桥式整流电路的优点为输出直流电压较高、输出波形的脉动成分相对较低、整流管承受的反向峰值电压不高,且电源变压器的利用率较高,因而应用较广。

(3) 滤波电路主要由电容、电感等储能元件组成。电容滤波适用于小负载电流,电感滤波适用于大负载电流。

(4) 硅稳压管稳压电路组成简单,但仅适用于输出电压固定、稳定性要求不高,且负载电流较小的场合。

(5) 串联型直流稳压电路主要由调整管、采样电路、放大电路和基准电压 4 个组成部分,稳压原理是基于电压负反馈来实现输出电压的自动调节。在稳压电路正常工作范围内,调整管必须工作在放大区,否则无法实现稳压调节过程。串联型直流稳压电路输出电压的稳定性好,且可以在一定范围内进行调节。但由于调整管工作在放大区,导致稳压电路的效率不高。

(6) 集成稳压器具有体积小、可靠性高、温度特性好、使用方便等优点,在工程中得到了广泛应用,特别是三端集成稳压器,使用更加简单。

(7) 开关型直流稳压电路中,由于调整管工作在开关状态,使得调整管的管耗大大降低,因而提高了电路的效率。其次,开关型直流稳压电路具有体积小,对电网电压要求不高等突出优点,可用在负载电流较大的场合。其缺点是控制电路比较复杂,输出电压中纹波和噪声成分较大。

(8) 开关型集成稳压器外接元件少、使用方便,在工程中得到了广泛应用。

三、本章公式

1. 乙类互补对称推挽功率放大电路(OCL 电路),如图 9.1 所示

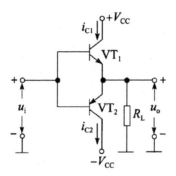

图 9.1 基本互补推挽电路

交流输出信号:$U_{om} = U_{cem}$

输出功率:$P_o = I_o U_o = \dfrac{I_{om}}{\sqrt{2}} \cdot \dfrac{U_{om}}{\sqrt{2}} = \dfrac{1}{2} I_{om} U_{om} = \dfrac{1}{2} I_{cm} U_{cem} = \dfrac{1}{2} \dfrac{U_{cem}^2}{R_L}$

最大输出功率:$P_{omax} = \dfrac{1}{2} \dfrac{U_{cem(max)}^2}{R_L} \approx \dfrac{V_{CC}^2}{2R_L}$,$U_{cem(max)} = V_{CC} - U_{CES} \approx V_{CC}$

电源供给功率:$P_V = 2 \cdot \dfrac{1}{2\pi} \displaystyle\int_0^{2\pi} V_{CC} i_{C1} \mathrm{d}(\omega t) = \dfrac{2}{\pi} I_{cm} V_{CC} = \dfrac{2 U_{cem} V_{CC}}{\pi R_L}$

最大电源供给功率:$P_{Vmax} = \dfrac{2 U_{cem(max)} V_{CC}}{\pi R_L} \approx \dfrac{2 V_{CC}^2}{\pi R_L}$,$U_{cem(max)} = V_{CC} - U_{CES} \approx V_{CC}$

效率:$\eta = \dfrac{P_o}{P_V} = \dfrac{1}{2} \dfrac{U_{cem}^2}{R_L} \bigg/ \dfrac{2 U_{cem} V_{CC}}{\pi R_L} = \dfrac{\pi U_{cem}}{4 V_{CC}}$

最大效率:$\eta_{max} = \dfrac{\pi U_{cem(max)}}{4 V_{CC}} = \dfrac{\pi}{4} \approx 78.5\%$,$U_{cem(max)} = V_{CC} - U_{CES} \approx V_{CC}$

单管管耗:$P_{T1} = \dfrac{1}{2\pi} \displaystyle\int_0^{2\pi} u_{CE1} i_{C1} \mathrm{d}(\omega t) = \dfrac{1}{2\pi} \displaystyle\int_0^{\pi} (V_{CC} - U_{cem}\sin\omega t) I_{cm}\sin\omega t \, \mathrm{d}(\omega t)$

$$= \frac{1}{R_L}\left(\frac{V_{CC}U_{cem}}{\pi} - \frac{U_{cem}^2}{4}\right)$$

总管耗：$P_T = 2P_{T1} = \frac{2}{R_L}\left(\frac{V_{CC}U_{om}}{\pi} - \frac{U_{om}^2}{4}\right)$，$U_{om} = U_{cem}$

最大管耗：$P_{Tmax} = \frac{2}{R_L}\left(\frac{2V_{CC}^2}{\pi^2} - \frac{V_{CC}^2}{\pi^2}\right) = \frac{2V_{CC}^2}{\pi^2 R_L} \approx 0.2\frac{V_{CC}^2}{R_L} = 0.4 P_{omax}$

$$P_{T1max} = P_{T2max} = 0.2 P_{omax}$$

功率管的选择要求：

$$\begin{cases} |U_{(BR)CEO}| > 2V_{CC} \\ I_{CM} > V_{CC}/R_L \\ P_{CM} > 0.2 P_{omax} \end{cases}$$

注：OTL 电路分析与 OCL 类似，只需要将电源电压 V_{CC} 调整为 $V_{CC}/2$。

2. 串联型直流稳压电路

（1）桥式整流电容滤波电路，如图 9.2 所示

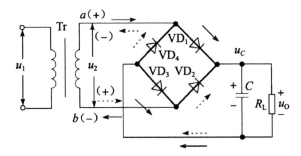

图 9.2　桥式整流电容滤波电路

直流输出电压：$U_O = (1.1 \sim 1.2)U_2$

负载开路时：$U_O = \sqrt{2}U_2 \approx 1.4 U_2$

电容开路时（整流电路）：$U_O = 0.9 U_2$

其中：U_2 为变压器副边绕组电压的有效值。

（2）串联反馈式稳压电路，如图 9.3 所示

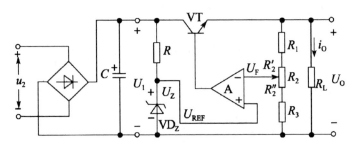

图 9.3　串联反馈式稳压电路

输出电压：$U_O = \dfrac{R_1 + R_2 + R_3}{R_2'' + R_3} \cdot U_{REF}$

输出电压调整范围：

$$\begin{cases} U_{Omin} = \dfrac{R_1+R_2+R_3}{R_2+R_3} \cdot U_{REF} \\ U_{Omax} = \dfrac{R_1+R_2+R_3}{R_3} \cdot U_{REF} \end{cases}$$

调整管选择要求（如果考虑电网可能有±10%的波动）：

$$\begin{cases} U_{(BR)CEO} > 1.1 \times \sqrt{2} U_2 \\ I_{CM} \geq I_{Omax} + I_R \\ P_{CM} \geq (U_{Imax} - U_{Omin}) \times I_{Cmax} \approx (1.1 \times 1.2 U_2 - U_{Omin}) \times (I_{Omax} + I_R) \end{cases}$$

其中 I_R 为取样电阻中流过的电流，一般可以忽略。

(3) 三端可调式稳压电路，如图 9.4 所示

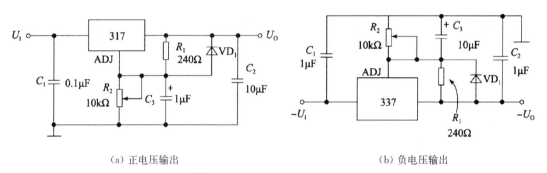

(a) 正电压输出　　　　　　　　　　　(b) 负电压输出

图 9.4　三端可调式电压输出稳压电源

输出电压（负电压相差一个负号）

$$U_O = U_{REF} + \left(I_{ADJ} + \dfrac{U_{REF}}{R_1}\right) \times R_2 = 1.25\left(1 + \dfrac{R_2}{R_1}\right) + I_{ADJ} R_2 \approx 1.25 \times \left(1 + \dfrac{R_2}{R_1}\right)$$

四、习题解析

题 9.1　功率放大电路与电压放大电路有什么区别？

解：功率放大电路和电压放大电路虽然都是放大信号，但电压放大电路主要是对信号电压放大，也就是输出电压得到放大，而功率放大电路的输出不但要实现电压的放大，同时也需要使输出电流得到放大，从而达到功率放大的目的。

功率放大电路在不失真（或失真很小）的情况下尽可能获得大的输出功率，通常是在大信号状态下工作；功率放大电路的负载通常是低阻负载。由于功率放大电路要有足够大的输出功率，担任功率放大的晶体管必然处于大电压、大电流的工作状态，因此要考虑晶体管的极限工作问题、能量转换效率问题、非线性失真问题和器件散热问题。

题 9.2　功率放大电路中晶体管按工作状态可以分为哪几类？各有什么特点？

解：功率放大电路有多种分类方式，如果按照晶体管的工作状态可以分为：

(1) 甲类功放，也叫 A 类功放：在一个信号周期内都有电流流过晶体管，或者说晶体管在整个信号周期内都处于导通状态；

(2) 乙类功放，也叫 B 类功放：只在半个周期内有电流流过晶体管，或者说晶体管只有

在信号的半个周期处于导通状态;

(3) 丙类功放,也叫 C 类功放:只有小于半个周期有电流流过晶体管,或者说晶体管只有在小于半个周期内导通;

(4) 甲乙类功放,也叫 AB 类功放:晶体管的导通时间介于一个周期和半个周期之间。

(5) 丁类功放,也叫 D 类功放,一般将其归类为数字功放。

题 9.3 在题 9.3 图所示的电路中,晶体管 VT 的 $\beta = 50$,$U_{BE} = 0.7$ V,$U_{CES} = 0.5$ V,$I_{CEO} = 0$,电容 C_1 对交流可视作短路。

1) 计算电路可能达到的最大不失真输出功率 P_{omax};
2) 此时 R_B 应调节到什么值?
3) 此时电路的效率 η 是多少?

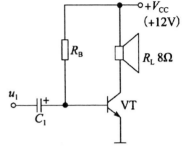

题 9.3 图

解: 1) 该电路为共射极放大电路

∵ U_{Cmax} 为 V_{CC},U_{Cmin} 即为 U_{CES},为了达到最大不失真输出,故静态输出时,$U_{CQ} = \dfrac{U_{Cmax} - U_{Cmin}}{2} = 5.75$ V

最大输出幅度为:$U_{opp} = U_{Cmax} - U_{Cmin} = 12 - 0.5 = 11.5$ V

最大输出功率为:$P_{omax} = \dfrac{U_{om}^2}{2R_L} = \dfrac{U_{opp}^2}{4 \times 2R_L} = 2.07$ W

2) 为达到最大不失真输出,U_{CQ} 必须为 5.75 V

得到:$I_{CQ} = \dfrac{V_{CC} - U_{CQ}}{R_L}$,$I_B = \dfrac{I_{CQ}}{\beta}$

从而得到:$R_B = \dfrac{V_{CC} - U_{BE}}{I_B} = \dfrac{V_{CC} - U_{BE}}{V_{CC} - U_{CQ}} \times \beta R_L = \dfrac{12 - 0.7}{12 - 5.75} \times 50 \times 8 \approx 723$ Ω

3) $P_V = V_{CC} \times I_{CQ} = V_{CC} \times \dfrac{V_{CC} - U_{CQ}}{R_L} = 12 \times \dfrac{12 - 5.75}{8} = 9.375$ W

$\eta = \dfrac{P_{omax}}{P_V} = \dfrac{2.07}{9.375} = 22.08\%$

题 9.4 OCL 互补电路及元件参数如题 9.4 图所示,设 VT_4、VT_5 的饱和压降 $U_{CE(sat)} \approx 1$ V。试回答:

1) 指出电路中的级间反馈通路,并判断反馈为何种组态?
2) 若 $R_F = 100$ kΩ,$R_{B2} = 2$ kΩ,估算电路在深度反馈时的闭环电压放大倍数。
3) 求电路的最大不失真输出功率。
4) 在条件同 2)的情况下,当负载 R_L 上获得最大不失真输出功率时,输入 u_1 的有效值约为多大?

分析: 该电路由三级电路组合而成。输入级采用差分电路形式,由 VT_1 和 VT_2 构成单端输入单端输出的差分电路。

第二级由以 VT_3 为核心构成的共射放大电路,进一步提高电压放大倍数以提高电压驱动能力。

VT_4 和 VT_5 构成互补对称 OCL 推挽功放电路,输出足够大的电压、电流和功率。

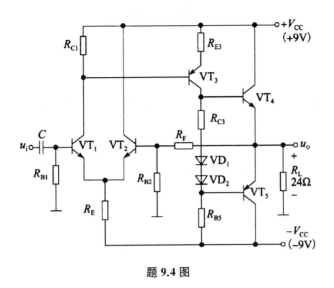

题 9.4 图

VD₁、VD₂ 以及 R_{C3} 用来给 VT₄、VT₅ 组成的推挽输出级提供偏压以消除交越失真。

解：1）输出电压通过 R_F 及 R_{B2} 支路反馈到输入端。由反馈组态判断方法可知，该反馈是电压串联负反馈。

2）因为满足深度负反馈，则 $\dot{F}_u = \dfrac{R_{B2}}{R_{B2}+R_F}$

$$\dot{A}_{uf} = \dfrac{1}{\dot{F}_u} = 1 + \dfrac{R_F}{R_{B2}} = 1 + \dfrac{100}{2} = 51$$

3）由互补功放电路性质可知

$$U_{om} = V_{CC} - U_{CES} = 8 \text{ V}, \quad I_{om} = \dfrac{U_{om}}{R_L}$$

$$P_{omax} = \dfrac{U_{om}}{\sqrt{2}} \cdot \dfrac{I_{om}}{\sqrt{2}} = \dfrac{U_{om}^2}{2R_L} = \dfrac{8^2}{2\times 24} \approx 1.3 \text{ W}$$

4）$\dot{A}_{uf} = \dfrac{u_o}{u_i} = \dfrac{U_{om}}{U_{im}}$

$$U_{im} = \dfrac{U_{om}}{\dot{A}_{uf}} = \dfrac{8}{51} \approx 0.157 \text{ V} = 157 \text{ mV}$$

输入信号的有效值为：

$$U_I = \dfrac{U_{im}}{\sqrt{2}} = \dfrac{157}{\sqrt{2}} \approx 111 \text{ mV}$$

题 9.5 电路如题 9.5 图所示，已知 VT₁ 和 VT₂ 的饱和管压降 $|U_{CES}|=2$ V，直流功耗可忽略不计。回答下列问题：

1）R_3、R_4 和 VT₃ 的作用是什么？

2）负载上可能获得的最大输出功率 P_{om} 和电路的转换效率 η 各为多少？

3）设最大输入电压的有效值为 1 V。为了使电路的最大不失真输出电压的峰值达到 16 V，电阻 R_6 至少应取多少千欧？

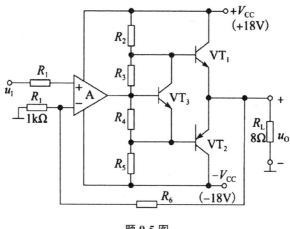

题 9.5 图

解： 1) R_3、R_4、VT_3 形成 U_{BE} 倍增电路，取代二极管给 VT_1、VT_2 提供偏置，用于消除交越失真。

2) $U_{om} = V_{CC} - U_{CES} = 18 - 2 = 16$ V

$$P_{om} = \frac{U_{om}}{\sqrt{2}} \cdot \frac{I_{om}}{\sqrt{2}} = \frac{U_{om}^2}{2R_L} = \frac{(18-2)^2}{2 \times 8} = 16 \text{ W}$$

$$\eta = \frac{\pi}{4} \cdot \frac{U_{om}}{V_{CC}} = \frac{\pi}{4} \cdot \frac{16}{18} \approx 69.8\%$$

3) 电路构成的是电压串联负反馈，按照深度负反馈估算：

$$\begin{cases} A_{uf} = \dfrac{1}{F} = 1 + \dfrac{R_6}{R_1} \\ A_{uf} = \dfrac{U_{om}}{U_{im}} = \dfrac{16}{\sqrt{2} \times 1} \approx 11.3 \end{cases}$$

$$R_6 = (A_{uf} - 1)R_1 = (11.3 - 1) \times 1 \times 10^3 = 10.3 \text{ k}\Omega$$

即 R_6 必须选择大于 10.3 kΩ 才能满足题目要求。

题 9.6 一互补推挽式 OTL 电路如题 9.6 图所示，设其最大不失真功率为 8.25 W，晶体管饱和压降及静态功耗可以忽略不计。

1) 电源电压 V_{CC} 至少应取多大？
2) VT_2、VT_3 管的 P_{CM} 至少应选多大？
3) 若输出波形出现交越失真，应调节哪个电阻？
4) 若输出波形出现一边有小的削峰失真，应调节哪个电阻来消除？

解： 1) 图示电路是一单电源互补推挽 OTL 电路，VT_1 为驱动放大级。

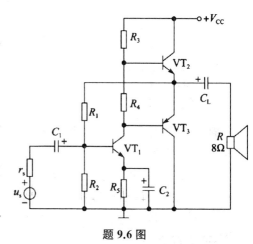

题 9.6 图

忽略 U_{CES} 及静态功耗时

$$U_{omax} = \frac{V_{CC}}{2}, \quad I_{omax} = \frac{U_{omax}}{R_L}$$

$$P_{omax} = \frac{U_{omax}}{\sqrt{2}} \frac{I_{omax}}{\sqrt{2}} = \frac{U_{omax}^2}{2R_L} = \frac{V_{CC}^2}{8R_L}$$

$$V_{CC} = \sqrt{8R_L P_{omax}} = \sqrt{8 \times 8 \times 8.25} \approx 23 \text{ V}$$

取 $V_{CC} = 24$ V

2) $P_{T1max} = P_{T2max} = 0.2 P_{omax} = 0.2 \times 8.25 = 1.65$ W

$P_{CM} > 1.65$ W

3) 若输出波形出现交越失真,表明 VT_2 和 VT_3 管的 U_{BE} 偏低。可适当增大电阻 R_4,R_4 两端压降增大,VT_2 和 VT_3 管的 U_{BE} 值加大,从而可以消除交越失真。

4) 若输出波形出现一边有小的削峰失真,说明输出没有保证对称的动态范围,即 VT_2 和 VT_3 的发射极没有处于中点电压 $\frac{V_{CC}}{2}$。

调节电阻 R_1(或 R_2),改变 VT_1 管的工作点电流,使电阻 R_3 上的压降发生改变,以调整输出端的电位。一般保证 VT_2 和 VT_3 管的发射极静态电位为电源电压的一半(即中点电位),以保证输出达到最大动态范围。

题 9.7 某集成电路的输出级如题 9.7 图所示。

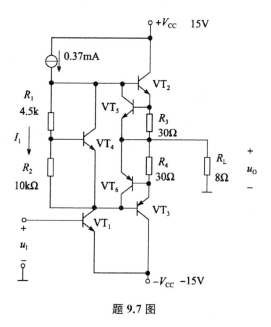

题 9.7 图

1) 为了克服交越失真,采用了由 R_1、R_2 和 VT_4 构成的 U_{BE} 扩大电路,试分析其工作原理。

2) 为了对输出级进行过载保护,图中接有三极管 VT_5、VT_6 和 R_3、R_4,试说明进行过流保护的原理。

解: 1) 当 VT_4 处于放大区时,其发射结电压 U_{BE4} 近似为一常数,若使 VT_4 的基极电流

I_{B4} 远小于流过 R_1、R_2 的电流,则有 $U_{CE4} = \dfrac{U_{BE4}(R_1+R_2)}{R_2} = \left(1+\dfrac{R_1}{R_2}\right)U_{BE4}$,由此可知,只要调整电阻 R_2、R_1 的值,就可以比较方便地调整功放输出管 VT_2 和 VT_3 的静态偏置,满足消除交越失真的要求。

由图所示参数可以得到:

$$U_{CE4} = \left(1+\dfrac{R_1}{R_2}\right)U_{BE4} = \left(1+\dfrac{4.5}{10}\right) \times 0.7 = 1.015 \text{ V}$$

即为 VT_2 和 VT_3 两个发射结提供的静态偏置电压。

2) 在正常工作时,由于输出电流没有超过设计规定,电阻 R_3、R_4 上的电压降不足以使三极管 VT_5 和 VT_6 导通,VT_5 和 VT_6 不工作;而当输出电流过大时,由于电阻 R_3 和 R_4 上的电压降增大,超过了 VT_5 和 VT_6 三极管的开启压降,导致 VT_5 和 VT_6 导通,其较大的集电极电流分流掉 VT_2 和 VT_3 功放管的基极电流,从而使输出电流不会因过大而导致功放管损坏,达到过流保护的目的。

由图示参数可以得到:

$$I_{omax} = \dfrac{U_{BE5}}{R_3} = \dfrac{0.6}{30} = 0.02 \text{ A} = 20 \text{ mA}$$

即输出最大电流不会超过 20 mA。

题 9.8 OTL 电路如题 9.8 图所示。

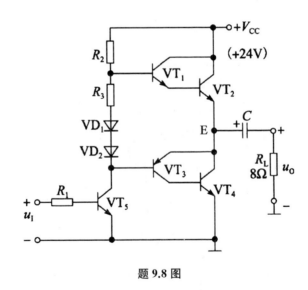

题 9.8 图

1) 为了使得最大不失真输出电压幅值最大,静态时 VT_2 和 VT_3 管的发射极电位应为多少?若不合适,则一般应调节哪个元件参数?

2) 若 VT_2 和 VT_4 管的饱和压降 $|U_{CES}| = 3 \text{ V}$,输入电压足够大,则电路的最大输出功率 P_{om} 和效率 η 各为多少?

3) VT_2 和 VT_4 管的 I_{CM}、$U_{(BR)CEO}$ 和 P_{CM} 应如何选择?

分析: 该电路是一个 OTL 推挽功放电路,由 VT_1 和 VT_2 构成的复合管,形成一个 NPN 型三极管,而由 VT_3 与 VT_4 构成的复合管,形成一个 PNP 型三极管,VT_5 为驱动放大管,VD_1、VD_2 及 R_3 构成了消除交越失真电路。

解：1) VT_2 和 VT_3 管的发射极电位应该为电路的中点电位,即：

$$U_E = \frac{V_{CC}}{2} = 12 \text{ V}$$

若不合适,应该调整 VT_5 管的工作电流,该电路可以适当调节 R_2。

2) 最大输出功率和效率分别为：

$$P_{om} = \frac{\left(\frac{1}{2}V_{CC} - U_{CES}\right)^2}{2R_L} = \frac{\left(\frac{1}{2} \times 24 - 3\right)^2}{2 \times 8} \approx 5.06 \text{ W}$$

$$\eta = \frac{\pi}{4} \cdot \frac{\frac{1}{2}V_{CC} - U_{CES}}{\frac{1}{2}V_{CC}} = \frac{\pi}{4} \cdot \frac{\frac{1}{2} \times 24 - 3}{\frac{1}{2} \times 24} \approx 58.9\%$$

3) $I_{CM} > I_{om} = \frac{U_{om}}{R_C} = \frac{\frac{1}{2}V_{CC} - U_{OES}}{8} = \frac{12 - 3}{8} = 1.125 \text{ A}$

$U_{(BR)CEO} > V_{CC} = 24 \text{ V}$

$P_{CM} > 0.2 P_{omax} = 1.01 \text{ W}$

题9.9 在题 9.9 图所示电路中,已知二极管的导通电压为 $U_D = 0.7$ V,晶体管导通时的 $|U_{BE}| = 0.7$ V,VT_2 和 VT_3 管发射极静态电位 $U_{EQ} = 0$ V。试问：1) VT_1、VT_3 和 VT_5 管的基极静态电位各为多少？2) 设 $R_2 = 10$ kΩ,$R_3 = 100$ Ω。若 VT_1 和 VT_3 管基极的静态电流可以忽略不计,则 VT_5 管集电极静态电流约为多少？静态时 $u_i = $? 3) 若静态时 $i_{B1} > i_{B3}$,则应调节哪个参数可使 $i_{B1} = i_{B3}$？如何调节？4) 电路中二极管的个数可以是1、2、3、4吗？你认为哪个最合适？为什么？

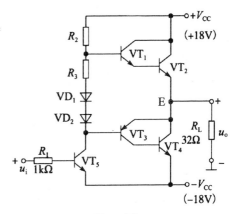

题 9.9 图

解：1) 因为静态时 $U_{EQ} = 0$,所以 VT_1、VT_3 和 VT_5 管的基极静态电位分别为：

$U_{B1} = 1.4 \text{ V}$；$U_{B3} = -0.7 \text{ V}$；$U_{B5} = -17.3 \text{ V}$

2) 静态时 VT_5 管集电极电流：

$$I_{CQ} \approx \frac{V_{CC} - U_{B1}}{R_2} = \frac{18 - 1.4}{10 \text{ k}\Omega} = 1.66 \text{ mA};$$

静态时输入电压即为 VT_5 的基极电位：

$u_i \approx U_{B5} = -17.3 \text{ V}$

3) 若静态时 $i_{B1} > i_{B3}$,则应增大 R_2,使 U_{B1} 电位下降,从而降低 i_{B1}。

4) VD_1 和 VD_2 及 R_3 支路是用来消除输出交越失真的,由于有 VT_1、VT_2 和 VT_3 三个

发射结,所以理论上讲用1、2、3个二极管都可以,4个不行。如果采用1个二极管,则串联的电阻值相对较大,这样会导致VT_1和VT_3管的基极得到的信号大小不一致;如果采用4只晶体管,则管压降超过了消除交越失真所需要的电压值,导致功放电路的效率下降,甚至损坏功放管。而用3个二极管理论上正好,但不串联电阻无法调整电路,所以用两个二极管串联小电阻最为合适。一方面可使输出级晶体管工作在临界导通状态,消除交越失真;另一方面在交流通路中,VD_1和VD_2管之间的动态电阻比较小,串联的电阻也小,可忽略不计,从而减小交流信号的损失。

题9.10 在题9.10图所示稳压电路中,已知稳压管的稳定电压U_Z为6 V,最小稳定电流I_{Zmin}为5 mA,最大稳定电流I_{Zmax}为40 mA;输入电压U_i为15 V,波动范围为±10%;限流电阻R为200 Ω。1) 电路是否能空载? 为什么? 2) 作为稳压电路的指标,负载电流I_L的范围为多少?

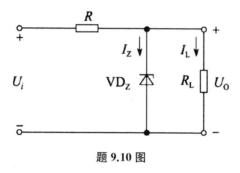

题9.10 图

分析:该电路为利用稳压二极管构成的稳压电路。由稳压管特性可知,要具有稳压作用,必须使稳压管中流过的电流在$I_{Zmin} \sim I_{Zmax}$之间。

解:1) 由于空载时稳压管流过的最大电流为:

$$I_{DZmax} = I_{Rmax} = \frac{U_{imax} - U_Z}{R} = \frac{15 \times (1+10\%) - 6}{0.2} = 52.5 \text{ mA} > I_{Zmax} = 40 \text{ mA}$$

所以电路不能空载。

2) 根据 $I_{DZmin} = \frac{U_{imin} - U_Z}{R} - I_{Lmax}$

可以得到负载电流的最大值为:

$$I_{Lmax} = \frac{U_{imin} - U_Z}{R} - I_{DZmin} = \frac{15 \times (1-10\%) - 6}{0.2} - 5 = 32.5 \text{ mA}$$

根据 $I_{DZmax} = \frac{U_{imax} - U_Z}{R} - I_{Lmin}$

可以得到负载电流的最小值为

$$I_{Lmin} = \frac{U_{imax} - U_Z}{R} - I_{DZmax} = \frac{15 \times (1+10\%) - 6}{0.2} - 40 = 12.5 \text{ mA}$$

所以,为了确保稳压电路正常工作,负载电流的范围为12.5～32.5 mA。

题9.11 电路如题9.11图所示,变压器副边电压有效值$U_{21} = 50$ V,$U_{22} = U_{23} = 20$ V。

试问：1)输出电压平均值$U_{O1(AV)}$和$U_{O2(AV)}$各为多少？
2) 各二极管承受的最大反向电压为多少？

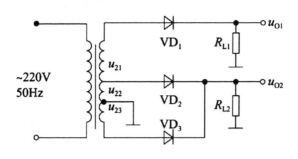

题 9.11 图

分析：图示电路为两路整流电路，其中 VD_1，R_{L1} 与变压器副边 u_{21}、u_{22}（上半部分）构成半波整流电路，而 VD_2，VD_3 及带抽头的副边变压器与 R_{L2} 构成一个全波整流电路。

解：1) u_{O1} 输出端为半波整流，其电压平均值为：

$$U_{O1}=\frac{1}{2\pi}\int_0^\pi \sqrt{2}(U_{21}+U_{22})\sin\omega t\,\mathrm{d}(\omega t)$$

$$=\frac{\sqrt{2}}{\pi}(U_{21}+U_{22})=0.45(U_{21}+U_{22})=0.45\times(50+20)=31.5\text{ V}$$

U_{O2} 输出端为全波整流，其电压平均值为：

$$U_{O2}=\frac{1}{\pi}\int_0^\pi \sqrt{2}U_{22}\sin\omega t\,\mathrm{d}(\omega t)$$

$$=\frac{2\sqrt{2}}{\pi}U_{22}=0.9U_{22}=0.9\times 20=18\text{ V}$$

2) 半波整流二极管 VD_1 所承受的最大反向电压为：

$$U_{R\max}=\sqrt{2}(U_{21}+U_{22})=\sqrt{2}\times(50+20)\approx 99\text{ V}$$

全波整流二极管 VD_2、VD_3 所承受的最大反向电压为：

$$U_{R\max}=2\sqrt{2}U_{22}=2\sqrt{2}\times 20\approx 57\text{ V}$$

题 9.12 分别判断题 9.12 图所示各电路能否作为滤波电路，简述理由。

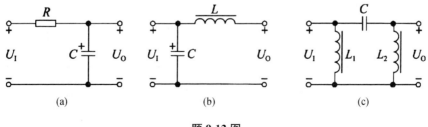

题 9.12 图

解：图(a)所示电路为一阶 RC 低通电路，可以用于电源滤波。

图(b)所示电路为 LC 低通电路,也可以用于电源滤波。

图(c)所示电路为 LC 高通电路,不能用于电源滤波。因为电感对直流分量的电抗很小、对交流分量的电抗很大,所以在电源滤波电路中应将电感串联在整流电路的输出和负载之间;而电容对直流分量的电抗很大、对交流分量的电抗很小,所以在电源滤波电路中应将电容并联在整流电路的输出或负载上。

题 9.13 试在题 9.13 图所示电路中,标出各电容两端电压的极性和数值,并分析负载电阻上能够获得几倍压的输出。

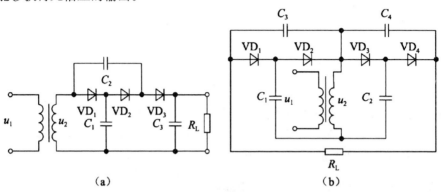

题 9.13 图

解: 在图(a)所示电路中,C_1 的电压极性为上"+"下"−",数值为一倍压;C_2 的电压极性为右"+"左"−",数值为二倍压;C_3 的电压极性为上"+"下"−",数值为三倍压。负载电阻上为三倍压。

在图(b)所示电路中,C_1 的电压极性为的"−"下"+",数值为一倍压;C_2 的电压极性为上"+"下"−",数值为一倍压;C_3、C_4 上电压极性均为右"+"左"−",数值均为二倍压。负载电阻上为四倍压。

题 9.14 具有整流滤波和放大环节的稳压电路如题 9.14 图所示。

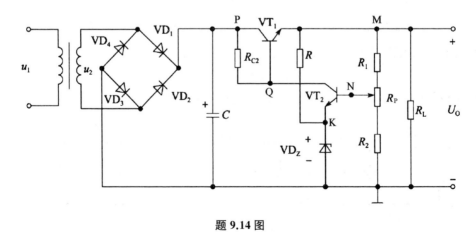

题 9.14 图

1) 分析电路中各个元件的作用,从反馈放大电路的角度来看哪个是输入量?VT_1、VT_2 各起什么作用?反馈是如何形成的?

2) 若 $U_P=24$ V,稳压管稳压值 $U_Z=5.3$ V,晶体管 $U_{BE}\approx0.7$ V,$U_{CES}\approx2$ V,$R_1=R_2=R_W=300$ Ω,试计算 U_O 的可调范围;

3) 试计算变压器次级绕组的电压有效值大约是多少?

4) 若 R_1 改为 600 Ω,你认为调节 R_W 时能输出的 U_O 最大值是多少?

解: 1) 该电路是典型的串联型线性稳压电路。

交流电源电压经变压器降压后,由 $VD_1 \sim VD_4$ 构成的桥式整流电路进行整流,得到单向脉动分量。

由电容 C 构成电源滤波电路,滤除谐波分量,维持整流后脉动分量中的平均值。该平均分量为线性稳压电路的输入电压。

R 和 VD_Z 构成简单的稳压管稳压电路,给误差比较放大管 VT_2 提供一个稳定的参考电压。

将 N 点电压和参考电压经由 VT_2 比较放大后,控制调整 VT_1 管的压降,从而保证输出电压稳定。从反馈角度分析,可以将 K 点作为信号输入端,N 点作为信号反馈端。当某种因素使得输出电压变低,即 M 点电压下降时,u_N 下降。因为 u_K 不变,u_{NK} 变小,即 u_{BE} 变小,u_Q 上升,通过调整管使 u_M 上升,完成反馈作用。

R_1、R_2、R_P 构成取样电路,使得 N 点能反映输出电压值的变化。

2) 设 R_P 的下半部电压为 R_P'

$$\begin{cases} U_N = \dfrac{R_P'+R_2}{R_1+R_2+R_P}U_O \\ U_N = U_Z + U_{BE} \end{cases}$$

$$U_O = \dfrac{R_1+R_2+R_P}{R_P'+R_2}(U_Z+U_{BE})$$

当滑动变阻器处于最上端时即 $R_P'=R_P$ 时

$$U_{O\min} = \dfrac{R_1+R_2+R_P}{R_P+R_2}(U_Z+U_{BE}) = \dfrac{300+300+300}{300+300}\times(5.3+0.7) = \dfrac{3}{2}\times 6 = 9 \text{ V}$$

当滑动变阻器处于最下端即 $R_P'=0$ 时

$$U_{O\max} = \dfrac{R_1+R_2+R_P}{R_2}(U_Z+U_{BE}) = \dfrac{300+300+300}{300}\times(5.3+0.7) = 3\times 6 = 18 \text{ V}$$

因为 $U_P=24$ V,$U_{CES}=2$ V

所以能保证在 $U_O=U_{O\max}$ 时,$U_{CE}=24-18=6$ V,VT_1 仍工作在线性区。

3) 由桥式整流和电容滤波电路特性可知

一般 $U_P=1.1\sim1.2U_2$。取 $U_P=1.2U_2$,则

$$U_2 = \dfrac{U_P}{1.2} = \dfrac{24}{1.2} = 20 \text{ V}$$

即变压器次级绕组的电压有效值约为 20 V。

4) 由上述分析可知,$R_P'=0$,U_O 达到最大值

$$U_{O\max} = \dfrac{R_1+R_2+R_P}{R_2}(U_Z+U_{BE}) = \dfrac{600+300+300}{300}(5.3+0.7) = 24 \text{ V}$$

而 $U_P=24$ V,$U_{CES}=2$ V

为了保证 VT_1 工作在线性区,必须满足:

$$U_{\text{Omax}} \leqslant U_P - U_{\text{CES}} = 22 \text{ V}$$

即 U_O 的最大值只能到 22 V，如果要达到输出最大值为 24 V，必须增大变压器副边电压。

题 9.15 电路如题 9.15 图所示，设 $I_1' = I_O' = 1.5$ A，晶体管 VT 的 $U_{BE} \approx U_D$，$R_1 = 1\ \Omega$，$R_2 = 2\ \Omega$，$I_D \gg I_B$。求解负载电流 I_L 与 I_O' 的关系式。

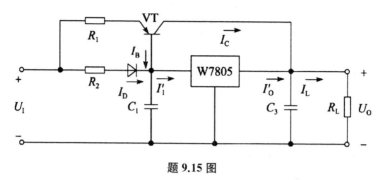

题 9.15 图

解： 因为：$U_{BE} \approx U_D$，$I_E R_1 \approx I_D R_2 \approx I_1' R_2 \approx I_O' R_2$，$I_C \approx I_E$，所以

$$I_C \approx \frac{R_2}{R_1} I_O',$$

$$I_L = I_C + I_O' = \left(1 + \frac{R_2}{R_1}\right) \cdot I_O' = \left(1 + \frac{2}{1}\right) \times 1.5 = 4.5 \text{ A}$$

题 9.16 试分别求出题 9.16 图所示各电路输出电压的表达式。利用仿真软件搭建电路并进行验证。

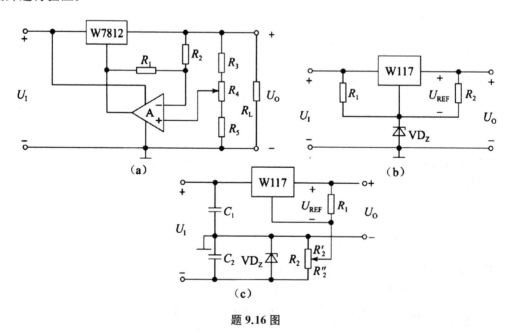

题 9.16 图

解： 在图(a)所示电路中，W7812 的输出为 $U_{\text{REF}} = 12$ V

设运放 A 的同相端为 U_P，反相端电压 U_N，电位器 R_4 抽头以下部分电阻为 $R_{4下}$，抽头以

上部分电阻为 $R_{4\text{上}}$。

由于流过 R_1、R_2 的电流近似相等,即 $I=\dfrac{U_{\text{REF}}}{R_1+R_2}$,所以基准电压为:

$$U_R=U_N=U_O-IR_2=U_O-\dfrac{R_2}{R_1+R_2}\cdot U_{\text{REF}}$$

而:$U_P=\dfrac{R_{4\text{下}}+R_5}{R_3+R_4+R_5}U_O$

∵ $U_P=U_N$

∴ $U_O=\dfrac{R_2}{R_1+R_2}\dfrac{R_3+R_4+R_5}{R_3+R_{4\text{上}}}U_{\text{REF}}$

通过调整电位器 R_4,可以调整输出电压为:

$$\dfrac{R_2}{R_1+R_2}\dfrac{R_3+R_4+R_5}{R_3+R_4}U_{\text{REF}}\leqslant U_O\leqslant \dfrac{R_2}{R_1+R_2}\dfrac{R_3+R_4+R_5}{R_3}U_{\text{REF}}$$

在图(b)中,W117 的参考电压为 1.25 V,所以其输出电压的表达式为:

$$U_O=U_Z+U_{\text{REF}}=(U_Z+1.25)\text{V}$$

在图(c)中,输出电压的表达式为:

∵ $U_O=U_{\text{REF}}-\dfrac{R_2'}{R_2}\cdot U_Z$

∴ U_O 的变化范围为:$U_{\text{REF}}\sim (U_{\text{REF}}-U_Z)$

软件仿真略。

题 9.17 两个恒流源电路分别如题 9.17 图(a)、(b)所示。1) 求解各电路负载电流的表达式;2) 设输入电压为 20 V,晶体管饱和压降为 3 V,b-e 间电压数值 $|U_{\text{BE}}|=0.7$ V,W7805 输入端和输出端间的电压最小值为 3 V,稳压管的稳定电压 $U_Z=5$ V,$R_1=R=50\ \Omega$。分别求出两电路负载电阻的最大值。

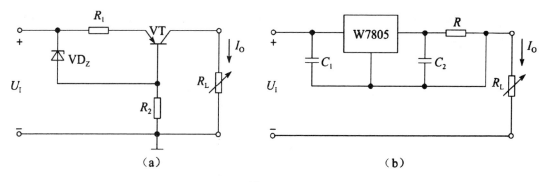

题 9.17 图

解: 1) 图(a)电路的输出电流由电阻 R_1 的电流确定,所以其输出电流表达式为:

$$I_O=\dfrac{U_Z-U_{\text{EB}}}{R_1}=\dfrac{5-0.7}{50}=0.086\ \text{A}=86\ \text{mA}$$

图(b)电路的输出电流由电阻 R 中的电流确定,其两端电压为 W7805 的输出电压,设 W7805 的输出电压为 U_O',则输出电流的表达式为:

$$I_O = \frac{U'_o}{R} = \frac{5}{50} = 0.1 \text{ A} = 100 \text{ mA}$$

2) 两个电路输出电压的最大值、输出电流和负载电阻的最大值分别为

(a) $U_{O\max} = U_I - (U_Z - U_{EB}) - |U_{CES}| = 20 - (5 - 0.7) - 3 = 12.7 \text{ V}$；

$I_O = 86 \text{ mA}$；

$$R_{L\max} = \frac{U_{O\max}}{I_O} = \frac{12.7}{0.086} \approx 148 \text{ Ω}$$

(b) 设 W7805 输入端和输出端间的电压最小值为 U_{12}

$U_{O\max} = U_I - U_{12} - U_R = 20 - 3 - 5 = 12 \text{ V}$

$I_O = 100 \text{ mA}$

$$R_{L\max} = \frac{U_{O\max}}{I_O} = \frac{12}{0.1} = 120 \text{ Ω}$$

题 9.18 试说明开关型稳压电路的特点，在下列各种情况下，试问应分别采用何种稳压电路（线性稳压电路还是开关型稳压电路）？

1) 希望稳压电路的效率比较高；
2) 希望输出电压的纹波和噪声尽量小；
3) 希望稳压电路的重量轻、体积小；
4) 希望稳压电路的结构尽量简单，使用的元件个数少，调试方便。

解：开关型稳压电路效率高，功耗小，但是结构复杂，噪声和波纹较大，而线性稳压电路则恰恰相反，特别可选用三端稳压电路，依据上述特点，按要求应分别选用：

1) 开关型稳压电路；
2) 线性稳压电路；
3) 开关型稳压电路；
4) 线性稳压电路，特别可选用三端式稳压电路。

题 9.19 Boost 结构的电源电路如题 9.19 图所示，在理想条件下推导出其在电感电流连续情况下的输入/输出电压表达式。

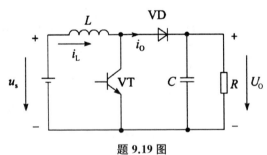

题 9.19 图

解：设 VT 管导通时间为 T_{on} 截止时间为 T_{off}，周期为 T_s，占空比为 $D = \dfrac{T_{on}}{T_{on} + T_{off}} = \dfrac{T_{on}}{T_s}$

在 T_{on} 期间，VT 导通，VD 截止，i_L 的增量 Δi_{L+} 为：

$$\Delta i_{L+} = \frac{u_s}{L} T_{on} = \frac{u_s}{L} D T_s$$

在 T_{off} 期间，VT 截止，VD 导通，i_L 的减少量 Δi_{L-} 为：

$$\Delta i_{L-} = \frac{U_O - u_s}{L}(T_s - T_{on}) = \frac{U_O - u_s}{L}(1-D)T_s$$

稳态时，由 $\Delta i_{L+} = \Delta i_{L-}$ 得

$$U_O = \frac{u_s}{1-D}$$

题 9.20 Speic 稳压电路和 Zeta 稳压电路的原理图如题 9.20 图所示，并推导其输入输出关系。

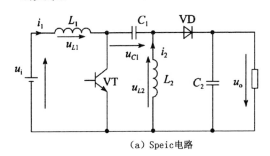
(a) Speic 电路

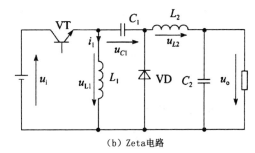
(b) Zeta 电路

题 9.20 图

并请用仿真软件搭建电路进行和理论的验证，给出这两种变换器关键点的仿真波形并分析。

解： 对图(a)所示 Sepic 电路，设 $u_i = E$，续流二极管 VD 导通压降忽略不计。

在 VT 导通 t_{on} 期间：

$$u_{L1} = E$$
$$u_{L2} = u_{C1}$$

在 VT 关断 t_{off} 期间

$$u_{L1} = E - u_o - u_{C1}$$
$$u_{L2} = -u_o$$

当电路工作于稳态时，电感 L_1、L_2 的电压平均值均为零，则下面的式子成立

$$Et_{on} + (E - u_o - u_{C1})t_{off} = 0$$
$$u_{C1}t_{on} - u_o t_{off} = 0$$

由以上两式即可得出：

$$u_o = \frac{t_{on}}{t_{off}}E$$

对图(b)所示 Zeta 电路，设 $u_i = E$，续流二极管 VD 的导通压降忽略不计。

在 VT 导通 t_{on} 期间

$$u_{L1} = E$$
$$u_{L2} = E - u_{C1} - u_o$$

在 VT 关断 t_{off} 期间

$$u_{L1} = u_{C1}$$
$$u_{L2} = -u_o$$

当电路工作稳定时，电感 L_1、L_2 的电压平均值为零，则下面的式子成立

$$Et_{on} + u_{C1}t_{off} = 0$$
$$(E - u_{C1} - u_o)t_{on} - u_o t_{off} = 0$$

由以上两式即可得出

$$u_o = \frac{t_{on}}{t_{off}}E$$

软件仿真略。

题 9.21 有一开关频率为 50 kHz 的 Buck 变换电路工作在电感电流连续的情况下，$L = 0.05$ mH，输入电压 $U_d = 15$ V，输出电压 $U_O = 10$ V。

1) 求占空比 D 的大小；
2) 求电感中电流的峰-峰值 ΔI；
3) 若允许输出电压的纹波 $\Delta U_o/U_o = 5\%$，求滤波电容 C 的最小值。

解：1) 由教材公式(9.3.1)可知，$\dfrac{U_d}{U_O} = \dfrac{1}{D}$，$D = \dfrac{U_O}{U_d} = \dfrac{10}{15} = 0.667$

2) 由教材公式(9.3.4)可知，电感中电流的峰-峰值为：

$$\Delta I_L = \frac{U_O(U_d - U_o)}{f_s L U_d} = \frac{U_O(1-D)}{f_s L} = \frac{10 \times (1-0.667)}{50 \times 10^3 \times 0.05 \times 10^{-3}} = 1.332 \text{ A}$$

3) 由教材 P312 最小电容计算公式：

$$C = \frac{\Delta I_L}{8 f_s \Delta U_O} = \frac{U_O(U_d - U_O)}{8 f_s^2 L U_d \Delta U_O}$$

$$= \frac{(1-D)}{8 f_s^2 L} \cdot \frac{U_O}{\Delta U_O} = \frac{1-D}{0.05 \times 8 L f_s^2}$$

$$= \frac{1 - 0.667}{0.05 \times 8 \times 0.05 \times 10^{-3} \times (50 \times 10^3)^2}$$

$$= 6.66 \times 10^{-6} \text{ F} = 6.66 \text{ μF}$$

题 9.22 如题 9.22 图所示的电路工作在电感电流连续的情况下，器件 VT 的开关频率为 100 kHz，电路输入电压为交流 220 V，当 R_L 两端电压为 400 V 时：

1) 求占空比大小；
2) 当 $R = 40$ Ω 时，求维持电感电流连续时的临界电感值；
3) 若允许输出电压纹波系数为 0.01，求滤波电容 C 的最小值。

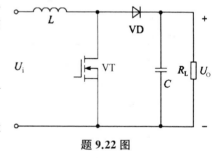

题 9.22 图

解：1) 由题意可知：$U_O = \dfrac{U_i}{1-D}$

$$D = -\frac{U_i - U_O}{U_O} = -\frac{220 - 400}{400} = 0.45$$

2) 此时的负载电流为：

$$I_O = \frac{U_O}{R} = \frac{400}{40} = 10 \text{ A}$$

若取 $I_{Lmin} = 0$，则要维持电感电流连续，必须使电感电流平均值等于负载电流，即

$$\frac{1}{2}\Delta I_{\mathrm{L}}=\frac{1}{2}\Delta I_{\mathrm{Lmax}}=\frac{D}{2Lf_{\mathrm{s}}}U_{\mathrm{i}}=I_{\mathrm{O}}$$

故

$$L=\frac{D}{2I_{\mathrm{O}}f_{\mathrm{s}}}U_{\mathrm{i}}=\frac{0.45\times 220}{2\times 10\times 100\times 10^{3}}=49.5\ \mu\mathrm{H}$$

3）纹波表达式为 $\dfrac{\Delta U_{\mathrm{O}}}{U_{\mathrm{O}}}=\dfrac{D}{f_{\mathrm{s}}RC}$，因此

$$C=\frac{DU_{\mathrm{O}}}{f_{\mathrm{s}}R\Delta U_{\mathrm{O}}}=\frac{0.45}{100\times 10^{3}\times 40\times 0.01}=11.25\ \mu\mathrm{F}$$

题 9.23 设计 Buck 变换器：输入直流电压范围 $U_{\mathrm{d}}=147\sim 220$ V，输出电压 $U_{\mathrm{O}}=110$ V，开关频率 $f_{\mathrm{s}}=20$ kHz，最大输出电流 $I_{\mathrm{Omax}}=11$ A，最小输出电流 $I_{\mathrm{Omin}}=1.1$ A。输出电压纹波小于 1%。请计算电路中电感 L、电容 C，以及开关管 VT 和功率二极管 VD 通过的最大电流。并请用仿真软件搭建电路进行辅助设计与验证，给出关键点的仿真波形并分析。

解： 1) $D_{\max}=\dfrac{U_{\mathrm{O}}}{U_{\mathrm{dmin}}}=\dfrac{110}{147}\approx 0.75$

$D_{\min}=\dfrac{U_{\mathrm{O}}}{U_{\mathrm{dmax}}}=\dfrac{110}{220}=0.5$

2）应用临界负载电流公式，求取电感参数：

临界负载电流 $I_{\mathrm{OB}}=\dfrac{U_{\mathrm{O}}(1-D)}{2Lf_{\mathrm{s}}}$，当 $D=0.5$ 时，I_{OB} 取最大值，故

$$L\geqslant \frac{U_{\mathrm{O}}(1-D)}{2f_{\mathrm{s}}I_{\mathrm{Omin}}}\bigg|_{D=D_{\min}}=\frac{110\times (1-0.5)}{2\times 20\times 10^{3}\times 1.1}=1.25\ \mathrm{mH}$$

因此，取 $L=1.5$ mH

3）应用输出纹波电压公式，求取电容参数：

输出纹波电压 $\dfrac{\Delta U_{\mathrm{O}}}{U_{\mathrm{O}}}=\dfrac{1-D}{8LCf_{\mathrm{s}}^{2}}$，当 D 取最小值，L 取最小值时，$\dfrac{\Delta U_{\mathrm{O}}}{U_{\mathrm{O}}}$ 取最大值，故

$$C\geqslant \frac{1-D}{8Lf_{\mathrm{s}}^{2}}\left(\frac{\Delta U_{\mathrm{O}}}{U_{\mathrm{O}}}\right)^{-1}=\frac{1-0.5}{8\times 1.5\times 10^{-3}\times (20\times 10^{3})^{2}}\times \frac{1}{0.01}=10.4\ \mu\mathrm{F}$$

因此，取 $C=12\ \mu$F

4）应用电感电流稳态脉动值来确定 VT 和 VD 的最大电流：

电感电流脉动量：

$$\Delta i_{\mathrm{L}}\geqslant I_{\mathrm{Lmax}}-I_{\mathrm{Lmin}}=\frac{U_{\mathrm{O}}}{Lf_{\mathrm{s}}}(1-D)=\frac{110\times (1-0.5)}{1.5\times 10^{-3}\times 20\times 10^{3}}\approx 1.8\ \mathrm{A}$$

因此，

$$I_{\mathrm{Lmax}}=I_{\mathrm{Omax}}+\frac{1}{2}\Delta i_{\mathrm{L}}=11+\frac{1}{2}\times 1.8=11.9\ \mathrm{A}$$

仿真略。

题 9.24 开关型直流稳压电路的简化电路如题 9.24(a)图所示。调整管 VT 的基极电压 u_{b} 为矩形波，其占空比为 $q=0.4$，周期 $T=60\ \mu$s，VT 的饱和压降 $U_{\mathrm{CES}}=1$ V，穿透电流

$I_{CEO} = 1$ mA,波形的上升时间 t_r 与下降时间 t_f 相等,$t_r = t_f = 2$ μs。续流二极管正向压降 $U_D = 0.5$ V,输出电压 $U_O = 12$ V,输出电流 $I_O = 1$ A。开关型稳压电路的输入电压 $U_I = 20$ V。

1) 试求开关管 VT 的平均功耗;

2) 若开关频率(基极脉冲频率)提高 1 倍(q 不变),开关管的平均功耗为多少?

3) 如果续流二极管存储时间 t_s 很短,反向电流很小,且假定滤波元件 L 的电感、C 的电容足够大,试计算该开关电源的效率 η。

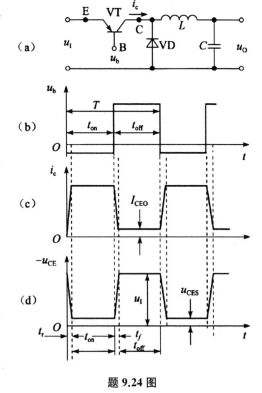

题 9.24 图

解:1) 由于三极管为 PNP 型,所以当 u_b 为高电平时,三极管截止,当 u_b 为低电平时,三极管导通。

$$t_{off} = qT = 0.4 \times 60 = 24 \text{ μs}$$
$$t_{on} = T - t_{off} = 60 - 24 = 36 \text{ μs}$$

由于 VT 存在开关时间,其饱和导通和截止的时间为

$$t'_{on} = t_{on} - t_r = 36 - 2 = 34 \text{ μs}$$
$$t'_{off} = t_{off} - t_f = 24 - 2 = 22 \text{ μs}$$

从图中可以看出,开关管的平均功耗包括导通功耗、截止功耗及开关转换期间的功耗三部分。

设导通时三极管中的电流为 I_{Cm},由图可得

$$I_{Cm} = \frac{I_O}{0.6} = \frac{1}{0.6} \approx 1.67 \text{ A}$$

导通时:$W_{on} = I_{cm} \times U_{CES} \times t'_{on} = 1.67 \times 1 \times 34 \times 10^{-6} \approx 56.78 \times 10^{-6}$ J

截止时:$W_{off} = (U_I - U_D) \times I_{CEO} \times t'_{off} = (20 - 0.5) \times 1 \times 10^{-3} \times 22 \times 10^{-6} \approx 0.43 \times 10^{-6}$ J

转换期:

$$W_r = W_f = \int_0^{t_r} i_C u_{CE} dt = \int_0^{t_r} \left(\frac{I_{Cm}}{t_r}\right)\left(-\frac{U_2}{t_r}t + U_I\right) dt$$

$$= \int_0^{t_r} \left(-\frac{I_{Cm}U_I}{t_r^2}t^2 + \frac{I_{Cm}U_I}{t_r}t\right) dt$$

$$= \frac{1}{6}I_{Cm} \times U_I \times t_r = \frac{1}{6} \times 1.67 \times 20 \times 2 \times 10^{-6} \approx 11.1 \times 10^{-6} \text{ J}$$

开关管的平均功耗为:

$$P_T = \frac{1}{T}(W_{on} + W_{off} + 2W_r) = \frac{1}{60}(56.8 + 0.43 + 2 \times 11.1) \approx 1.3 \text{ W}$$

2) 如果开关管工作频率增加一倍,即 $T = 30$ μs

$$t_{off} = qT = 0.4 \times 30 = 12 \text{ μs}$$
$$t_{on} = T - t_{off} = 30 - 12 = 18 \text{ μs}$$

对应：
$$t'_{off} = t_{off} - t_f = 12 - 2 = 10 \ \mu s$$
$$t'_{on} = t_{on} - t_r = 18 - 2 = 16 \ \mu s$$

同理可得：
$$P_T = \frac{1}{T}(W_{on} + W_{off} + 2W_r)$$
$$= \frac{1}{T}[I_{Cm} \times U_{CES} \times t'_{on} + (U_I - U_D) \times I_{CEO} \times t'_{off} + I_{Cm} \times U_I \times t_r]$$
$$= \frac{1}{30}\left[1.67 \times 1 \times 16 + (20 - 0.5) \times 1 \times 10^{-3} \times 10 + 2 \times \frac{1}{6} \times 1.67 \times 20 \times 2\right]$$
$$\approx 1.64 \ W$$

开关频率提高，开关管管耗加大。

3）续流二极管正向导通时存在功耗
$$P_D = U_D \times I_D \times \frac{t_{off}}{T} = 0.5 \times 1 \times \frac{24}{60} = 0.2 \ W$$
$$P_O = U_O \times I_O = 12 \times 1 = 12 \ W$$

总功率：$P = P_O + P_D + P_T = 12 + 0.2 + 1.3 = 13.5 \ W$

$$\eta = \frac{P_O}{P} = \frac{12}{13.5} \approx 89\%$$

题 9.25 在题 9.25(a)图所示的自激式开关型直流稳压电路组成的方框图中，若因某种原因，输出电压 U_O 增大，试分析其调节过程。

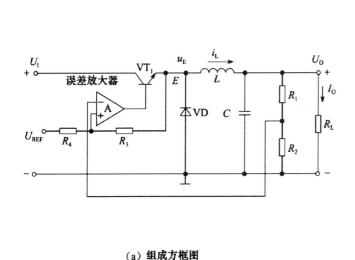
(a) 组成方框图

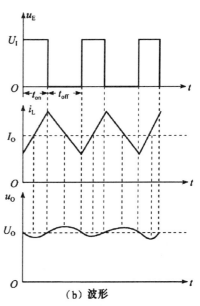
(b) 波形

题 9.25 图

解：U_O 增大，导致反馈电压 U_F 增大，误差放大器的反相端电位上升，使得 VT_1 截止时间变长，从而使占空比减小，使得 U_O 减小，稳定输出。

题 9.26 请结合仿真软件设计一款功率放大器,要求:

1) 输入信号 $U_{in}=100$ mV,频率 $f=1$ kHz;
2) 额定输出功率 $P_O \geqslant 0.5$ W;
3) 负载阻抗 $R_L=8$ Ω;
4) 失真度 $\gamma \leqslant 3\%$;
5) 用桥式整流电容滤波集成稳压块电路设计电路所需的直流电源;
6) 分别采用 OCL 和 OTL 电路结构,画出采用分立器件或者功放芯片 LM386 的设计电路;
7) 给出关键点的仿真波形并进行分析,采用仿真软件分析失真度。

略

第10章 应用电路设计分析

一、本章内容

本章首先介绍了模拟电子系统的设计方法,然后以音响放大电路和心电信号检测放大电路为例,详细介绍电路的设计分析过程。

二、本章重点

模拟电子系统的设计步骤一般为:明确设计任务和要求,系统方案的比较、选择,单元电路设计、参数计算和元器件的选择,利用EDA技术对设计的单元电路进行仿真,单元电路实验调试,最后将各个单元电路进行连接、系统调试,画出一个符合设计要求的完整的系统电路图。

本章无公式和习题

第 11 章 门 电 路

一、本章内容

在数字电路中,用以实现各种逻辑关系的电路称为逻辑门电路,简称门电路或门,它是数字电路的基本器件。本章从数字电路中的 3 种基本运算与、或、非着手,介绍逻辑门电路的基本概念,并重点讨论 TTL 逻辑门电路、CMOS 门电路的工作原理和使用特性。

二、本章重点

1. 基本逻辑运算包括与、或、非逻辑运算。在数字电路中,用以实现各种逻辑关系的电路称为逻辑门电路。半导体二极管、三极管和 MOS 管都工作在开关状态,是组成基本门电路的核心元件。

2. 门电路是构成复杂数字电路的基本单元,必须掌握常用门电路的电路结构、工作原理和特点。

3. 在学习 TTL 门电路和 CMOS 门电路时应重点关注它们的外部特性。外部特性包含两个方面:一是输出与输入之间的逻辑关系;另一个是外部的电气特性,包括电压传输特性、输入特性、输出特性等。掌握各种门电路的逻辑功能和外部电气特性,对于正确使用数字集成电路十分重要。

4. TTL 门电路具有开关速度快,抗干扰能力强及带负载能力强等特点。CMOS 电路的主要优点是功耗低,集成度高,抗干扰能力强,电源适应范围宽。

三、本章公式

1. TTL 与非门

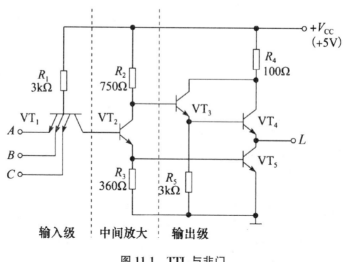

图 11.1　TTL 与非门

输出与输入的逻辑关系为：$L = \overline{A \cdot B \cdot C}$

输入高电平噪声容限：$U_{NH} = U_{SH} - U_{ON}$

输入低电平噪声容限：$U_{NL} = U_{OFF} - U_{SL}$

其中，U_{SH}：输出高电平的下限值，也称为标准高电平；

U_{SL}：输出低电平的上限值，也称为标准低电平；

U_{OFF}：保证输出为标准高电平时所允许的最大输入低电平，也称为关门电平；

U_{ON}：保证输出为标准低电平时所允许的最小输入高电平，也称为开门电平。

2. 集电极开路(OC)门

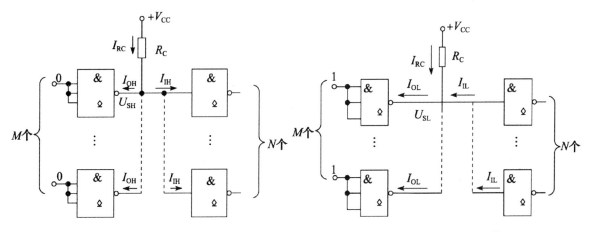

图 11.2　R_C最大值的计算　　　　　图 11.3　R_C最小值的计算

$$R_{Cmax} = \frac{V_{CC} - U_{SH}}{MI_{OH} + NI_{IN}}, \quad R_{Cmax} \geqslant R_C \geqslant R_{Cmin}, \quad R_{Cmin} = \frac{V_{CC} - U_{SL}}{I_{OL} - NI_{IL}}$$

3. CMOS 反相器

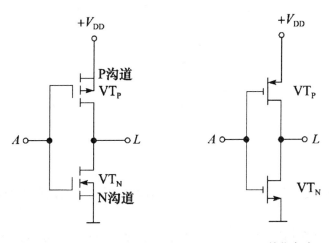

图 11.4　CMOS 反相器电路　　　　　图 11.5　简化电路

逻辑关系为：$L = \bar{A}$

4. CMOS 与非门

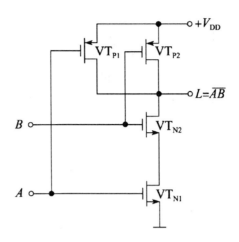

图 11.6　CMOS 与非门

逻辑关系为：$L = \overline{A \cdot B}$

5. COMS 或非门

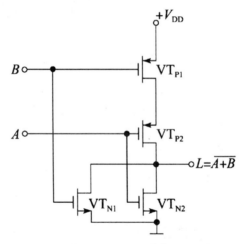

图 11.7　CMOS 或非门

逻辑关系为：$L = \overline{A + B}$

四、习题解析

题 11.1　电路如题 11.1 图所示，试分析它的逻辑功能，并写出输入与输出变量之间的逻辑表达式。

解：如题 11.1 解图以两条虚线为界，将电路分为三部分。左边 A、B 和 C、D 分别实现与逻辑功能，中间利用两个二极管实现了或逻辑功能，右边三极管实现非逻辑功能。

因此输出与输入之间满足：$L = \overline{AB + CD}$

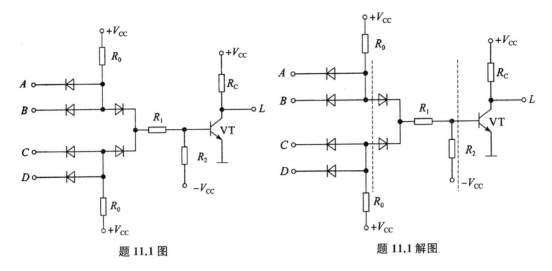

题 11.1 图   题 11.1 解图

题 11.2 电路如题 11.2 图所示,试分析:
1) 此电路实现了怎样的逻辑功能?
2) 由 VT_5、VT_6 组成的推拉式输出级是如何提高电路的开关速度的?
3) 二极管 VD 起什么作用?

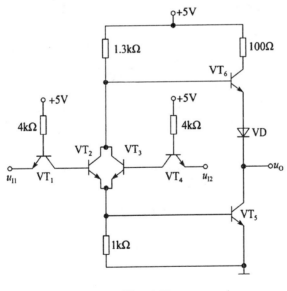

题 11.2 图

解: 1) 图中 VT_1、VT_2、VT_5、VT_6、VD 构成一个反相器,VT_4、VT_3、VT_5、VT_6、VD 也构成一个反相器,两个反相器在 VT_2、VT_3 管处并联。

当输入信号有任一为高电平时,假设 u_{I1} 为高电平,VT_1 集电极正偏,VT_2、VT_5 饱和导通,同时 VT_2 集电极电平不能使 VT_6 和 VD 同时导通,输出为低电平。

当两个输入信号都是低电平时,设为 0.3 V,VT_1 和 VT_4 基极电位均为 1 V,不能使 VT_1 集电结、VT_2 发射结、VT_5 发射结或 VT_4 集电结、VT_3 发射结、VT_5 发射结导通,VT_1、VT_4 饱和。电源电压通过 1.3 kΩ 电阻使 VT_6 饱和导通,VD 导通,因此输出为高电平。

通过以上分析得出,此电路实现了"或非"的逻辑功能。

2) 由 VT_5、VT_6 组成的推拉式输出级在门电路工作时总是一管导通,一管截止。既能提高带负载能力,又能提高开关速度。假设输出端接有负载电容(等效电容),当输出由低跳变到高的瞬间,VT_5 和 VT_2(或 VT_3)由饱和转为截止,由于 VT_5 的基极电流是经过 VT_2(或 VT_3)放大的电流,所以 VT_2(或 VT_3)比 VT_5 更早脱离饱和,因此 VT_2 的集电极电位 U_{C2} 比 VT_5 的集电极电位 U_{C5} 上升得更快,$U_{C2}-U_{C5}$ 更大,使 VT_6 管在此瞬间基极电流很大从而达到饱和,使输出电位迅速抬升为高电平输出。而当输出由高跳变到低后,VT_5 管饱和,负载电容能量通过 VT_5 管快速放电,也使输出迅速达到低电平。因此,开关速度得到提高。

3) VD 的作用是:电平移位。

当 VT_2 或 VT_3 饱和导通时,两管的集电极电位均为 1 V,如果没有 VD,VT_6 就可能导通,输出不确定,因此加了一个二极管 VD,使 VT_6 管不可能导通,从而保证输出为低电平。

题 11.3 一个三态 TTL 与非门如题 11.3 图所示,试列出该逻辑电路的真值表。图中 E 为使能端,D 为数据输入端。

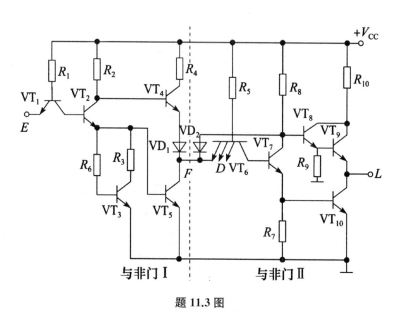

题 11.3 图

分析:以虚线为界将电路分成前后两部分,前半部分为反相器,后半部分为三态与非门电路。

解:设前半部分电路输出为 F,后半部分电路输出为 L。

当输入端 E 为低电平时,$+V_{CC}$ 通过 R_1 使 VT_1 处于饱和状态,此时,VT_5、VT_2 的发射结电压达不到其开启电压,所以 VT_5、VT_2 均处于截止状态。$+V_{CC}$ 通过 R_2 使 VT_4 饱和导通,所以输出端 F 为高电平;而当输入端 E 为高电平时,$+V_{CC}$ 通过 R_1 使 VT_1 的集电结正偏,同时使 VT_5、VT_2 均处于饱和导通。而 VT_2 的集电极电位不可能使 VT_4 及 VD_1 导通。所以此时输出 F 为低电平。电阻 R_3、R_6 及 VT_3 为有源泄放电路,用于提高 VT_5 的工作速度。

后半部分的分析与前半部分相类似。当 F 为高电平时,电路的输出状态取决于 D 的输入端,满足与非的逻辑关系,而当 F 为低电平时,由 VT_6、VT_7 及 VT_{10} 通路确定 VT_{10} 截止,

而通过 VD_2 到 VT_8、VT_9，必定使 VT_9 也处于截止状态，所以此时输出 L 为高阻态。真值表如图 11.3 解表所示。

题 11.3 解表　真值表

E	F	D_1	D_2	L
0	1	0	0	1
0	1	0	1	1
0	1	1	0	1
0	1	1	1	0
1	0	—	—	高阻态

题 11.4　一个门电路的传输特性曲线如题 11.4 图所示，试计算其输入高电平的噪声容限 U_{NH} 和输入低电平的噪声容限 U_{NL}。

解： 根据 TTL 门电路产品规范值，取 $U_{SH}=2.4\text{ V}$，$U_{SL}=0.4\text{ V}$，U_{ON} 和 U_{OFF} 分别为对应的输入电压。

根据题 11.4 解图所示得到：$U_{ON}=2.98\text{ V}$，$U_{OFF}=2.55\text{ V}$

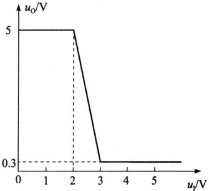

题 11.4 图

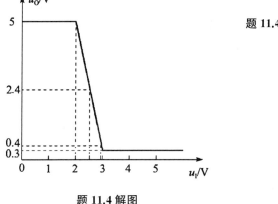

题 11.4 解图

根据输入噪声容限的定义可以得到：

$U_{NH}=U_{SH}-U_{ON}=2.4-2.98=-0.58\text{ V}$

$U_{NL}=U_{OFF}-U_{SL}=2.55-0.4=2.15\text{ V}$

题 11.5　试分析题 11.5 图所示逻辑电路的逻辑功能，写出其逻辑表达式。

分析： CMOS 构成标准逻辑门电路时，其电路结构满足：

(1) PMOS 与 NMOS 管成对出现；

(2) 成对的 PMOS 管与 NMOS 管的栅极必定相连；

(3) 每对 CMOS 管之间，从对应的漏源之间考虑，若满足 PMOS 管串联，对应的 NMOS 管必定并联，而 PMOS 管并联，则 NMOS 管必定串联；

(4) NMOS 管串联时满足与逻辑关系，NMOS 管并联时满足或逻辑关系；

(5) 由于真正输出是在 PMOS 管与 NMOS 管之间，所以在逻辑关系的最后取"非"运算。

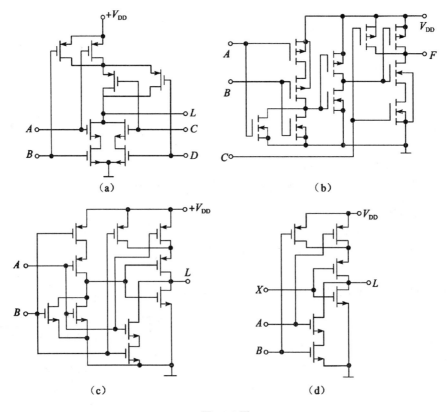

题 11.5 图

解：利用 CMOS 构成标准逻辑门的规律可以得到：

(a) A、B 输入的 NMOS 管漏、源之间是串联，对应的 PMOS 管是并联，实现"与"逻辑；同理，对于 C、D 输入的 NMOS 管漏、源串联，对应的 PMOS 管是并联，也是"与"逻辑；

以 A、B 输入对应的两个管子漏、源串联后看成为一个整体，C、D 输入对应的管子串联后也看成一个整体，它们之间是并联关系；而与之对应的 PMOS 管并联后也看成一个整体，然后相串联，所以满足"或"逻辑，输出最后取"非"。

所以 $L = \overline{A \cdot B + C \cdot D}$，实现了"与或非"逻辑。

(b) 类似可以得到：
$$L = \overline{\overline{A+B} \cdot C} = \overline{(A+B) \cdot C} = \overline{AC+BC}$$

(c) $L = \overline{\overline{A+B} + AB} = (A+B)(\bar{A}+\bar{B}) = A\bar{B} + \bar{A}B$

(d) $L = \overline{AB+X} = (\bar{A}+\bar{B})\bar{X} = \bar{A}\bar{X}+\bar{B}\bar{X}$

题 11.6 某 CMOS 器件的电路如题 11.6 图所示，试写出其逻辑表达式，说明它是什么逻辑电路？

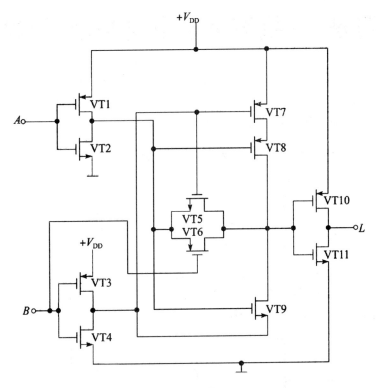

题 11.6 图

分析：VT_1 与 VT_2 构成 CMOS 反相器，VT_3 与 VT_4 也构成 CMOS 反相器。VT_5 与 VT_6 构成 CMOS 传输门，VT_7、VT_8 与 VT_9 及 VT_4 构成 CMOS 三态门，而 VT_{10} 与 VT_{11} 又构成一反相器。本题分析关键在 CMOS 传输门与三态门之间的关系。

解：由传输门特性可知，当 $B=0$ 时，传输门导通，而 VT_4、VT_9、VT_7 截止使三态门处于高阻态，所以输出 $L=A$（经过两个反相器获得）。而当 $B=1$ 时，传输门截止，VT_4、VT_7 导通，VT_8、VT_9 构成反相器，三态门实现反相逻辑，所以 A 经过三个反相器后输出到 L，即 $L=\bar{A}$。

题 11.6 解表 真值表

B	A	L
0	0	0
0	1	1
1	0	1
1	1	0

根据真值表得出 $L = A \cdot \bar{B} + \bar{A} \cdot B = A \oplus B$，从而实现"异或"逻辑。

附录 《模拟电子电路基础》勘误

(2021年1月第1版第4次印刷)

1. P8,图 2.1.3 下面第 3 行,应改为:$\dot{A}_i = \dfrac{i_o}{i_i}$

2. P61,题 3.6 图中 10~30 mS 段虚线改实线如右图所示

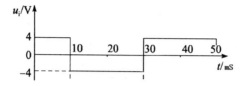

3. P63,图 4.1.1 中,惯性核指向的 Si 应该为+4

4. P113,图 5.1.7(a)图中 "$R_C = 3\ \mathrm{k\Omega}$",删除(b)图中的负载线

5. P127,图 5.1.20 中(c)、(d)的图应如下所示。

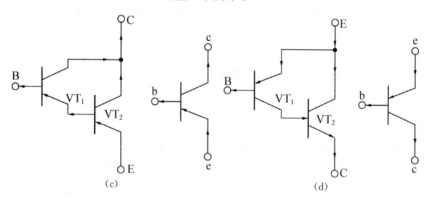

6. P133,图 5.2.11 的(a)如下所示:

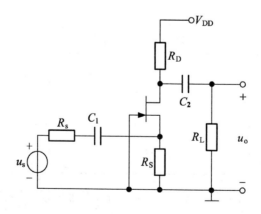

7. P143,倒数第 7 行,"图 5.3.8"改成"图 5.3.7"

8. P146,图 5.3.12

b)图中 $I_C(s)$ 的位置不对,输入端电压、电容、电阻下标应该是 b′e,图改为:

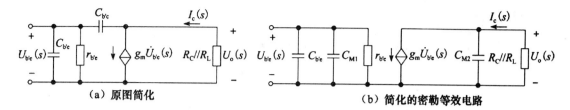

(a) 原图简化 　　　　　　(b) 简化的密勒等效电路

9. P147,第 19 行,"② 对于 C_{M1}:" 改为 "② 对于 C_{M2}:"

10. P149,(5.3.63)公式上面一行,"由图 5.5.62(b)"改为"由图 5.3.18(b)"

11. P158,修改如下:

　　第 3 行,原:$R_5=1\text{ k}\Omega$ 改为:$R_5=1.6\text{ k}\Omega$

　　第 12 行,原:$U_{B2}=$　, 改为:$U_{B3}=$

　　倒数第 12 行,原公式中"5//7",改为"5//4"

　　倒数第 6 行,原公式中"1.44""1.11"分别改为:"1.66""1.25"

　　倒数第 3 行,公式改为:$R_\text{o} = \dfrac{R_4 + r_{be3}}{1+\beta_3} \| R_6 = \dfrac{3+1.7}{81} \| 5 \approx 0.057\text{ k}\Omega = 57\text{ }\Omega$

　　图 5.4.13 中,原 R_E 为 100 kΩ,改为 10 kΩ

12. P161,表中第二行第二列,"CE:"改成"CB:"

13. P164,题 5.13 中第一问应改为"1)R_{G1} 和 R_D 应取多大?"

14. P177,表 6.1.1.中第 2 列,倒数第 3 行

　　原:$F_u = u_o/u_i$　　　　改为:$F_u = u_f/u_o$

15. P181,倒数第 4 行,"则由图 6.16"改为"则由图 6.2.5"

16. P182,图 6.2.5 改为:

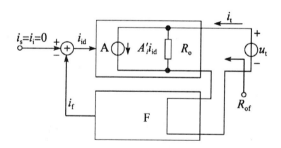

P182,图 6.2.6 改为:

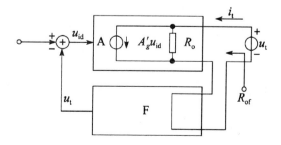

17. P198，第 6 行，"$\Delta A_{uf} < 1\%$" 改为 "$\dfrac{\Delta A_{uf}}{A_{uf}} < 1\%$"

18. P204，习题 6.2 图(b)VT$_2$ 应为 PNP 管，改为

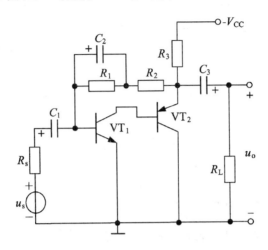

19. P206，题 6.12 图改为

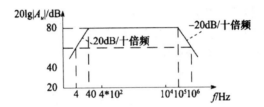

20. P216，图 7.2.7(b)中电流源表示错误，标量位置偏差太大，应尽量靠近所表示的标量，修改如下：

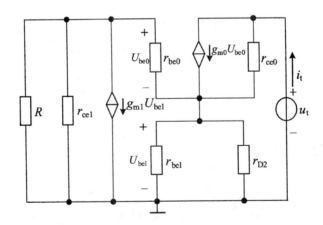

21. P218，公式(7.2.31)

改为：$I_o = I_{D2} = \dfrac{(W/L)_2}{(W/L)_1} \cdot \dfrac{(1+\lambda U_{DS2})}{(1+\lambda U_{DS1})} I_{D1} = \dfrac{(W/L)_2}{(W/L)_1} \cdot \dfrac{(1+\lambda U_{DS2})}{(1+\lambda U_{DS1})} I_{REF}$

22. P221，公式(7.2.49)中下标 0 全部改为 1

即为：$I_{REF}=I_{D1}=K_{n1}(U_{GS1}-U_{GS(th)1})^2$

公式(7.2.49)下面一行的"U_{GS0}"改为"U_{GS1}"

23. P222,第8行"VT_3"改为"VT_2"
24. P229,第14行,解：1)中"A_{ud1}"改为"A_{ud}"
25. P232,倒数第16行改为"$2i_{b3}+\beta i_{b3}=i_{c1}$"。
26. P251,第3行

    原：$|u_{id}|<+4U_T$　　　　改为：$|u_{id}|\geqslant +4U_T$

27. P251,题7.3图中R_{C1}和R_{C2}改为R_{E1}和R_{E2}。
28. P256,题7.18图,其中R_{B2}由原来的21 kΩ改为1 kΩ
29. P277,图9.1.3下面第4行,"$I_{CQ}=(V_{CC}+V_{CEQ})/R_L=3/8=0.375$ A"改为"$I_{CQ}=(V_{CC}-U_{CEQ})/R_L=3/8=0.375$ A"
30. P279,公式(9.1.3),修改为：$P_o=I_oU_o=\dfrac{I_{om}}{\sqrt{2}}\times\dfrac{U_{om}}{\sqrt{2}}$
31. P280,公式(9.1.9)的第二行"$\dfrac{1}{R_L}\left(\dfrac{V_{CC}U_{cem}}{\pi}-\dfrac{U_{cem}^2}{4}\right)$"前少一个"=",第三行改为

    "$\dfrac{1}{R_L}\left(\dfrac{V_{CC}U_{om}}{\pi}-\dfrac{U_{om}^2}{4}\right)$"

32. P281,第6行,"图8.1.4"中改为"图9.1.4"
33. P291,图9.2.8中运放的"+"和"−"互换一下
34. P308,图9.3.12(a)改为如下图所示：

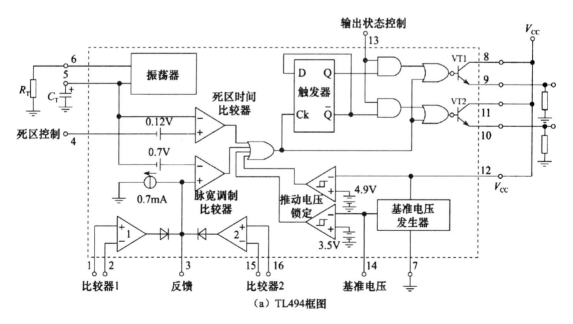

(a) TL494框图

35. P310,图9.3.15中"R_5　5.1 kΩ"改为"R_5　510 Ω","R_7　5.1 kΩ"改为"R_F　51 kΩ"
36. P311,图9.3.16中"R_{11}　0.1 kΩ"改为"R_{13}　0.1 Ω"
37. P319,题9.24图的(b)图中波形方向修改为：

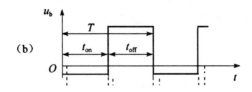

(b)

38. P352，图 11.3.2 中，DE 段标注改为"VT_P 在饱和区，VT_N 在可变电阻区"